"十三五"职业教育国家规划教材
2022年陕西职业教育优秀教材特等奖

高等职业院校信息技术基础系列教材

计算机应用基础

（Windows 7+Office 2016）

（第 2 版）

U0379086

张敏华 史小英 ◎ 主编

高海英 李永锋 刘娜 ◎ 副主编

人民邮电出版社

北　京

图书在版编目（CIP）数据

计算机应用基础：Windows 7+Office 2016 / 张敏华，史小英主编. -- 2版. -- 北京：人民邮电出版社，2022.1

高等职业院校信息技术基础系列教材

ISBN 978-7-115-56820-5

Ⅰ. ①计… Ⅱ. ①张… ②史… Ⅲ. ①Windows操作系统－高等职业教育－教材②办公自动化－应用软件－高等职业教育－教材 Ⅳ. ①TP316.7②TP317.1

中国版本图书馆CIP数据核字(2021)第128628号

内 容 提 要

本书全面系统地介绍计算机基础知识及基本操作。全书共 12 个项目，主要内容包括了解计算机基础知识、学习计算机系统知识、认识 Windows 7 操作系统、管理计算机中的资源、编辑 Word 文档、排版文档、制作 Excel 表格、计算和分析 Excel 数据、制作幻灯片、设置并放映演示文稿、使用计算机网络和做好计算机维护等。

本书采用项目任务式讲解，参考了全国计算机等级考试一级计算机基础及 MS Office 应用考试大纲，着重训练学生在计算机应用中的操作能力，并提高学生的文化素养。书中各个任务（个别除外）主要以"任务要求+相关知识+任务实现"的结构进行讲解，每个项目的最后都安排了课后练习，以便学生对所学知识进行实践练习和巩固。

本书适合作为职业教育计算机应用基础课程的教材或参考书，也可作为 Microsoft Office 专员（MOS）认证考试或计算机等级考试一级 MS Office 的参考书。

◆ 主　编　张敏华　史小英

　副 主 编　高海英　李永锋　刘　娜

　责任编辑　桑　珊

　责任印制　王　郁　彭志环

◆ 人民邮电出版社出版发行　　北京市丰台区成寿寺路 11 号

　邮编　100164　　电子邮件　315@ptpress.com.cn

　网址　https://www.ptpress.com.cn

　大厂回族自治县聚鑫印刷有限责任公司印刷

◆ 开本：787×1092　1/16

　印张：18　　　　　　　　　2022 年 1 月第 2 版

　字数：459 千字　　　　　　2024 年 7 月河北第 13 次印刷

定价：49.80 元

读者服务热线：**(010)81055256**　印装质量热线：**(010)81055316**
反盗版热线：**(010)81055315**
广告经营许可证：京东市监广登字 20170147 号

前 言
PREFACE

微课

前言

随着互联网应用技术的飞速发展，以及互联网普及率的持续攀升，信息技术和计算机已经在各行各业中实现了应用和普及，给人们的工作、生活以及社会生产带来了巨大的改变。信息技术和计算机的发展，促使社会全面实现信息化，其作用和意义已超出了科学和技术层面，达到了社会文化的层面。因此，运用计算机进行信息处理已成为每位学生必备的基本能力。

党的二十大报告提出：教育、科技、人才是全面建设社会主义现代化、战略性支撑。"计算机应用基础"作为一门职业院校公共基础课，积极响应科教兴国战略的实施，其内容不仅包括计算机的基本操作技能，还蕴含着互联网特有的文化和思维方式，其学习的用途和意义是重大的。为了满足技术技能型人才对计算机应用基础知识的需求，编者通过社会调研和毕业生反馈，综合考虑了目前计算机应用技术发展的最新动态与计算机应用基础教育的实际情况，采用任务驱动、案例教学的理念精心设计课程内容，激发学生学习兴趣。

本书的内容

本书内容紧跟主流技术，采用任务驱动的方式开展教学，知行合一，尤其注重学生的实践能力和创新意识的培养。本书包括以下 6 个部分的内容。

- 计算机基础知识（项目一～项目四）。该部分主要讲解计算机的发展、计算机中信息的表示和存储、多媒体技术、计算机的硬件系统和软件系统、鼠标和键盘、Windows 7 操作系统、Windows 7 工作环境、汉字输入法、文件和文件夹资源的管理、程序和硬件资源的管理等。

- Word 2016 文字处理（项目五、项目六）。该部分主要通过输入和编辑学习计划、编辑招聘启事、编辑公司简介、制作图书采购单、排版考勤管理规范、排版并打印毕业论文等内容，详细讲解 Word 2016 的基本操作、字符格式的设置、段落格式的设置、图片的插入与设置、表格的使用和图文混排的方法及编辑目录和长文档等文档制作与编辑的相关知识。

- Excel 2016 电子表格（项目七、项目八）。该部分主要通过制作学生成绩表、编辑产品价格表、制作产品销售测评表、统计分析员工绩效表和制作销售分析图表等，详细讲解 Excel 2016 的基本操作、输入数据、设置工作表格式、使用公式与函数进行运算、筛选和数据分类汇总、使用图表分析数据和打印工作表的相关知识。

- PowerPoint 2016 演示文稿（项目九、项目十）。该部分主要通过制作工作总结演示文稿、编辑产品上市策划演示文稿、设置市场分析演示文稿和放映并输出课件演示文稿，详细讲解幻灯片制作软件 PowerPoint 2016 的基本操作，为幻灯片添加文字、图片和表格等对象的方法，以及设置幻灯片的切换动画、动画效果、放映效果和打包演示文稿等知识。

- 网络应用（项目十一）。该部分主要讲解计算机网络基础、Internet 基础和应用等知识。
- 系统维护与安全（项目十二）。该部分主要讲解磁盘与计算机系统的维护、计算机病毒防治等知识。

本书的特色

本书具有以下特色。

（1）任务驱动，目标明确。本书结合情景式教学模式，将相关知识点融入任务中，学生可以边思考、边学习，边练习、边创新，提高学生处理类似问题的能力。

（2）讲解深入浅出，实用性强。本书突出实用性及可操作性，对重点概念和操作技能进行详细讲解，对关键点进行配图说明。在讲解过程中，通过各种"提示"和"注意"为学生提供更多解决问题的方法和更为全面的知识，并引导学生尝试更好、更快地完成工作任务，思考完成类似工作的方法。

（3）重构教学内容，改革教学方式。本书所有操作讲解内容均已录制成视频，读者只需扫描书中提供的二维码，便可以随时观看，轻松掌握相关知识。本书还同步推出了实验教材《计算机应用基础（Windows 7+Office 2016）上机指导与习题集（第 2 版）》，以加强对学生实际应用技能的培养，该书可与本书配套使用，逐步实现学生由"课堂学习"向"课后自学"过渡。

本书的平台支撑

本书提供 PPT 教学课件、微课、实例素材、效果文件、课后练习答案等教学资源，读者可扫描书中的二维码随时观看微课视频。此外，为了方便教学，读者可以进入人邮教育社区（www.ryjiaoyu.com）下载本书的素材和效果文件等相关教学资源。

本书由西安航空职业技术学院张敏华、史小英任主编，高海英、李永锋、刘娜任副主编。其中，史小英编写了项目一、项目五、项目六，张敏华编写了项目二，高海英编写了项目三、项目七、项目八，李永锋编写了项目四、项目十一，刘娜编写了项目九、项目十、项目十二。

由于编者水平有限，书中难免存在不足之处，恳请广大读者和专家批评指正。

编者
2021 年 3 月

目录

CONTENTS

目 录

CONTENTS

目 录

CONTENTS

目 录
CONTENTS

目 录
CONTENTS

V

目 录
CONTENTS

项目一
了解计算机基础知识

01

电子计算机简称"计算机"（Computer），俗称"电脑"，是20世纪人类最伟大的发明之一，它的出现使人类迅速步入了信息社会。计算机是一门科学，同时也是一种能够按照指令对各种数据和信息进行自动加工和处理的电子设备，掌握以计算机为核心的信息技术的应用，已成为各行业对从业人员的基本素质要求之一。本项目将通过3个任务介绍计算机的基础知识，包括计算机的发展、计算机中信息的表示和存储以及多媒体技术等相关知识，为后面项目的学习奠定基础。

课堂学习目标

◎ 认识计算机的发展
◎ 了解计算机中信息的表示和存储
◎ 认识多媒体技术

微课

了解计算机基础知识

任务一　认识计算机的发展

▶ **任务要求**

肖磊上大学时选择了与计算机相关的专业，他平时在生活中也会使用计算机，然而计算机的功能很强大，远不止他目前所知道的这些。作为一名计算机相关专业的学生，肖磊迫切地想要了解计算机是如何诞生与发展的、计算机有哪些功能和分类、计算机在信息技术中充当着怎样的角色、计算机的未来发展又会是怎样的。

本任务要求了解计算机的诞生及发展过程，认识计算机的特点、应用和分类，了解计算机的发展趋势，并熟悉信息技术的相关概念。

（一）了解计算机的诞生及发展过程

17世纪，德国数学家莱布尼茨发明了二进制，为计算机内部数据的表示方法创造了条件。20世纪初，电子技术得到飞速发展。1904年，英国电气工程师弗莱明研制出真空二极管。1906年，美国科学家福雷斯特发明了真空三极管，为计算机的诞生奠定了基础。

20世纪40年代后期，西方国家的工业技术得到迅猛发展，相继出现了雷达和导弹等高科技产品，大量复杂的高科技产品的计算使得原有的计算工具无能为力，迫切需要在计算技术上有所突破。第二次世界大战期间，由于军事上的需要，宾夕法尼亚大学电子工程系的教授莫克利和他的研究生埃克特开始设计世界上第一台电子数字计算机——电子数字积分计算机（Electronic Numerical Integrator And Computer，ENIAC），并于1946年研制成功，如图1-1所示。

微课

计算机的诞生
及发展过程

图1-1　世界上第一台计算机ENIAC

ENIAC的主要元器件是电子管，它每秒可完成5000次加法运算、400次乘法运算，比当时的机电式计算机快1000倍。ENIAC重30多吨，占地170m^2，采用了近18000个电子管、1500多个继电器、70000多个电阻和10000多个电容，功率约150 kW。虽然ENIAC的体积庞大、性能不佳，但它的出现具有划时代的意义，开创了电子技术发展的新时代——计算机时代。

同一时期，ENIAC项目组的一个美籍匈牙利研究人员冯·诺依曼开始研制他自己的离散变量自动电子计算机（Electronic Discrete Variable Automatic Computer，EDVAC），该计算机是当时运算速度最快的计算机，其主要设计理论是采用二进制和存储程序方式。因此，人们把该理论称为冯·诺依曼体系结构，并沿用至今。冯·诺依曼也被誉为"现代电子计算机之父"。

从第一台计算机ENIAC诞生至今，计算机技术成为发展最快的现代技术之一。根据计算机所采用的物理器件，可以将计算机的发展划分为4个阶段，如表1-1所示。

表1-1　计算机发展的4个阶段

阶段	划分年代	采用的元器件	运算速度（每秒指令数）	主要特点	应用领域
第一代计算机	1946—1957年	电子管	几千条	主存储器采用磁鼓，体积庞大、耗电量大、运算速度慢、可靠性较差和内存容量小	国防及科学研究工作

阶段	划分年代	采用的元器件	运算速度（每秒指令数）	主要特点	应用领域
第二代计算机	1958—1964 年	晶体管	几万～几十万条	主存储器采用磁芯，开始使用高级程序及操作系统，运算速度提高、体积减小	工程设计、数据处理
第三代计算机	1965—1970 年	中小规模集成电路	几十万～几百万条	主存储器采用半导体存储器，集成度高、功能增强和价格下降	工业控制、数据处理
第四代计算机	1971 年至今	大规模、超大规模集成电路	上千万～万亿条	计算机走向微型化，性能大幅度提高，软件也越来越丰富，为网络化创造了条件。同时计算机逐渐走向人工智能化，并采用了多媒体技术，具有听、说、读和写等功能	工业、生活等各个方面

（二）认识计算机的特点、应用和分类

随着科学技术的发展，计算机已被广泛应用于各个领域，在人们的生活和工作中起着重要的作用。下面介绍计算机的特点、应用和分类。

1. 计算机的特点

计算机之所以具有如此强大的功能，是由它的特点决定的。计算机主要有以下 6 个特点。

- 运算速度快。计算机的运算速度指的是单位时间内执行指令的条数，一般以每秒能执行多少条指令来描述。早期的计算机由于技术的限制，工作频率较低，而随着集成电路技术的发展，计算机的运算速度得到飞速提升，目前世界上已经有运算速度超过每秒亿亿条指令的计算机。

- 计算精度高。计算机的计算精度取决于采用机器码的字长（二进制码），即常说的 8 位、16 位、32 位和 64 位等，字长越长，有效位数就越多，精度也就越高。如果将 10 位十进制数转换成机器码，便可以轻而易举地取得几百亿分之一的精度。

- 逻辑判断准确。除了计算功能外，计算机还具备数据分析和逻辑判断能力，高级计算机还具有推理、诊断和联想等模拟人类思维的能力，因此计算机俗称为"电脑"。而具有准确、可靠的逻辑判断能力是计算机能够实现信息处理自动化的重要原因之一。

- 存储能力强大。计算机具有许多存储记忆载体，可以将运行的数据、指令程序和运算的结果存储起来，供计算机本身或用户使用，还可即时输出文字、图像、声音和视频等各种信息。例如，要在一个大型图书馆使用人工方式查阅书目犹如大海捞针，而采用计算机管理后，所有的图书目录及索引都存储在计算机中，这时查找一本图书只需要几秒。

- 自动化程度高。计算机内具有运算单元、控制单元、存储单元和输入 / 输出单元，它可以按照编写的程序（一组指令）实现工作自动化，不需要人的干预，还可反复执行。例如，企业生产车间及流水线管理中的各种自动化生产设备，正是因为植入了计算机控制系统才使工厂生产自动化成为可能。

- 具有网络与通信功能。通过计算机网络技术可以将不同国家、不同城市的计算机连在一起形成一个计算机网络，在计算机网络上的所有计算机用户都可以共享资料和交流信息，从而改变了人类的交流方式和信息获取方式。

提示

除此之外，计算机还具有可靠性高和通用性强等特点。

2. 计算机的应用

计算机诞生的初期，主要应用于科研和军事等领域，负责的工作内容主要是大型的高科技研发活动。近年来，随着社会的发展和科技的进步，计算机的性能不断提高，在社会的各个领域都得到了广泛的应用。

计算机的应用可以概括为以下 7 个方面。

- 科学计算。科学计算即通常所说的数值计算，是指利用计算机来完成科学研究和工程设计中提出的一系列复杂的数学问题的计算。计算机不仅能进行数字运算，还能解答微分方程以及不等式。由于计算机具有较快的运算速度，对于以往人工难以完成甚至无法完成的数值计算，计算机都可以完成，如气象资料分析和卫星轨道的测算等。目前，基于互联网的云计算，甚至可以达到每秒 10 万亿次的超快运算速度。

- 数据处理和信息管理。对大量的数据进行分析、加工和处理等工作早已开始使用计算机来完成，这些数据不仅包括"数"，还包括文字、图像和声音等。由于现代计算机运算速度快、存储容量大，计算机在数据处理和信息加工方面的应用十分广泛，如企业的财务管理、设备管理、资料和人事档案的文字处理等。利用计算机进行信息管理，为实现办公自动化和管理自动化创造了有利条件。

- 过程控制。过程控制也称为实时控制，是指利用计算机对生产过程和其他过程进行自动监测以及自动控制设备工作状态的一种控制方式，被广泛应用于各种工业环境中，并代替人在危险、有害的环境中作业，不受疲劳等因素的影响，完成人类所不能完成的有高精度和高速度要求的操作，从而节省了大量的人力物力，并大大提高了经济效益。

- 人工智能。人工智能（Artificial Intelligence，AI）是指设计智能的计算机系统，让计算机具有人的智能特性，模拟人类的某些智力活动，如"学习""识别图形和声音""推理过程""适应环境"等。目前，人工智能主要应用在智能机器人、机器翻译、医疗诊断、故障诊断、案件侦破和经营管理等方面。

- 计算机辅助。计算机辅助也称为计算机辅助工程应用，是指利用计算机协助人们完成各种设计工作。计算机的辅助功能是目前正在迅速发展并不断取得成果的重要应用领域，主要包括计算机辅助设计（Computer Aided Design，CAD）、计算机辅助制造（Computer Aided Manufacturing，CAM）、计算机辅助教育（Computer Based Education，CBE）、计算机辅助教学（Computer Assisted Instruction，CAI）和计算机辅助测试（Computer Aided Testing，CAT）等。

- 网络通信。网络通信是计算机技术与现代通信技术相结合的产物。它是指利用计算机网络实现信息的传递功能。随着 Internet 技术的快速发展，人们可以在不同地区和国家间进行数据的传递，并可通过计算机网络进行各种商务活动。

- 多媒体技术。多媒体技术（Multimedia Technology）是指通过计算机对文字、数据、图形、图像、动画和声音等多种媒体信息进行综合处理和管理，使用户可以通过多种感官与计算机进行实时信息交互的技术。多媒体技术拓宽了计算机的应用领域，使计算机广泛应用于教育、广告宣传、视频会议、服务业和文化娱乐业等领域。

提示 计算机辅助设计（CAD）是指利用计算机来帮助设计人员完成具体的设计任务，提高设计工作的自动化程度和质量的一门技术。目前，CAD 技术广泛应用于机械、电子、汽车、纺织、服装、建筑和工程建设等各个领域。计算机辅助制造（CAM）是指利用计算机进行生产规划、管理和控制产品制造的过程，随着生产技术的发展，CAD 和 CAM 的功能可以融为一体。计算机辅助教学（CAI）是指利用计算机实现教学功能的现代化教学形式，计算机可代替教师帮助学生学习，并能不断改善学习效果，提高教学水平和教学质量，学生可通过与计算机的交互活动达到学习目的。

3. 计算机的分类

计算机的种类非常多，划分的方法也有很多种。

微课
计算机的分类

按计算机的用途可将其分为专用计算机和通用计算机两种。其中，专用计算机是指为适应某种特殊需要而设计的计算机，如计算导弹弹道的计算机等。因为这类计算机都增强了某些特定功能，忽略一些次要要求，所以有速度快、效率高、使用面窄和专机专用等特点。通用计算机广泛适用于一般科学运算、学术研究、工程设计和数据处理等领域，具有功能多、配置全、用途广和通用性强等特点，目前市场上销售的计算机大多属于通用计算机。

按计算机的性能、规模和处理能力，可以将计算机分为巨型机、大型机、中型机、小型机和微型机 5 类，具体介绍如下。

- 巨型机。巨型机（见图 1-2）也称超级计算机或高性能计算机，是速度最快、处理能力最强的计算机，是为少数部门的特殊需要而设计的。通常，巨型机多用于国家高科技领域和尖端技术研究，是一个国家科研实力的体现，现有的超级计算机运算速度大多可以达到每秒一万亿次以上。2014 年 6 月，在德国莱比锡市发布的世界超级计算机 500 强排行榜上，中国超级计算机"天河二号"位居榜首，其浮点运算速度达到每秒 3.386×10^{16} 次。中国百亿亿次超级计算机"天河三号"研制工作顺利，2018 年研制完成，2019 年完成并行应用测试，着力构建自主生态系统，对接国家创新发展和重大战略实施。

- 大型机。大型机（见图 1-3）也称大型主机，其特点是运算速度快、存储量大和通用性强，主要针对计算量大、信息流通量多、通信能力强的用户，如银行、政府部门和大型企业等。目前，生产大型机的公司主要有 IBM 等。

- 中型机。中型机的性能低于大型机，其特点是处理能力强，常用于中小型企业。

- 小型机。小型机是指采用精简指令集处理器，性能和价格介于微型机和大型机之间的一种高性能 64 位计算机。小型机的特点是结构简单、可靠性高和维护费用低，常用于中小型企业。随着微型机的飞速发展，小型机被微型机取代的趋势已非常明显。

- 微型机。微型机简称"微机"，是应用最普及的机型，占了计算机总数中的绝大部分，而且价格便宜、功能齐全，被广泛应用于机关、学校、企事业单位和家庭中。微型机按结构和性能可以划分为单片机、单板机、个人计算机（Personal Computer，PC）、工作站和服务器等，其中，个人计算机又可分为台式计算机和便携式计算机（如笔记本电脑）两类，分别如图 1-4、图 1-5所示。

图 1-2　巨型机

图 1-3　大型机

图 1-4　台式计算机

图 1-5　笔记本电脑

提示　　工作站是一种高端的通用微型机，它可以提供比个人计算机更强大的性能，通常配有高分辨率的大屏、多屏显示器及容量很大的内存储器和外存储器，并具有极强的信息和高性能的图形、图像处理功能，主要用于图像处理和计算机辅助设计领域。服务器是提供计算服务的设备，它可以是大型机、小型机或高档微机，在网络环境下，根据服务器提供的不同服务类型，可分为文件服务器、数据库服务器、应用程序服务器和 Web 服务器等。

（三）了解计算机的发展趋势

　　从计算机的历史发展来看，计算机的体积越来越小、耗电量越来越小、速度越来越快、性能越来越佳、价格越来越便宜、操作越来越容易。

1. 计算机的发展方向

　　未来计算机的发展呈现出巨型化、微型化、网络化和智能化 4 个趋势。

　　• 巨型化。巨型化是指计算机的计算速度更快、存储容量更大、功能更强大和可靠性更高。巨型化计算机的应用范围主要包括天文、天气预报、军事和生物仿真等，这些领域需进行大量的数据处理和运算，需要性能强的计算机才能完成。

　　• 微型化。随着超大规模集成电路的进一步发展，个人计算机将更加微型化。膝上型、书本型、笔记本型和掌上型等微型化计算机将不断涌现，并受到越来越多用户的喜爱。

　　• 网络化。随着计算机的普及，计算机网络也逐步深入人们工作和生活的各个部分。计算机网络可以连接地球上分散的计算机，然后共享各种分散的计算机资源。计算机网络逐步成为人

微课

计算机的发展趋势

们工作和生活中不可或缺的事物，计算机网络化可以让人们足不出户就获得大量的信息以及与世界各地的亲友进行通信、网上贸易等。

- 智能化。早期，计算机只能按照人的意愿和指令去处理数据，而智能化的计算机能够代替人的脑力劳动，具有类似人的智能，如能听懂人类的语言、能看懂各种图形、可以自己学习等，即计算机可以进行知识的处理，从而代替人的部分工作。未来的智能型计算机将会代替甚至超越人类某些方面的脑力劳动。

2. 未来新一代计算机芯片技术

由于计算机中最重要的核心部件是芯片，因此计算机芯片技术的不断发展也是推动计算机未来发展的动力。Intel 公司的创始人之一戈登·摩尔在 1965 年曾预言了计算机集成技术的发展规律，那就是每 18 个月在同样面积的芯片中集成的晶体管数量将翻一番，而成本将下降一半。

几十年来，计算机芯片的集成度严格按照摩尔定律进行发展，不过该技术的发展并不是无限的。计算机采用电流作为数据传输的信号，而电流主要靠电子的迁移而产生，电子最基本的通路是原子。一个原子的直径大约等于 1 nm，目前芯片的制造工艺已经达到了 14 nm 甚至更小，也就是说，一条传输电流的导线的直径即为 14 个原子并排的长度。那么最终晶体管的尺寸将接近纳米级，即达到一个原子的直径长度。但是这样的电路是极不稳定的，因为电流极易造成原子迁移，电路也就随之短路了。

由于晶体管计算机存在上述物理极限，因而世界上许多国家在很早的时候就开始了各种非晶体管计算机的研究，如超导计算机、生物计算机、光子计算机和量子计算机等，这类计算机也被称为第五代计算机或新一代计算机，它们能在更大程度上仿真人的智能，这类技术也是目前世界各国计算机发展技术研究的重点。我国也意识到了未来科技发展的重要性，因此提出并贯彻新发展理念，不断加强基础研究和原始创新，一些关键核心技术实现突破，战略性新产业发展壮大。

（四）熟悉信息技术的相关概念

以计算机技术、通信技术和网络技术为核心的信息技术深入影响了人类社会的各个领域，对人类的生活和工作方式产生了巨大的影响。

1. 信息与信息技术

信息在不同的领域有不同的定义，一般来说，信息是对客观世界中各种事物的运动状态和变化的反映。简单地说，信息是经过加工的数据，或者说信息是数据处理的结果，信息泛指人类社会传播的一切内容，如音讯、消息、通信系统传输和处理的对象等。

信息技术（Information Technology，IT）是一门综合的技术，人们对信息技术的定义因其使用的目的、范围和层次不同而有所不同。联合国教科文组织对信息技术的定义为"应用在信息加工和处理中的科学、技术与工程的训练方法和管理技巧"。该定义强调的是信息技术的现代化应用与高科技含量，主要指一系列与计算机相关的技术。狭义范围内的信息技术是指对信息进行采集、传输、存储、加工和表达的各种技术的总称。

信息技术主要是指应用计算机科学和通信技术来设计、开发、安装和实施信息系统及应用软件，主要包括传感技术、通信技术、计算机技术和缩微技术。

- 传感技术。传感技术是关于从自然信源获取信息，并对之进行处理（变换）和识别的一门多学科交叉的现代科学与工程技术，它涉及传感器、信息处理和识别的规划设计、开发、建造、测试、应用及评价改进等活动。传感技术、计算机技术和通信技术被称为信息技术的三大支柱，其主要任务是延长和扩展人类收集信息的功能。目前，传感技术已经发展了一大批敏感元件，例如，通过照相机、红外线和紫外线等光波波段的敏感元件来帮助人们提取肉眼见不到的重要信息，也可通过超声和次声传感器来帮助人们获得人耳听不到的信息。

- 通信技术。通信技术又称通信工程，主要研究的是通信过程中的信息传输和信号处理的原理和应用。目前，通信技术得到飞速发展，从传统的电话、电报、收音机和电视到如今的移动通信（手机）、传真、卫星通信、光纤通信和无线电话等现代通信方式，从而使数据和信息的传递效率得到大大提高，并已成为办公自动化的支撑技术。

- 计算机技术。计算机技术是信息技术的核心内容，其主要研究任务是延伸人的思维器官处理信息和决策的功能。计算机技术作为一个完整系统所运用的技术，主要包括系统结构技术、系统管理技术、系统维护技术和系统应用技术等。近年来，计算机技术同样获得飞速发展，尤其是随着多媒体技术的发展，计算机的体积越来越小，但应用功能却越来越强大。

- 缩微技术。缩微技术是一种涉及多学科、多部门的综合性强且技术成熟的现代化信息处理技术，其主要研究任务是延伸人的记忆器官存储信息的功能。例如，在金融系统、卫生系统、保险系统和工业系统均采用缩微技术复制纸质载体的文件，从而改变了传统的管理方法，提高了档案文件、文献资料的管理水平，提高了经济效益。

总地来说，现代信息技术是一个内容十分广泛的技术群，它包括微电子技术、光电子技术、通信技术、网络技术、感测技术、控制技术和显示技术等。此外，物联网和云计算作为信息技术新的高度和形态被提出，并得到了发展。根据中国物联网校企联盟的定义，物联网为当下大多数技术与计算机互联网技术的结合，它能更快、更准地收集、传递、处理和执行信息，是科技的最新呈现形式与应用。

2. 信息化社会

信息化社会也称为信息社会，是脱离工业化社会以后，信息将起主要作用的社会。一般认为，信息化是指以计算机信息技术和传播手段为基础的信息技术和信息产业在经济和社会发展中的作用日益加强，并发挥主导作用的动态发展过程。信息化社会是指以信息产业在国民经济中的比重、信息技术在传统产业中的应用程度和信息基础设施建设水平为主要标志的社会。

在信息化社会里，人类借助计算机与通信技术，快速提高了处理信息的能力和传输信息的速度。信息化社会的交流在很大程度上围绕信息网络及其服务中心开展，因此信息网络已成为信息化社会的基础设施。进入 21 世纪后，世界各国都在加强信息化建设，而信息化建设又推动了计算机科学技术与信息化社会的发展，促进了计算机文化的产生，并彻底改变了人们的工作方式和生活方式，从而产生了移动电子商务、无纸化办公、远程教学、网络会议和网上购物等新的生活理念。

如今，计算机技术水平的高低是衡量信息化社会人才素质的重要标志，计算机文化的普及程度也标志着一个国家的综合发展水平，并将影响整个国家的信息化进程。因此，只有掌握计算机技术与计算机文化，才能真正适应信息化社会的建设需要，创造出更加灿烂辉煌的人类文明。

提示 信息高速公路是把信息的快速传输比喻为"高速公路"，它的实质就是一个高速度、大容量和多媒体的信息传输网络。信息高速公路在全世界的建设与实施，标志着人类正在走向信息化社会。

3. 信息安全

现代信息技术给人类带来了高效、方便的信息服务，同时也使人类信息环境面临许多前所未有的难题，如隐私权问题、知识产权问题、竞争问题和信息安全问题等。这就需要我们在了解信息技术带来的实际的和潜在的不良影响后，加强信息道德教育和规范网络行为，这样才能真正地对其不利方面进行抵制。

信息安全包括信息本身的安全和信息系统的安全，可以从以下 4 个方面来理解信息安全和增强信息安全意识。

- 数据安全。在输入、处理和统计数据的过程中，会由于计算机硬件出现故障、人为的误操作，以及计算机病毒和黑客的入侵等造成数据损坏和丢失，因此应通过确保数据存储的安全、加密数据技术和安装杀毒软件等方式来避免这类危害。
- 计算机安全。国际标准化委员会对计算机安全的定义是："为数据处理系统和采取的技术和管理的安全保护，保护计算机硬件、软件和数据不因偶然的或恶意的情况而遭到破坏、更改和泄露。"计算机安全中最重要的是存储数据的安全，其面临的主要威胁包括计算机病毒、非法访问、计算机电磁辐射和硬件损坏等。
- 信息系统安全。信息系统安全是指信息网络中的硬件、软件和系统数据要受到保护，不能遭到破坏或泄露，以确保信息系统能够持续、可靠地运行，信息服务不中断。
- 法律保护。为了加强对计算机信息系统的安全保护和安全管理，我国先后制定了多部关于信息安全的法律法规，包括《中华人民共和国计算机信息系统安全保护条例》《计算机信息网络国际联网安全保护管理办法》《互联网信息服务管理办法》《信息网络传播权保护条例》等。

任务二　了解计算机中信息的表示和存储

▷ 任务要求

肖磊知道利用计算机技术可以采集、存储和处理各种用户信息，也可将这些用户信息转换成用户可以识别的文字、声音或音视频进行输出。然而让肖磊疑惑的是，这些信息在计算机内部又是如何表示的呢？该如何对信息进行量化呢？肖磊认为，学习好这方面的知识，才能更好地使用计算机。

本任务要求认识计算机中的数据及其单位，了解数制及其转换，认识二进制数的运算，并了解计算机中字符的编码规则。

（一）认识计算机中的数据及其单位

在计算机中，各种信息都是以数据的形式出现的，对数据进行处理后产生的结果为信息，因此数据是计算机中信息的载体，数据本身没有意义，只有经过处理和描述，才能赋予其实际意义。如单独一个数据"32 ℃"并没有什么实际意义，但如果表示为"今天的气温是 32 ℃"，这条信息就有意义了。

计算机中处理的数据可分为数值数据和非数值数据（如字母、汉字和图形等）两大类，无论什么类型的数据，在计算机内部都是以二进制的形式存储和运算的。计算机在与外部交流时会采用人们熟悉和便于阅读的形式表示，如十进制数据、文字表达和图形显示等，这之间的转换则由计算机系统来完成。

在计算机内存储和运算数据时，通常要涉及的数据单位有以下 3 种。

- 位（bit）。计算机中的数据都是以二进制来表示的，二进制的代码只有"0""1"两种数码，采用多个数码（0 和 1 的组合）来表示一个数，其中的每一个数码称为 1 位，位是计算机中最小的数据单位。

- 字节（Byte，简写为 B）。在对二进制数据进行存储时，以 8 位二进制代码为一个单元存放在一起，称为 1 个字节，即 1 Byte =8 bit。字节是计算机中信息组织和存储的基本单位，也是计算机体系结构的基本单位。在计算机中，通常用 B（字节）、KB（千字节）、MB（兆字节）或 GB（吉字节）为单位来表示存储器（如内存、硬盘和 U 盘等）的存储容量或文件的大小，存储容量指存储器中能够包含的字节数。存储单位 B、KB、MB、GB 和 TB 的换算关系如下。

$$1\ KB（千字节）=1\ 024\ B（字节）=2^{10}\ B（字节）$$

$$1\ MB（兆字节）=1\ 024\ KB（千字节）=2^{20}\ B（字节）$$

$$1\ GB（吉字节）=1\ 024\ MB（兆字节）=2^{30}\ B（字节）$$

$$1\ TB（太字节）=1\ 024\ GB（吉字节）=2^{40}\ B（字节）$$

- 字长。人们将计算机一次能够并行处理的二进制代码的位数称为字长。字长是衡量计算机性能的一个重要指标，字长越长，数据所包含的位数越多，计算机的数据处理速度越快。计算机的字长通常是字节的整倍数，如 8 位、16 位、32 位、64 位和 128 位等。

（二）了解数制及其转换

微课

数制及其转换

数制是指用一组固定的符号和统一的规则来表示数值的方法。其中，按照进位方式计数的数制称为进位计数制。在日常生活中，人们习惯用的进位计数制是十进制，而计算机则使用二进制；除此以外，还有八进制和十六进制等。顾名思义，二进制就是逢二进一的数字表示方法；依次类推，十进制就是逢十进一，八进制就是逢八进一等。

进位计数制中每个数码的数值大小不仅取决于数码本身，还取决于该数码在数中的位置。例如十进制数 828.41，整数部分的第 1 个数码"8"处在百位，表示 800；第 2 个数码"2"处在十位，表示 20；第 3 个数码"8"处在个位，表示 8；小数点后第 1 个数码"4"处在十分位，表示 0.4；

小数点后第 2 个数码 "1" 处在百分位，表示 0.01。也就是说，处在不同位置的数码所代表的数值是不同的，数码在一个数中的位置称为数制的数位；数制中数码的个数称为数制的基数，十进制数有 0、1、2、3、4、5、6、7、8、9 共 10 个数码，其基数为 10；在每个数位上的数码符号所代表的数值等于该数位上的数码乘以一个固定值，该固定值称为数制的位权数，数码所在的数位不同，其位权数也有所不同。

无论在何种进位计数制中，数值都可写成按位权展开的形式，如十进制数 828.41 可写成：

$828.41 = 8 \times 100 + 2 \times 10 + 8 \times 1 + 4 \times 0.1 + 1 \times 0.01$

或者：

$828.41 = 8 \times 10^2 + 2 \times 10^1 + 8 \times 10^0 + 4 \times 10^{-1} + 1 \times 10^{-2}$

上式为数值按位权展开的表达式，其中，10^i 称为十进制数的位权数，其基数为 10，使用不同的基数，便可得到不同的进位计数制。设 R 表示基数，则称为 R 进制，使用 R 个基本的数码，R^i 就是位权，其加法运算规则是"逢 R 进一"，任意一个 R 进制数 D 均可以展开表示为：

$$(D)_R = \sum_{i=-m}^{n-1} K_i \times R^i$$

上式中的 K_i 为第 i 位的数码，可以为 0、1、2...$R-1$ 中的任何一个数，R^i 表示第 i 位的权。表 1-2 所示为计算机中常用的几种进位计数制的表示。

表1-2　计算机中常用的几种进位计数制的表示

进位制	基数	基本符号（采用的数码）	权	形式表示
二进制	2	0、1	2^i	B
八进制	8	0、1、2、3、4、5、6、7	8^i	O
十进制	10	0、1、2、3、4、5、6、7、8、9	10^i	D
十六进制	16	0、1、2、3、4、5、6、7、8、9、A、B、C、D、E、F	16^i	H

通过表 1-2 可知，对于数据 4A9E，从使用的数码可以判断出其为十六进制数。而对于数据 492，如何判断其属于哪种数制呢？在计算机中，为了区分不同进制的数，可以用括号加数制基数下标的方式来表示不同数制的数，例如，$(492)_{10}$ 表示十进制数，$(1001.1)_2$ 表示二进制数，$(4A9E)_{16}$ 表示十六进制数；也可以用带有字母的形式分别表示为 $(492)_D$、$(1001.1)_B$ 和 $(4A9E)_H$。在程序设计中，为了区分不同进制的数，常在数字后直接加英文字母后缀来区别，如 492D、1001.1B 等。

表 1-3 所示为上述几种常用数制的对照关系表。

表1-3　常用数制的对照关系表

十进制数	二进制数	八进制数	十六进制数
0	0000	0	0
1	0001	1	1
2	0010	2	2
3	0011	3	3
4	0100	4	4
5	0101	5	5
6	0110	6	6

十进制数	二进制数	八进制数	十六进制数
7	0111	7	7
8	1000	10	8
9	1001	11	9
10	1010	12	A
11	1011	13	B
12	1100	14	C
13	1101	15	D
14	1110	16	E
15	1111	17	F

提示 通过表 1-3 可以看出，采用不同的数制表示同一个数时，基数越大，则使用的位数越少，如十进数 12，需要 4 位二进制数来表示，需要 2 位八进制数来表示，只需 1 位十六制数来表示。所以，在一些 C 语言的程序中，常采用八进制和十六进制来表示数据。

下面将具体介绍 4 种常用数制之间的转换方法。

1. 非十进制数转换为十进制数

将二进制数、八进制数和十六进制数转换为十进制数时，只需用该数制的各位数乘以各自对应的位权数，然后将乘积相加。用按位权展开的方法即可得到对应的结果。

【例 1-1】将二进制数 10110 转换成十进制数。

先将二进制数 10110 按位权展开，然后将乘积相加，转换过程如下所示。

$$(10110)_2=(1 \times 2^4+0 \times 2^3+1 \times 2^2+1 \times 2^1+0 \times 2^0)_{10}$$
$$=(16+4+2)_{10}$$
$$=(22)_{10}$$

【例 1-2】将八进制数 232 转换成十进制数。

先将八进制数 232 按位权展开，然后将乘积相加，转换过程如下所示。

$$(232)_8=(2 \times 8^2+3 \times 8^1+2 \times 8^0)_{10}$$
$$=(128+24+2)_{10}$$
$$=(154)_{10}$$

【例 1-3】将十六进制数 232 转换成十进制数。

先将十六进制数 232 按位权展开，然后将乘积相加，转换过程如下所示。

$$(232)_{16}=(2 \times 16^2+3 \times 16^1+2 \times 16^0)_{10}$$
$$=(512+48+2)_{10}$$
$$=(562)_{10}$$

2. 十进制数转换成其他进制数

将十进制数转换成二进制数、八进制数和十六进制数时，可将数字分成整数和小数分别转换，然后拼接起来。

例如，将十进制数转换成二进制数时，整数部分采用"除 2 取余倒读"法，即将该十进制数除以 2，得到一个商和余数（K_0），再将该商除以 2，又得到一个新的商和余数（K_1），如此反复，直到商是 0 时得到余数（K_{n-1}）。然后将得到的各次余数，以最后余数为最高位、最初余数为最低位依次排列，即 $K_{n-1}\cdots K_1 K_0$，这就是该十进制数对应的二进制整数部分。

小数部分采用"乘 2 取整正读"法，即将十进制的小数乘 2，取乘积中的整数部分作为相应二进制小数点后最高位 K_{-1}，取乘积中的小数部分反复乘 2，逐次得到 $K_{-2}K_{-3}\cdots K_{-m}$，直到乘积的小数部分为 0 或位数达到所需的精确度要求为止。然后把每次乘积所得的整数部分由上而下（即从小数点自左往右）依次排列起来，即 $K_{-1}K_{-2}\cdots K_{-m}$，这就是所求的二进制数的小数部分。

同理，将十进制数转换成八进制数时，整数部分除 8 取余，小数部分乘 8 取整；将十进制数转换成十六进制数时，整数部分除 16 取余，小数部分乘 16 取整。

提示

在进行小数部分的转换时，有些十进制小数不能转换为有限位的二进制小数，此时只能用近似值表示。例如，$(0.57)_{10}$ 不能用有限位二进制表示，如果要求 5 位小数近似值，则得到 $(0.57)_{10} \approx (0.10010)_2$。

【例 1-4】 将十进制数 225.625 转换成二进制数。

用除 2 取余倒读法进行整数部分转换，再用乘 2 取整正读法进行小数部分转换，具体转换过程如下所示。

$(225.625)_{10} = (11100001.101)_2$

3. 二进制数转换成八进制数、十六进制数

二进制数转换成八进制数所采用的转换原则是"3 位分一组"，即以小数点为界，整数部分从右向左每 3 位分为一组，若最后一组不足 3 位，则在最高位前面添 0 补足 3 位，然后将每组中的二进制数按位权相加得到对应的八进制数；小数部分从左向右每 3 位分为一组，最后一组不足 3 位时，尾部用 0 补足 3 位，然后按照顺序写出每组二进制数对应的八进制数。

【例 1-5】 将二进制数 1101001.101 转换为八进制数。

转换过程如下所示。

二进制数	001	101	001	.	101
八进制数	1	5	1	.	5

得到的结果为：$(1101001.101)_2 = (151.5)_8$

二进制数转换成十六进制数所采用的转换原则与上面的类似，为"4位分一组"，即以小数点为界，整数部分从右向左、小数部分从左向右每4位一组，不足4位用0补齐。

【例1-6】将二进制数 101110011000111011 转换为十六进制数。

转换过程如下所示。

二进制数	0010	1110	0110	0011	1011
十六进制数	2	E	6	3	B

得到的结果为：$(101110011000111011)_2 = (2E63B)_{16}$

4. 八进制数、十六进制数转换成二进制数

八进制数转换成二进制数的转换原则是"一分为三"，即从八进制数的低位开始，将每一位上的八进制数写成对应的3位二进制数。如果有小数部分，则从小数点开始，分别向左右两边按上述方法进行转换。

【例1-7】将八进制数 162.4 转换为二进制数。

转换过程如下所示。

八进制数	1	6	2	.	4
二进制数	001	110	010		100

得到的结果为：$(162.4)_8 = (001110010.100)_2$

十六进制数转换成二进制数的转换原则是"一分为四"，即把每一位上的十六进制数写成对应的4位二进制数。

【例1-8】将十六进制数 3B7D 转换为二进制数。

转换过程如下所示。

十六进制数	3	B	7	D
二进制数	0011	1011	0111	1101

得到的结果为：$(3B7D)_{16} = (0011101101111101)_2$

（三）认识二进制数的运算

计算机内部采用二进制表示数据，其主要原因是技术实现简单、易于进行转换、运算法则简单、可以方便地利用逻辑代数分析和设计计算机的逻辑电路等。下面将对二进制的算术运算和逻辑运算进行简要介绍。

1. 二进制的算术运算

二进制的算术运算也就是通常所说的四则运算，包括加、减、乘和除，运算比较简单，其具体运算规则如下。

- 加法运算。按"逢二进一"法，向高位进位，运算规则为：0+0=0、0+1=1、1+0=1、1+1=10。例如，$(10011.01)_2+(100011.11)_2=(110111.00)_2$。
- 减法运算。减法实质上是加上一个负数，主要应用于补码运算，运算规则为：0-0=0、1-0=1、0-1=1（向高位借位，结果本位为1）、1-1=0。例如，$(110011)_2-(001101)_2=(100110)_2$。

- 乘法运算。乘法运算与常见的十进制数对应的运算规则类似，运算规则为：$0 \times 0 = 0$、$1 \times 0 = 0$、$0 \times 1 = 0$、$1 \times 1 = 1$。例如，$(1110)_2 \times (1101)_2 = (10110110)_2$。
- 除法运算。除法运算也与十进制数对应的运算规则类似，运算规则为：$0 \div 1 = 0$、$1 \div 1 = 1$。而 $0 \div 0$ 和 $1 \div 0$ 是无意义的。例如，$(1101.1)_2 \div (110)_2 = (10.01)_2$。

2. 二进制的逻辑运算

计算机所采用的二进制数 1 和 0 可以代表逻辑运算中的"真"与"假"、"是"与"否"、"有"与"无"。二进制的逻辑运算包括"与""或""非""异或" 4 种，具体介绍如下。

- "与"运算。"与"运算又称为逻辑乘，通常用符号"$\times$""$\wedge$""$\cdot$"来表示。其运算规则为：$0 \wedge 0 = 0$、$0 \wedge 1 = 0$、$1 \wedge 0 = 0$、$1 \wedge 1 = 1$。通过其运算规则可以看出，当两个参与运算的数中有一个数为 0 时，其结果也为 0，此时是没有意义的，只有当数中的数值都为 1 时，结果才为 1，即只有当所有的条件都符合时，逻辑结果才为肯定值。例如，假定某一个公益组织规定加入成员的条件是女性与慈善家，那么只有既是女性又是慈善家的人才能加入该组织。
- "或"运算。"或"运算又称为逻辑加，通常用符号"$+$"或"$\vee$"来表示。其运算规则为：$0 \vee 0 = 0$、$0 \vee 1 = 1$、$1 \vee 0 = 1$、$1 \vee 1 = 1$。该运算规则表明，只要有一个数为 1，结果就是 1。例如，假定某一个公益组织规定加入成员的条件是女性或慈善家，那么只要符合其中任意一个条件或两个条件就可以加入该组织。
- "非"运算。"非"运算又称为逻辑否，通常是在逻辑变量上加上画线来表示，如变量为 A，则其非运算结果用 $\overline{A}$ 表示。其运算规则为：$\overline{0} = 1$、$\overline{1} = 0$。例如，假定 A 变量表示男性，$\overline{A}$ 就表示非男性，即指女性。
- "异或"运算。"异或"运算通常用符号"$\oplus$"表示，其运算规则为：$0 \oplus 0 = 0$、$0 \oplus 1 = 1$、$1 \oplus 0 = 1$、$1 \oplus 1 = 0$。该运算规则表明，当逻辑运算中变量的值不同时，结果为 1；而变量的值相同时，结果为 0。

（四）了解计算机中字符的编码规则

编码就是利用计算机中的 0 和 1 两个代码的不同长度表示不同信息的一种约定方式。由于计算机是以二进制的形式存储和处理数据的，因此只能识别二进制编码信息，数字、字母、符号、汉字、语音和图形等非数值信息都要用特定规则进行二进制编码才能进入计算机。对于西文与中文字符，由于形式的不同，使用的编码也不同。

1. 西文字符的编码

在计算机中对字符进行编码，通常采用 ASCII 和 Unicode 两种编码。

- ASCII。美国信息交换标准代码（American Standard Code for Information Interchange，ASCII）是基于拉丁字母的一套编码系统，主要用于显示现代英语和其他西欧语言，它被国际标准化组织指定为国际标准（ISO 646 标准）。标准 ASCII 使用 7 位二进制数来表示所有的大写和小写字母、数字 0~9、标点符号，以及在美式英语中使用的特殊控制字符，共有 $2^7 = 128$ 个不同的编码值，可以表示 128 个不同字符的编码，如表 1-4 所示。低 4 位编码 $b_3b_2b_1b_0$ 用作行编码，而高 3 位编码 $b_6b_5b_4$ 用作列编码，其中有 95 个编码对应计算机键盘上的符号和其他可显示或输出的字符，另外 33 个编码被用作控制码，用于控制计算机某些外部设备的工作特性和某些计算机软件的运行情况。例如，字母 A 的编码为二进制数 1000001，对应十进制数 65 或十六进制数 41。

表1–4　标准7位ASCII

低 4 位 $b_3b_2b_1b_0$	高 3 位 $b_6b_5b_4$							
	000	001	010	011	100	101	110	111
0000	NUL	DLE	SP	0	@	P	`	p
0001	SOH	DC1	!	1	A	Q	a	q
0010	STX	DC2	"	2	B	R	b	r
0011	ETX	DC3	#	3	C	S	c	s
0100	EOT	DC4	$	4	D	T	d	t
0101	ENQ	NAK	%	5	E	U	e	u
0110	ACK	SYN	&	6	F	V	f	v
0111	BEL	ETB	'	7	G	W	g	w
1000	BS	CAN	(	8	H	X	h	x
1001	HT	EM	)	9	I	Y	i	y
1010	LF	SUB	*	:	J	Z	j	z
1011	VT	ESC	+	;	K	[	k	{
1100	FF	FS	,	<	L	\	l	|
1101	CR	GS	–	=	M	]	m	}
1110	SO	RS	.	>	N	^	n	~
1111	SI	US	/	?	O	_	o	DEL

- Unicode。Unicode 也是一种国际标准编码，采用两个字节编码，能够表示世界上所有的书写语言中可能用于计算机通信的文字和其他符号。目前，Unicode 在网络、Windows 操作系统和大型软件中得到应用。

2. 汉字的编码

在计算机中，汉字信息的传播和交换必须有统一的编码才不会造成混乱和差错。因此，计算机中处理的汉字是指包含在国家或国际组织制定的汉字字符集中的汉字，常用的汉字字符集包括 GB2312、GB18030、GBK 和 CJK 等。为了使每个汉字都有一个全国统一的代码，我国颁布了汉字编码的国家标准，即 GB2312—1980《信息交换用汉字编码字符集》基本集，这个字符集是目前国内所有汉字系统的统一标准。

汉字的编码方式主要有以下 4 种。

- 输入码。输入码也称外码，是指为了将汉字输入计算机而设计的代码，包括音码、形码和音形码等。
- 区位码。将 GB2312 字符集放置在一个 94 行（每一行称为"区"）、94 列（每一列称为"位"）的方阵中，方阵中的每个汉字所对应的区号和位号组合起来就得到了该汉字的区位码。区位码用 4 位数字编码，前两位叫作区码，后两位叫作位码，如汉字"中"的区位码为 5448。
- 国标码。国标码采用两个字节表示一个汉字，将汉字区位码中的十进制区号和位号分别转换成十六进制数，再分别加上 20H，就可以得到该汉字的国际码。例如，"中"字的区位码为 5448，区号 54 对应的十六进制数为 36，加上 20H，即为 56H，而位号 48 对应的十六进制数为 30，加上 20H，即为 50H，所以"中"字的国标码为 5650H。

- 机内码。在计算机内部进行存储与处理所使用的代码称为机内码。对汉字系统来说，汉字机内码规定在汉字国标码的基础上，每字节的最高位置为 1，每字节的低 7 位为汉字信息。将国标码的两个字节编码分别加上 80H（即 10000000B），便可以得到机内码，如汉字"中"的机内码为 D6D0H。

任务三 认识多媒体技术

任务要求

肖磊所在的学校近期要组织一场活动，身为该活动的组织者之一，肖磊负责搜集活动中需要的背景音乐、活动过程的视频录制，同时，领导还要求肖磊在活动结束后将这些多媒体视频文件发布到学校的网站上。为了能够更加顺利地完成这项任务，肖磊特意了解了关于多媒体技术的相关信息。

本任务要求认识媒体与多媒体技术，了解多媒体技术的特点，认识多媒体设备和软件，并了解常用的媒体文件格式。

任务实现

（一）认识媒体与多媒体技术

媒体（Medium）主要有两层含义，一是指存储信息的实体（媒质），如磁盘、光盘、磁带和半导体存储器等；二是指传递信息的载体（媒介），如文本、声音、图形、图像、视频、音频和动画等。

多媒体（Multimedia）是由单媒体复合而成的，融合了两种或两种以上的人机交互式信息交流和传播媒体。多媒体不仅是指文本、声音、图形、图像、视频、音频和动画这些媒体信息本身，还包含处理和应用这些媒体信息的一整套技术，即多媒体技术。多媒体技术是指能够同时获取、处理、编辑、存储和演示两种以上不同类型信息的媒体技术。在计算机领域中，多媒体技术就是用计算机实时地综合处理图、文、声和像等信息的技术，这些多媒体信息在计算机内都是转换成 0 和 1 的数字化信息进行处理的。

多媒体技术的快速发展和应用将极大地推动许多产业的变革和发展，并逐步改变人类社会的生活与工作方式。多媒体技术的应用已渗透到人类社会的各个领域，它不仅覆盖了计算机的绝大部分应用领域，同时还在教育与培训、商务演示、咨询服务、信息管理、宣传广告、电子出版物、游戏与娱乐和广播电视等领域中得到普遍应用。此外，可视电话和视频会议等也为人们提供了更全面的信息服务。目前，多媒体技术主要包括音频技术、视频技术、图像技术、图像压缩技术和通信技术。

（二）了解多媒体技术的特点

多媒体技术具有以下 5 个关键特性。

- 多样性。多媒体技术的多样性是指信息载体的多样性，计算机所能处理的信息从最初的数值、文字、图形已扩展到音频和视频信息等多种媒体。
- 集成性。多媒体技术的集成性是指以计算机为中心综合处理多种信息媒体，使其集文字、声音、图形、图像、音频和视频于一体。此外，多媒体处理工具和设备的集成能够为多媒体系统的开发与实现建立一个理想的集成环境。
- 交互性。多媒体技术的交互性是指用户可以与计算机进行交互操作，同时提供多种交互控制功能，使人们获取信息和使用信息变被动为主动，并改善人机操作界面。
- 实时性。多媒体技术的实时性是指多媒体技术需要同时处理声音、文字和图像等多种信息，其中声音和视频还要求实时处理，因此应具有能够对多媒体信息进行实时处理的软、硬件环境的支持。
- 协同性。多媒体技术的协同性是指多媒体中的每一种媒体都有其自身的特性，因此各媒体信息之间必须有机配合，并协调一致。

（三）认识多媒体设备和软件

一个完整的多媒体系统是由多媒体硬件系统和多媒体软件系统两个部分构成的。下面主要针对多媒体计算机系统来介绍多媒体设备和软件。

1. 多媒体计算机的硬件

多媒体计算机的硬件系统除了计算机常规硬件外，还包括声音 / 视频处理器、多种媒体输入 / 输出设备及信号转换装置、通信传输设备及接口装置等。具体来说，主要包括以下 3 种硬件项目。

微课

多媒体计算机
的硬件

- 音频卡。音频卡即声卡，它是多媒体技术中最基本的硬件组成部分，是实现声波和数字信号相互转换的一种硬件。其基本功能是把来自话筒、磁带、光盘的原始声音信号加以转换，从而输出到耳机、扬声器、扩音机和录音机等声响设备，也可通过音乐设备数字接口（Musical Instrument Digital Interface，MIDI）进行声音输出。
- 视频卡。视频卡也叫视频采集卡，用于将模拟摄像机、录像机、LD 视盘机和电视机输出的视频数据或者视频和音频的混合数据输入计算机，并转换成计算机可识别的数字数据。视频卡按照其用途可以分为广播级视频采集卡、专业级视频采集卡和民用级视频采集卡。
- 各种外部设备。多媒体处理过程中会用到的外部设备主要包括摄像机 / 录放机、数字照相机 / 头盔显示器、扫描仪、激光打印机、光盘驱动器、光笔 / 鼠标 / 传感器 / 触摸屏 / 话筒 / 喇叭、传真机（FAX）和可视电话机等。

2. 多媒体计算机的软件

多媒体计算机的软件种类较多，根据功能可以分为多媒体操作系统、媒体处理系统工具和用户应用软件 3 种。

计算机应用基础（Windows 7+Office 2016）（第2版）

- 多媒体操作系统。多媒体操作系统应具有实时任务调度、多媒体数据转换和同步控制、多媒体设备的驱动和控制，以及图形用户界面管理等功能。目前，计算机中安装的 Windows 操作系统已完全具备上述功能。

- 媒体处理系统工具。媒体处理系统工具主要包括媒体创作软件工具、多媒体节目写作工具、媒体播放工具，以及其他各类媒体处理工具，如多媒体数据库管理系统等。

- 用户应用软件。用户应用软件是根据多媒体系统终端用户的要求来定制的应用软件，目前国内外已经开发了很多服务于图形、图像、音频和视频处理的软件，通过这些软件，可以创建、收集和处理多媒体素材，制作出丰富多样的图形、图像和动画。目前，这类比较流行的应用软件有 Photoshop、Flash、Illustrator、3ds Max、Authorware、Director 和 PowerPoint 等，每种软件都各有所长，在多媒体处理过程中可以综合运用。

提示 声音播放软件包括 Windows 操作系统自带的录音机播放软件和 Windows Media Player 等，动画播放软件有 Flash Player 和 Windows Media Player 等，视频播放软件有 Windows Media Player 和暴风影音等。

（四）了解常用的媒体文件格式

在计算机中，利用多媒体技术可以将声音、文字和图像等多种媒体信息进行综合式交互处理，并以不同的文件类型进行存储。下面分别介绍常用的媒体文件格式。

1. 音频文件格式

在多媒体系统中，语音和音乐是必不可少的，存储声音信息的文件格式有多种，包括 WAV、MIDI、MP3、RM、Audio 和 VOC 等，具体如表 1–5 所示。

表1–5　常见音频文件格式

文件格式	文件扩展名	相关说明
WAV	.wav	WAV 文件来源于对声音模拟波形的采样，主要针对话筒和录音机等外部音源录制，经声卡转换成数字化信息，播放时再还原成模拟信号由扬声器输出。这种波形文件是最早的数字音频格式。WAV 文件支持多种采样的频率和样本精度的声音数据，并支持声音数据文件的压缩，通常文件较大，主要用于存储简短的声音片段
MIDI	.mid/.rmi	MIDI 是乐器和电子设备之间进行声音信息交换的一组标准规范。MIDI 文件并不像 WAV 文件那样记录实际的声音信息，而是记录一系列的指令，即记录的是关于乐曲演奏的内容，可通过 FM 合成法和波表合成法来生成。MIDI 文件存储的空间比 WAV 文件要小得多，且易于编辑节奏和音符等音乐元素，但整体效果不如 WAV 文件，且过于依赖 MIDI 硬件质量
MP3	.mp3	MP3 采用 MPEG Layer 3 标准对音频文件进行有损压缩，压缩比高，音质接近 CD 唱盘，制作简单，且便于交换，适用于网上传播，是目前使用较多的一种格式
RM	.rm	RM 采用音频 / 视频流和同步回放技术在互联网上提供优质的多媒体信息，其特点是可随着网络带宽的不同而改变声音的质量
Audio	.au	它是一种经过压缩的数字声音文件格式，主要在网上使用
VOC	.voc	它是一种波形音频文件格式，也是声霸卡使用的音频文件格式

2. 图像文件格式

图像是多媒体中最基本和最重要的数据，包括静态图像和动态图像。其中，静态图像又分为矢量图和位图两种，动态图像又分为视频和动画两种。常见的静态图像文件格式如表1-6所示。

表1-6　常见的静态图像文件格式

文件格式	文件扩展名	相关说明
BMP	.bmp	BMP（Bitmap）是 Windows 操作系统中的标准图像文件格式，它采用位映射存储格式，除了图像深度可选以外，不采用其他任何压缩，因此，BMP 文件所占用的空间很大
GIF	.gif	GIF 的原义是"图像互换格式"，GIF 图像文件的数据是经过压缩的，而且采用了可变长度等压缩算法。在一个 GIF 文件中可以存储多幅彩色图像，如果把存储于一个文件中的多幅图像数据逐幅读出并显示到屏幕上，就可构成一种最简单的动画。GIF 文件主要用于保存网页中需要高传输速率的图像文件
TIFF	.tiff	标签图像文件格式（Tag Image File Format，TIFF）是一种灵活的位图格式，主要用来存储包括照片和艺术图在内的图像，它是一种当前流行的高位彩色图像格式
JPEG	.jpg/.jpeg	JPEG 格式是第一个国际图像压缩标准，它能够在提供良好的压缩性能的同时，提供较好的重建质量，被广泛应用于图像、视频处理领域。".jpeg"".jpg"等格式指的是图像数据经压缩后形成的文件，主要用于网上传输
PNG	.png	可移植网络图形（Portable Network Graphics，PNG）格式是一种最新的网络图像文件存储格式，其设计目的是替代 GIF 和 TIFF 文件格式，一般应用于 Java 程序和网页中
WMF	.wmf	WMF 是 Windows 中常见的一种图元文件格式，属于矢量文件格式，具有文件小、图案造型化等特点，其图形往往较粗糙

3. 视频文件格式

视频文件一般比其他媒体文件大一些，比较占用存储空间。常见的视频文件格式如表1-7所示。

表1-7　常见的视频文件格式

文件格式	文件扩展名	相关说明
AVI	.avi	AVI 是由微软公司开发的一种数字视频文件格式，允许视频和音频同步播放，但由于 AVI 文件没有限定压缩标准，因此不同压缩标准生成的 AVI 文件必须使用相应的解压缩算法才能播放
MOV	.mov	MOV 是 Apple 公司开发的一种音频、视频文件格式，具有跨平台和存储空间小等特点，已成为目前数字媒体软件技术领域的工业标准
MPEG	.mpeg	MPEG 是运动图像压缩算法的国际标准，它能在保证影像质量的基础上，采用有损压缩算法减少运动图像中的冗余信息，压缩效率较高、质量好，它包括 MPEG-1、MPEG-2 和 MPEG-4 等在内的多种视频格式
ASF	.asf	ASF 是微软公司开发的一种可直接在网上观看视频节目的视频文件压缩格式，其优点有本地或网络回放、可扩充、部件可下载以及扩展性等
WMV	.wmv	WMV 格式是微软公司针对 Quick Time 之类的技术标准而开发的一种视频文件格式，可使用 Windows Media Player 播放，是目前比较常见的视频格式

提示　由于音频和视频等多媒体信息的数据量非常庞大，为了便于存取和交换，在多媒体计算机系统中，通常采用压缩的方式来减小数据量，使用时再将数据进行解压缩还原。数据压缩可以分为无损压缩和有损压缩两种。其中，无损压缩的压缩率比较低，但能够确保解压后的数据不失真；而有损压缩则是以损失文件中某些信息为代价来获取较高的压缩率。

课后练习

（1）1946 年诞生的世界上第一台电子计算机是（　　　）。

    A. UNIVAC-I　　　　　　　　　　B. EDVAC

    C. ENIAC　　　　　　　　　　　　D. IBM

（2）第二代计算机的划分年代是（　　　）。

    A. 1946—1957 年　　　　　　　　　B. 1958—1964 年

    C. 1965—1970 年　　　　　　　　　D. 1971 年至今

（3）以下对信息特征的描述中，不正确的是（　　　）。

    A. 信息是一成不变的东西

    B. 所有的信息都必须依附于某种载体，但是，载体本身并不是信息

    C. 同一信息能同时或异时、同地或异地被多个人所共享

    D. 只要有物质存在，有事物运动，就会有它们的运动状态和方式，就会有信息存在

（4）1 KB 的准确数值是（　　　）。

    A. 1024 Byte　　　B. 1000 Byte　　　C. 1024 bit　　　D. 1024 MB

（5）在关于数制的转换中，下列叙述正确的是（　　　）。

    A. 采用不同的数制表示同一个数时，基数（R）越大，则使用的位数越少

    B. 采用不同的数制表示同一个数时，基数（R）越大，则使用的位数越多

    C. 不同数制采用的数码是各不相同的，没有一个数码是一样的

    D. 进位计数制中每个数码的数值不仅取决于数码本身

（6）十进制数 55 转换成二进制数等于（　　　）。

    A. 111111　　　B. 110111　　　C. 111001　　　D. 111011

（7）与二进制数 101101 等值的十六进制数是（　　　）。

    A. 2D　　　　B. 2C　　　　C. 1D　　　　D. B4

（8）二进制数 111+1 等于（　　　）B。

    A. 10000　　　B. 100　　　C. 1111　　　D. 1000

（9）一个汉字的机内码与它的国标码之间的差是（　　　）。

    A. 2020H　　　B. 4040H　　　C. 8080H　　　D. AOAOH

（10）多媒体信息不包括（　　　）。

    A. 动画、影像　　　B. 文字、图像　　　C. 声卡、光驱　　　D. 音频、视频

查看
答案与解析

项目二
学习计算机系统知识

02

计算机系统由硬件系统和软件系统组成。硬件是计算机赖以工作的实体，相当于人的身躯；软件是计算机的精髓，相当于人的思想和灵魂。它们共同协作运行应用程序并处理各种实际问题。本项目将通过3个任务，介绍计算机的硬件系统和软件系统，以及计算机系统中鼠标和键盘这两种最为重要的输入设备的基本使用方法。

课堂 学习 目标	◎ 认识计算机的硬件系统 ◎ 认识计算机的软件系统 ◎ 使用鼠标和键盘	 微课 学习计算机系统知识

计算机系统由硬件系统和软件系统两部分组成。在一台计算机中，硬件和软件两者缺一不可，如图2-1所示。计算机软、硬件之间是一种相互依靠、相辅相成的关系，如果没有软件，计算机便无法正常工作（通常将没有安装任何软件的计算机称为"裸机"）；反之，如果没有硬件的支持，计算机软件便没有运行的环境，再优秀的软件也无法把它的性能体现出来。从计算机软硬件系统的关系中不难看出，我们要坚持系统观念，万事万物是相互联系、相互依存的。必须用普遍联系的、全面系统的、发展变化的观点观察事物。

图 2-1　计算机的组成

任务一 认识计算机的硬件系统

任务要求

随着计算机的逐渐普及，使用的人也越来越多，肖磊跟其他大多数使用计算机的人一样，并不是很了解计算机是如何工作的、计算机内部的硬件结构是怎么样的、计算机的软件程序有哪些。

本任务要求认识计算机的基本结构，了解计算机的工作原理，并对微型机的各组成硬件，如主机及主机内部的硬件、显示器、键盘和鼠标等有一个基本的认识和了解。

任务实现

微课

计算机的基本结构

（一）认识计算机的基本结构

尽管各种计算机在性能和用途等方面都有所不同，但是其基本结构都遵循冯·诺依曼体系结构，因此人们便将符合这种设计的计算机称为冯·诺依曼计算机。

冯·诺依曼计算机主要由运算器、控制器、存储器、输入设备和输出设备5个部分组成，这5个组成部分的职能和相互关系如图2-2所示。从图中可知，计算机工作的核心是控制器、运算器和存储器3个部分。其中，控制器是计算机的指挥中心，它根据程序执行每一条指令，并向存储器、运算器以及输入/输出设备发出控制信号，控制计算机自动地、有条不紊地进行工作；运算器在控制器的控制下对存储器里所提供的数据进行各种算术运算（加、减、乘、除）、逻辑运算（与、或、非）和其他处理（存数、取数等），控制器与运算器构成了中央处理器（Central Processing Unit，CPU），被称为"计算机的心脏"；存储器是计算机的记忆装置，它以二进制的形式存储程序和数据，可以分为外存储器和内存储器，内存储器是影响计算机运行速度的主要因素之一，外存储器主要有光盘、软盘和U盘等，存储器中能够存放的最大信息数量称为存储容量，常见的存储单位有KB、MB、GB和TB等。

图2-2 计算机的基本结构

输入设备是计算机中重要的人机接口，用于接收用户输入的命令和程序等信息，以及负责将命令转换成计算机能够识别的二进制代码，并放入内存中。输入设备主要包括键盘和鼠标等。输出设备用于将计算机处理的结果以人们可以识别的信息形式输出。常用的输出设备有显示器和打印机等。

（二）了解计算机的工作原理

根据冯·诺依曼体系结构，计算机内部以二进制的形式表示和存储指令及数据，要让计算机工作，就必须先把程序编写出来，然后将编写好的程序和原始数据存入存储器中，接下来计算机在不需要人工干预的情况下，自动逐条读取并执行指令。因此，计算机只能执行指令并被指令所控制。

指令是指挥计算机工作的指示和命令，程序是一系列按一定顺序排列的指令，每条指令通常由操作码和操作数两部分组成，操作码表示运算性质，操作数指参加运算的数据及其所在的单元地址。执行程序和指令的过程就是计算机的工作过程。

计算机执行一条指令时，首先是从存储单元地址中读取指令，并把它暂存到 CPU 内部的指令寄存器中；然后由指令译码器分析该指令（译码），即根据指令中的操作码确定计算机应进行什么操作；最后是执行指令，即根据指令分析结果，由控制器发出完成操作所需的一系列控制电位，以便指挥计算机有关部件完成这一操作，同时还为读取下一条指令做好准备，重复执行上述过程，直至指令执行结束。

（三）认识微型计算机的硬件组成

微课

微型计算机的
硬件组成

计算机硬件是指计算机中看得见、摸得着的一些实体设备。从外观上看，微型计算机主要由主机、显示器、鼠标和键盘等部分组成。其中，主机背面有许多插孔和接口，用于接通电源和连接键盘、鼠标等外设；而主机箱内包括光驱、CPU、主板、内存和硬盘等硬件。图 2-3 所示为微型计算机的外观组成和主机内部硬件。

图 2-3　微型计算机的外观组成和主机内部硬件

下面将按类别分别对微型计算机的主要硬件进行详细介绍。

1. 微处理器

微处理器是由一片或几片大规模集成电路组成的 CPU，这些电路执行控制部件和算术逻辑部件的功能。CPU 既是计算机的指令中枢，也是系统的最高执行单位，如图 2-4 所示。CPU 主要负责指令的执行，作为计算机系统的核心组件，在计算机系统中占有举足轻重的地位，也是影响计算机系统运算速度的重要因素。目前，CPU 的生产厂

图 2-4　CPU

商主要有 Intel、AMD、威盛（VIA）和龙芯（Loongson），市场上主要销售的 CPU 产品是 Intel 和
AMD。

2. 主板

主板（Mainboard）也称为"母板（Motherboard）"或"系统板（Systemboard）"，它是
机箱中最重要的电路板，如图 2-5 所示。主板上布满了各种电子元器件、插座、插槽和各种
外部接口，它可以为计算机的所有部件提供插槽和接口，并通过其中的线路统一协调所有部
件的工作。

主板上主要的芯片包括基本输入 / 输出系统（BIOS）芯片和南北桥芯片。其中，BIOS 芯片
是一块矩形的存储器，里面存有与该主板搭配的基本输入 / 输出系统程序，能够让主板识别各种
硬件，还可以设置引导系统的设备和调整 CPU 外频等，如图 2-6 所示；南北桥芯片通常由南桥
芯片和北桥芯片组成，南桥芯片主要负责处理硬盘等存储设备和 PCI 总线之间的数据流通，北桥
芯片主要负责处理 CPU、内存和显卡三者间的数据流通。

图 2-5　主板

图 2-6　主板上的 BIOS 芯片

提示

主板上的插槽包括内存插槽、CPU 插槽和各种扩展插槽，主要用于安装能够进行插拔
的配件，如内存条、显卡和声卡等。

3. 总线

总线（Bus）是计算机各种功能部件之间传送信息的公共通信干线，主机的各个部件通过总
线相连接，外部设备通过相应的接口电路与总线相连接，从而形成了计算机硬件系统，因此总线
被形象地比喻为"高速公路"。按照计算机所传输的信息类型，总线可以划分为数据总线、地址
总线和控制总线，分别用来传输数据、地址信息和控制信息。

- 数据总线。数据总线用于在 CPU 与随机存取存储器（Random Access Memory，RAM）
之间来回传输需处理、存储的数据。
- 地址总线。地址总线上传输的是 CPU 向存储器、输入 / 输出（I/O）接口设备发出的地址
信息。
- 控制总线。控制总线用来传输控制信息，这些控制信息包括 CPU 对内存和输入 / 输出接
口的读写信号、输入 / 输出接口对 CPU 提出的中断请求等信号、CPU 对输入 / 输出接口的回答与
响应信号、输入 / 输出接口的各种工作状态信号和其他各种功能控制信号。

目前，常见的总线标准有 ISA 总线、PCI 总线、AGP 总线和 EISA 总线。

4. 内存

计算机中的存储器包括内存储器和外存储器两种，其中，内存储器也叫主存储器，简称"内存"。内存是计算机中用来临时存放数据的地方，也是 CPU 处理数据的中转站，内存的容量和存取速度直接影响 CPU 处理数据的速度。图 2-7 所示为内存条。内存主要由内存芯片、电路板和金手指等部分组成。

图 2-7　内存条

从工作原理上说，内存一般采用半导体存储单元，包括 RAM、只读存储器（Read Only Memory，ROM）和高速缓冲存储器（Cache）。平常所说的内存通常是指 RAM，它既可以从中读取数据，也可以写入数据，当计算机电源关闭时，存于其中的数据会丢失；ROM 的信息只能读出，一般不能写入，即使停电，这些数据也不会丢失，如 BIOS ROM；高速缓冲存储器是指介于 CPU 与内存之间的高速存储器，通常由静态随机存取存储器（Static Random Access Memory，SRAM）构成。

内存按工作性能分类主要有 DDR SDRAM、DDR2 和 DDR3 等。目前市场上的主流内存为 DDR3，其数据传输能力要比 DDR2 强大，能够达到 2000 MHz 的频率；内存容量一般为 2 GB 和 4 GB。一般而言，内存容量越大，越有利于系统的运行。

5. 外存

外存储器简称"外存"，是指除计算机内存及 CPU 缓存以外的存储器，此类存储器一般断电后仍然能保存数据，常见的外存储器有硬盘、光盘和可移动存储设备（如 U 盘等）。

- 硬盘。硬盘（见图 2-8）是计算机中最大的存储设备，通常用于存放永久性的数据和程序。硬盘的内部结构比较复杂，主要由主轴电机、盘片、磁头和传动臂等部件组成。在硬盘中通常将磁性物质附着在盘片上，并将盘片安装在主轴电机上，当硬盘开始工作时，主轴电机将带动盘片一起转动，在盘片表面的磁头将在电路和传动臂的控制下进行移动，并将指定位置的数据读取出来，或将数据存储到指定的位置。硬盘容量是选购硬盘的主要性能指标之一，包括总容量、单碟容量和盘片数 3 个参数，其中，总容量是表示硬盘能够存储多少数据的一项重要指标，通常以 GB 为单位，目前主流的硬盘容量从 40 GB 到 4 TB 不等。此外，通常按照硬盘接口的类型对其进行分类，主要有 ATA 和 SATA 两种接口类型。

- 光盘。光盘驱动器简称"光驱"（见图 2-9），光驱用来存储数据的介质称为光盘，光盘以光信息作为存储的载体并用来存储数据，其特点是容量大、成本低和保存时间长。光盘可分为不可擦写光盘（即只读型光盘，如 CD-ROM、DVD-ROM 等）、可擦写光盘（如 CD-RW、DVD-RAM 等）。目前，CD 光盘的容量约 700 MB，DVD 光盘的容量约 4.7 GB。

- 可移动存储设备。可移动存储设备包括移动 USB 盘（简称"U 盘"）和移动硬盘等，这类设备即插即用，容量也能满足人们的需求，是计算机必不可少的附属配件。图 2-10 所示为 U 盘。

图 2-8　硬盘

图 2-9　光驱

图 2-10　U 盘

计算机应用基础（Windows 7+Office 2016）（第2版）

6. 输入设备

输入设备是向计算机输入数据和信息的设备，是用户和计算机系统之间进行信息交互的主要装置，用于将数据、文本和图形等转换为计算机能够识别的二进制代码并将其输入计算机。键盘、鼠标、摄像头、扫描仪、光笔、手写输入板、游戏杆和语音输入装置等都属于输入设备。下面介绍常用的 3 种输入设备。

- 鼠标。鼠标是计算机的主要输入设备之一，因为其外形与老鼠类似，所以被称为"鼠标"。根据鼠标按键，可以将鼠标分为 3 键鼠标和两键鼠标；根据鼠标的工作原理，可以将其分为机械鼠标和光电鼠标。另外，鼠标还可分为无线鼠标和轨迹球鼠标。

- 键盘。键盘是计算机的另一种主要输入设备，是用户和计算机进行交流的工具，可以直接向计算机输入各种字符和命令，简化计算机的操作。不同生产厂商所生产出的键盘型号各不相同，目前常用的键盘有 107 个键位。

- 扫描仪。扫描仪是利用光电技术和数字处理技术，以扫描方式将图形或图像信息转换为数字信号的设备，其主要功能是文字和图像的扫描输入。

7. 输出设备

输出设备是计算机硬件系统的终端设备，用于将各种计算结果数据或信息转换成用户能够识别的数字、字符、图像和声音等形式。常见的输出设备有显示器、打印机、绘图仪、影像输出系统、语音输出系统和磁记录设备等。下面介绍常用的 4 种输出设备。

- 显示器。显示器是计算机的主要输出设备，其作用是将显卡输出的信号（模拟信号或数字信号）以肉眼可见的形式表现出来。目前主要有两种显示器，一种是液晶显示器（LCD 显示器），另一种是使用阴极射线管的显示器（CRT 显示器），如图 2-11 所示。LCD 显示器是目前市场上的主流显示器，具有无辐射危害、屏幕不会闪烁、工作电压低、功耗小、重量轻和体积小等优点，

图 2-11 CRT 显示器和 LCD 显示器

但 LCD 显示器的画面颜色逼真度不及 CRT 显示器。显示器的尺寸包括 17 英寸（1 英寸 =2.54 厘米）、19 英寸、20 英寸、22 英寸、24 英寸和 26 英寸等。

- 音箱。音箱是一种音频设备，可直接连接到声卡的音频输出接口中，并将声卡传输的音频信号输出为人们可以听到的声音。

- 打印机。打印机也是计算机常见的一种输出设备，在办公中会经常用到，其主要功能是将文字和图像进行输出。

- 耳机。耳机是一种音频设备，它接收媒体播放器或接收器所发出的信号，并利用贴近耳朵的扬声器将其转化成可以听到的声波。

提示　显卡又称显示适配器或图形加速卡，其功能主要是将计算机中的数字信号转换成显示器能够识别的信号（模拟信号或数字信号），再将显示的数据进行处理和输出，可分担 CPU 的图形处理工作。声卡将声音进行数字信号处理并输出到音箱或其他的声音输出设备，目前集成声卡（声卡以芯片的形式集成到主板中）是市场的主流声卡。

任务二 认识计算机的软件系统

为了学习需要，肖磊购买了一台计算机，负责给他组装计算机的小伙子告诉他，新买的计算机中除了已安装操作系统软件外，其他软件暂时都没有安装，可以在需要时再安装。

本任务要求了解计算机软件的定义，认识系统软件的种类，并了解有哪些常用的应用软件。

✕ 任务实现

（一）了解计算机软件的定义

计算机软件（Computer Software）简称"软件"，是指计算机系统中的程序及其文档。程序是对计算任务的处理对象和处理规则的描述，是按照一定顺序执行的，能够完成某一任务的指令集合；而文档则是为了便于了解程序所需的说明性资料。

计算机之所以能够按照用户的要求运行，是因为计算机采用了程序设计语言（计算机语言），该语言是人与计算机之间沟通时需要使用的语言，用于编写计算机程序，计算机可通过该程序控制其工作流程，从而完成特定的设计任务。可以说，程序设计语言是计算机软件的基础和组成部分。

计算机软件总体分为系统软件和应用软件两大类。

（二）认识系统软件

系统软件控制和协调计算机及外部设备，支持应用软件开发和运行，其主要功能是调度、监控和维护计算机系统，同时负责管理计算机系统中各种独立的硬件，使它们可以协调工作。系统软件是应用软件运行的基础，所有应用软件都是在系统软件上运行的。

系统软件主要分为操作系统、语言处理程序、数据库管理系统和系统辅助处理程序等，具体介绍如下。

* 操作系统。操作系统（Operating System，OS）是计算机系统的指挥调度中心，它可以为各种程序提供运行环境。常见的操作系统有 DOS、Windows、UNIX 和 Linux 等，如本书项目三将要学习的 Windows 7 就是一个操作系统。

* 语言处理程序。语言处理程序是为用户设计的编程服务软件，用来编译、解释和处理各种程序所使用的计算机语言，是人与计算机相互交流的一种工具，包括机器语言、汇编语言

和高级语言 3 种。计算机只能直接识别和执行机器语言，因此，要在计算机上运行高级语言程序就必须配备程序语言翻译程序，翻译程序本身是一组程序，不同的高级语言都有相应的翻译程序。

- 数据库管理系统。数据库管理系统（Database Management System，DBMS）是一种操作和管理数据库的大型软件，是位于用户和操作系统之间的数据管理软件，也是用于建立、使用和维护数据库的管理软件，把不同性质的数据组织起来，以便能够有效地查询、检索和管理这些数据。常用的数据库管理系统有 SQL Server、Oracle 和 Access 等。

- 系统辅助处理程序。系统辅助处理程序也称为软件研制开发工具或支撑软件，主要有编辑程序、调试程序、装备程序和连接程序等，这些程序的作用是维护计算机的正常运行，如 Windows 操作系统中自带的磁盘整理程序等。

（三）认识应用软件

应用软件是指一些具有特定功能的软件，是为解决各种实际问题而编制的程序，包括各种程序设计语言，以及用各种程序设计语言编写的应用程序。计算机中的应用软件种类繁多，这些软件能够帮助用户完成特定的任务，如要编辑一篇文章可以使用 Word，要制作一份报表可以使用 Excel，这类软件都属于应用软件。表 2-1 所示为一些主要应用领域的应用软件，用户可以结合工作或生活的需要进行选择。

表2-1　主要应用领域的应用软件

软件种类	举例
办公软件	Microsoft Office、WPS Office
图形处理与设计	Photoshop、3ds Max、AutoCAD
程序设计	Visual Studio、Java、C/C++
图文浏览软件	ACDSee、Adobe Reader、超星图书阅览器、ReadBook
翻译与学习	金山词霸、金山快译和金山打字通
多媒体播放和处理	Windows Media Player、酷狗音乐、会声会影、Premiere
网站开发	Dreamweaver、Flash
磁盘分区	Fdisk、PartitionMagic
数据备份与恢复	Norton Ghost、Final Data、Easy Recovery
网络通信	腾讯 QQ、Foxmail、微信
上传与下载	CuteFTP、FlashGet、迅雷
计算机病毒防护	金山毒霸、360 杀毒、木马克星

微课

认识应用软件

任务三　使用鼠标和键盘

任务要求

小燕面试上了一份办公室行政的工作，工作中经常需要整理大量的文件资料，有中文的，也有英文的，在录入过程中，小燕由于不太熟悉键盘和指法，不仅录入速度很慢，还经常输入错误，这严重影响了工作效率。小燕听办公室的同事说要想快速打字，必须用好鼠标和键盘，而且打字时不但要会打，还要实现"盲打"。

本任务要求掌握鼠标的 5 种基本操作，以及键盘的布局和打字的正确方法，并练习实现"盲打"。

任务实现

（一）鼠标的基本操作

操作系统进入图形化时代后，鼠标就成为计算机必不可少的输入设备。启动计算机后，首先使用的便是鼠标，因此，鼠标操作是初学者必须掌握的基本技能。

1. 手握鼠标的方法

鼠标左边的按键称为鼠标左键，鼠标右边的按键称为鼠标右键，鼠标中间可以滚动的按键称为鼠标中键或鼠标滚轮。手握鼠标的正确方法是：食指和中指自然放置在鼠标的左键和右键上，拇指横向放于鼠标左侧，无名指和小指放在鼠标的右侧，拇指、无名指及小指轻轻握住鼠标，手掌心轻轻贴住鼠标后部，手腕自然垂放在桌面上，食指控制鼠标左键，中指控制鼠标右键和鼠标滚轮，如图 2-12 所示。当需要使用鼠标滚动页面时，用中指滚动鼠标的滚轮即可。

2. 鼠标的 5 种基本操作

图 2-12　手握鼠标的方法

鼠标的基本操作包括移动定位、单击、拖动、右击和双击 5 种，具体操作如下。

- 移动定位。移动定位鼠标的方法是握住鼠标，在光滑的桌面或鼠标垫上随意移动，此时，显示屏上的鼠标指针会同步移动，将鼠标指针移到桌面的某一对象上停留片刻，这就是定位操作，被定位的对象通常会出现相应的提示信息。

- 单击。单击俗称"点击"，方法是先移动鼠标，将鼠标指针指向某个对象，然后用食指按下鼠标左键后快速松开，鼠标左键将自动弹起还原。单击操作常用于选择对象，被选择的对象呈高亮显示。

- 拖动。拖动是指将鼠标指针指向某个对象后按住鼠标左键不放，然后移动

微课

鼠标的 5 种基本操作

鼠标，把对象从屏幕的一个位置拖动到另一个位置，最后释放鼠标左键即可，这个过程通常被称为"拖曳"。拖动操作常用于移动对象。

● 右击。右击就是单击鼠标右键，方法是用中指按一下鼠标右键，松开按键后鼠标右键将自动弹起还原。右击操作常用于打开与对象相关的快捷菜单。

● 双击。双击是指用食指快速、连续地按鼠标左键两次，双击操作常用于启动某个程序、执行任务和打开某个窗口或文件夹。

注意　在连续两次按下鼠标左键的过程中，不能移动鼠标。另外，在移动鼠标时，鼠标指针可能不会一次就移动到指定位置，当感觉手臂伸展不方便时，可提起鼠标使其离开桌面，再把鼠标放到易于移动的位置上继续移动，这个过程中鼠标实际上经历了"移动、提起、回位、放下、再移动……"，鼠标指针的移动路线便是依靠这种动作序列完成的。

（二）键盘的使用

键盘是计算机中最重要的输入设备，必须掌握各个按键的作用和指法，才能达到快速输入的目的。

1. 认识键盘的结构

以常用的 107 键键盘为例，键盘按照各键功能的不同可以分为功能键区、主键盘区、编辑键区、小键盘区和状态指示灯区 5 个部分，如图 2-13 所示。

图 2-13　键盘的 5 个部分

● 主键盘区。主键盘区用于输入文字和符号，包括字母键、数字键、符号键、控制键和 Windows 功能键，共 5 排 61 个键。其中，字母键【A】～【Z】用于输入 26 个英文字母，数字键【0】～【9】用于输入相应的数字和符号。每个数字键的键位由上下两种字符组成，又称为双字符键，单独按这些键，将输入下档字符，即数字；如果按住【Shift】键不放再按该键，将输入上档字符，即特殊符号；符号键除了 键位于主键区的左上角外，其余都位于主键盘区的右侧，与数字键一样，每个符号键的键位也由上下两种不同的符号组成。各控制键和 Windows 功能键的作用如表 2-2 所示。

表2-2 控制键和Windows功能键的作用

按键	作用
【Tab】键	Tab 是英文 "Table" 的缩写，也称制表定位键。每按一次该键，光标向右移动 8 个字符，常用于文字处理中的对齐操作
【Caps Lock】键	大写字母锁定键，系统默认状态下输入的英文字母为小写，按该键后输入的字母为大写字母，再次按该键可以取消大写锁定状态
【Shift】键	主键盘区左右各有一个，功能完全相同，主要用于输入上档字符，以及用于字母键的大写英文字符的输入。例如，按住【Shift】键不放再按【A】键，可以输入大写字母 "A"
【Ctrl】键和【Alt】键	分别在主键盘区左右下角各有一个，常与其他键组合使用，在不同的应用软件中，其作用也各不相同
空格键	空格键位于主键盘区的下方，其上面无刻记符号，每按一次该键，将在光标当前位置上产生一个空字符，同时光标向右移动一个位置
【Back Space】键	退格键。每按一次该键，可使光标向左移动一个位置，若光标位置左边有字符，将删除该位置上的字符
【Enter】键	回车键。它有两个作用：一是确认并执行输入的命令；二是在输入文字时按此键，光标将移至下一行行首
Windows 功能键	主键盘区左右各有一个 ⊞ 键，该键面上刻有 Windows 窗口图案，称为 "开始菜单" 键，在 Windows 操作系统中，按该键后将弹出 "开始" 菜单；主键盘右下角的 ▤ 键称为 "快捷菜单" 键，在 Windows 操作系统中，按该键后会弹出相应的快捷菜单，其功能相当于单击鼠标右键

- 编辑键区。编辑键区主要用于编辑过程中的光标控制，各键的作用如图 2-14 所示。

图 2-14　编辑键区各键位的作用

- 小键盘区。小键盘区主要用于快速输入数字及进行光标移动控制，适用于银行、企事业单位等。当要使用小键盘区输入数字时，应先按左上角的【Num Lock】键，此时状态指示灯区第 1 个指示灯亮，表示此时为数字状态，然后进行输入即可。

- 状态指示灯区。状态指示灯区主要用来提示小键盘工作状态、大小写状态及滚屏锁定键状态。

- 功能键区。功能键区位于键盘的顶端，其中，【Esc】键用于把已输入的命令或字符串取消，在一些应用软件中常起到退出的作用；【F1】~【F12】键称为功能键，在不同的软件中，各个键的功能有所不同，一般在程序窗口中按【F1】键可以获取该程序的帮助信息；【Power】键、【Sleep】键和【Wake Up】键分别用来控制电源、转入睡眠状态和唤醒睡眠状态。

2. 键盘的操作与指法练习

正确的打字姿势可以提高打字速度，减少疲劳程度，这点对于初学者非常重要。正确的打字姿势包括：身体坐正，双手自然放在键盘上，腰部挺直，上身微前倾；双脚的脚尖和脚跟自然地放在地面上，大腿自然平直；座椅的高度与计算机键盘、显示器的放置高度要适中，一般以双手自然垂放在键盘上时肘关节略高于手腕为宜，显示器的高度则以操作者坐下后，其目光水平线处于屏幕上的 2/3 处为宜，如图 2-15 所示。

准备打字时，将左手的食指放在【F】键上，右手的食指放在【J】键上，这两个键下方各有一个突起的小横杠，用于左右手的定位，其他的手指（除拇指外）按顺序分别放置在相邻的 6 个基准键位上，双手的大拇指放在空格键上，8 个基准键位是指主键盘区的第 2 排字母键中的【A】【S】【D】【F】【J】【K】【L】【;】键，如图 2-16 所示。

图 2-15　打字姿势

图 2-16　准备打字时手指在键盘上的位置

打字时键盘的指法分区是：除拇指外，其余 8 个手指各有一定的活动范围，把字符键位划分成 8 个区域，每个手指负责该区域字符的输入，如图 2-17 所示。击键的要点及注意事项包括以下 6 点。

图 2-17　键盘的指法分区

- 手腕要平直，胳膊应尽可能保持不动。
- 要严格按照手指的键位分工进行击键，不能随意击键。
- 击键时以手指指尖垂直向键位使用冲力，并立即反弹，不可用力太大。
- 左手击键时，右手手指应放在基准键位上保持不动；右手击键时，左手手指也应放在基准键位上保持不动。
- 击键后手指要迅速返回相应的基准键位。

- 不要长时间按住一个键不放，同时击键时应尽量不看键盘，以养成盲打的习惯。

【例2-1】将手指轻放在键盘基本键位上，固定手指位置。为了提高录入速度，一般要求不看键盘，集中视线于文稿，养成科学合理的盲打习惯。在练习键位时可以一边打字一边默念，便于帮助快速记忆各个键位，下面练习输入各组字符。注：下面的练习可以在计算机关闭状态下进行，也可以启动计算机，再打开计算机中自带的记事本程序进行输入练习，具体方法可参见项目三中的讲解内容。

微课

键盘的指法
练习

（1）基准键盘练习。将左手的食指放在【F】键上，右手的食指放在【J】键上，其余手指分别放在相应的基准键位上，然后以"原地踏步"的方式练习下面各组键位。练习过程中注意每组练习间有两个空格，同时练习时要培养击键的感觉，如要输入字母a，先将双手除拇指外的8个手指放置在8个基本键位上，双手的拇指放在空格键上，准备好后先用左手小指按键盘上的【A】键，此时【A】键被按下又迅速弹回，字母a已显示在屏幕上了。

ffff jjjj dddd kkkk ssss llll aaaa ;;;; fdsa asdf dsaf sdfa ;klj kjl; lkj;

;jkl jdk; fds; jkda kjld ads; jkld dal; jdfl jdkl sadf jkl; dskj jkld fdks

（2）左手食指键的指法练习。左手食指主要控制【R】【T】【G】【F】【V】【B】键，每击完一次都回到基本键【F】上。练习下面各组键位。

fgfg ftft gtgt rtrt vbvb bgbg vfvf rftg vfbg ftrg fvbg tfgb frtg vfbg

vgbf frtf vgft bgtr vfrt vftb gfrb vgtb vfrg rtfb rtbv rtff fvgg vvfr

（3）右手食指键的指法练习。右手食指主要控制【Y】【U】【H】【J】【N】【M】键。练习下面各组键位。

jhjh juju hyhy jmjm hnhn jnjn juju jyjy jhjh huhu hmhm yunm

hujy juyh jmnh jnmh jhmn juhy jhum jnhy humn yjnm jhyn hjmn

（4）左、右手中指键的指法练习。左手中指主要控制【E】【D】【C】键，右手中指主要控制【I】【K】【,】键。练习下面各组键位。

cde dce cde cee dcc cdee ikk ik, ik, ,ki ki, ik, dec ki, cde dde

dik de, cik dike ki,d dike cike kedc icd kie c,e ikde cike cid, ik,d

（5）左、右手无名指的指法练习。左手无名指主要控制【W】【S】【X】键，右手无名指主要控制【O】【L】【.】键。练习下面各组键位。

wsx swx xsw wxs xws sxw swx ol. .lo l.o .lo .lo ol. .ol .lo ool l.o

wsxo l.sw ol.s xol. wso olw xol. wos. xolw xo.wl olwx xol. xows ols.

（6）左、右手小指的指法练习。左手小指主要控制【Q】【A】【Z】键，左手小指主要控制【P】【;】【/】键。练习下面各组键位。

qaz zaq aqz zqa p;/ p;/ /;p p;/ p;/ /;p /;p ;p/ /;p p;/ /;p ;p/ pp;

ap;q z/p; p;q/ zp;q /;pq zp;q zp;a zp;q /p;q zp;a p;az ;qpz p;az qsp;

（7）数字键的指法练习。输入方法与字母键相似，只是其移动距离比字母键长，且比字母的输入难度大。输入数字时左手控制【1】【2】【3】【4】【5】键,右手控制【6】【7】【8】【9】【0】键。例如，若要输入1234，应先将双手放置在基本键位上，然后将左手抬离键盘而右手不动，再用左手小指迅速按数字键【1】后左手手指迅速回到基本键位上，用同样的方法输入234即可。数字的输入较困难，应认真练习，始终要保持手指击键完毕后就返回到基本键位上的习惯。练习下面

计算机应用基础（Windows 7+Office 2016）（第2版）

各组键位。

1234 5432 6789 0987 7890 4321 5432 6890 1398 1239 0982 1398

0983 2302 4328 9882 2891 2564 6843 8921 7815 6358 6583 6839

（8）指法综合练习。如果是大小写字母混合输入的情况，当大写字母在右手控制区时，左手小指按住【Shift】键不放，右手按字母键，然后同时松开并返回基准键位。同样，如果输入的大写字母在左手控制区，则用右手小指按住【Shift】键，左手按字母键，然后回到基准键位即可。根据上述方法进行下面的一段大小写字母混合输入练习。

A cover for British Vogue, shot by Peter Lindbergh, quickly followed and a new supermodel was born. One of the hardest-working models in the Nineties, Christensen regularly featured in ads for Armani, Versace and Karl Lagerfeld.

课后练习

（1）计算机的硬件系统主要包括运算器、控制器、存储器、输出设备和（　　　）。

    A. 键盘　　　　　　　　　　　　　B. 鼠标

    C. 输入设备　　　　　　　　　　　D. 显示器

（2）在计算机指令中，指参加运算的数据及其所在的单元地址的是（　　　）。

    A. 地址码　　　　B. 源操作数　　　　C. 操作数　　　　D. 操作码

（3）计算机的系统总线是计算机各部件间传递信息的公共通道，它分为（　　　）。

    A. 数据总线和控制总线

    B. 数据总线、控制总线和地址总线

    C. 地址总线和数据总线

    D. 地址总线和控制总线

（4）下列叙述中，错误的是（　　　）。

    A. 内存储器一般由 ROM、RAM 和高速缓冲存储器（Cache）组成

    B. RAM 中存储的数据一旦断电就全部丢失

    C. CPU 可以直接存取硬盘中的数据

    D. 存储在 ROM 中的数据断电后也不会丢失

（5）能直接与 CPU 交换信息的存储器是（　　　）。

    A. 硬盘存储器　　　　　　　　　　B. 光盘驱动器

    C. 内存储器　　　　　　　　　　　D. 软盘存储器

（6）ROM 的中文译名是（　　　）。

    A. 高速缓冲存储器　　　　　　　　B. 只读存储器

    C. 随机存取存储器　　　　　　　　D. 光盘

（7）下列设备组中，全部属于外部设备的一组是（　　　）。

    A. 打印机、移动硬盘、鼠标

    B. CPU、键盘、显示器

    C. SRAM 内存条、光盘驱动器、扫描仪

    D. U 盘、内存储器、硬盘

查看

答案与解析

（8）下列软件中，属于应用软件的是（　　）。

    A. Windows 7　　　B. Excel 2016　　　　C. UNIX　　　　D. Linux

（9）下列关于软件的叙述中，错误的是（　　）。

    A. 计算机软件系统由程序和相应的文档资料组成

    B. Windows 操作系统是系统软件

    C. PowerPoint 2016 是应用软件

    D. 使用高级程序设计语言编写的程序，要转换成计算机中可执行的程序，必须经过编译

（10）键盘上的【Caps Lock】键称为（　　）。

    A. 上档键　　　　　　　　　　　B. 回车键

    C. 大小字母锁定键　　　　　　　D. 退格键

项目三
认识Windows 7操作系统

03

Windows 7是由微软公司开发的一款具有革命性变化的操作系统，也是当前主流的微机操作系统之一，同时具有操作简单、启动速度快、安全和连接方便等特点，使计算机操作变得更加简单和快捷。本项目将通过4个典型任务，介绍Windows 7操作系统的基本操作，包括启动与退出、窗口与菜单操作、对话框操作、系统工作环境定制和汉字输入法设置等内容。

课堂学习目标	◎ 了解Windows 7操作系统 ◎ 窗口、对话框与"开始"菜单 ◎ 定制Windows 7操作系统的工作环境 ◎ 设置汉字输入法	微课 认识 Windows 7 操作系统

任务一 了解 Windows 7 操作系统

▶ 任务要求

小赵是一名大学毕业生，应聘上了一份办公室行政工作，上班第一天发现公司计算机的所有操作系统都安装的是 Windows 7 操作系统，在界面外观上与学校使用的 Windows XP 操作系统有较大差异。为了日后高效工作，小赵决定先熟悉一下 Windows 7 操作系统。

本任务要求了解操作系统的概念、功能与种类，了解 Windows 操作系统的发展史，掌握启动与退出 Windows 7 操作系统的方法，并熟悉 Windows 7 操作系统的桌面组成。

任务实现

（一）了解操作系统的概念、功能与分类

在认识 Windows 7 操作系统前，先了解操作系统的概念、功能与分类。

1. 操作系统的概念

操作系统（Operating System，OS）是一种系统软件，用于管理计算机系统的硬件与软件资源，控制程序的运行，改善人机操作界面，为其他应用软件提供支持等，从而使计算机系统的所有资源最大限度地发挥作用，并为用户提供方便、有效和友善的服务界面。操作系统是一个庞大的管理控制程序，它直接运行在计算机硬件上，是最基本的系统软件，也是计算机系统软件的核心，同时还是靠近计算机硬件的第一层软件，其所处的地位如图 3-1 所示。

图 3-1　操作系统的地位

2. 操作系统的功能

从前面介绍的操作系统的概念可以看出，操作系统的功能是控制和管理计算机的硬件资源和软件资源，从而提高计算机的利用率，方便用户使用。具体来说，它包括以下 6 个方面的管理功能。

- 进程与处理机管理。通过操作系统处理机管理模块来确定对处理机的分配策略，实施对进程或线程的调度和管理，包括调度（作业调度、进程调度）、进程控制、进程同步和进程通信等内容。

- 存储管理。存储管理的实质是对存储"空间"的管理，主要指对内存的管理。操作系统的存储管理负责将内存单元分配给需要内存的程序，以便让它执行；程序执行结束后再将程序占用的内存单元收回，以便再使用。此外，存储管理还要保证各用户进程之间互不影响，保证用户进程不能破坏系统进程，并提供内存保护。

- 设备管理。设备管理指对硬件设备的管理，包括对各种输入 / 输出设备的分配、启动、完成和回收。

- 文件管理。文件管理又称信息管理，指利用操作系统的文件管理子系统，为用户提供一个方便、快捷、可以共享、可以保护文件的使用环境，包括文件存储空间管理、文件操作、目录管理、读写管理和存取控制。

- 网络管理。随着计算机网络功能的不断加强，网络应用不断深入人们生活的各个角落，因此，操作系统必须具备计算机与网络进行数据传输和网络安全防护的功能。

- 提供良好的用户界面。操作系统是计算机与用户之间的接口，因此，操作系统必须为用户提供一个良好的用户界面。

3. 操作系统的分类

操作系统可以从以下 3 个角度分类。

- 从用户角度,操作系统可分为 3 种:单用户、单任务(如 DOS 操作系统),单用户、多任务(如 Windows 9x 操作系统),多用户、多任务(如 Windows 7 操作系统)。

- 从硬件的规模角度,操作系统可分为微型机操作系统、中小型机操作系统和大型机操作系统 3 种。

- 从系统的操作方式角度,操作系统可分为批处理操作系统、分时操作系统、实时操作系统、PC 操作系统、网络操作系统和分布式操作系统 6 种。

目前,微机上常见的操作系统有 DOS、OS/2、UNIX、Linux、Windows 和 NetWare 等,虽然操作系统的形态多样,但所有的操作系统都具有并发性、共享性、虚拟性和不确定性 4 个基本特征。

提示　多用户就是在一台计算机上可以建立多个用户,单用户就是在一台计算机上只能建立一个用户。如果用户在同一时间可以运行多个应用程序(每个应用程序被称作一个任务),则这样的操作系统被称为多任务操作系统;在同一时间只能运行一个应用程序,则这样的操作系统被称为单任务操作系统。

(二)了解 Windows 操作系统的发展史

微软自 1985 年推出 Windows 操作系统以来,其较为普及的版本从运行在 DOS 下的 Windows 3.0,已发展到现在被广泛使用的 Windows XP、Windows 7、Windows 8 和 Windows 10。Windows 操作系统的发展主要经历了以下 10 个阶段。

- Windows 是由微软在 1983 年 11 月宣布,并在 1985 年 11 月发行的,标志着计算机开始进入图形用户界面时代。1987 年 11 月正式在市场上推出 Windows 2.0,增强了键盘和鼠标界面。

- 1990 年 5 月发布了 Windows 3.0,它是第一个在家用和办公室市场上取得立足点的版本。

- 1992 年 4 月发布了 Windows 3.1,它只能在保护模式下运行,并且要求 PC 至少配置了 1 MB 内存和 286 或 386 处理器。1993 年 7 月发布的 Windows NT 是第一个支持 Intel 386、Intel 486 和 Pentium CPU 的 32 位保护模式的版本。

- 1995 年 8 月发布了 Windows 95,它具有需要较少硬件资源的优点,是一个完整的、集成化的 32 位操作系统。

- 1998 年 6 月发布了 Windows 98,它具有许多加强功能,包括更高的执行效能、更好的硬件支持以及更强的网络功能。

- 2000 年 2 月发布的 Windows 2000 是由 Windows NT 发展而来的,同时从该版本开始,正式抛弃了 Windows 9X 的内核。

- 2001 年 10 月发布了 Windows XP,它在 Windows 2000 的基础上增强了安全特性,同时加强了验证盗版的技术。Windows XP 是最为易用的操作系统之一。此后,微软公司于 2006 年发布了 Windows Vista,它具有华丽的界面和炫目的特效。

- 2009 年 10 月发布了 Windows 7,该版本吸收了 Windows XP 的优点,已成为当前市场上的主流操作系统之一。

- 2012 年 10 月发布了 Windows 8,它采用全新的用户界面,被应用于个人计算机和平板电脑上，且启动速度更快，占用内存更少，并兼容 Windows 7 所支持的软件和硬件。

- Windows 10 是微软于 2015 年发布的版本，它有 7 种不同的版本，分别是家庭版、企业版、教育版、移动版、移动企业版以及针对物联网设备及嵌入式系统设计的版本。

（三）启动与退出 Windows 7 操作系统

在计算机上安装 Windows 7 操作系统后，启动计算机便可进入 Windows 7 操作系统的操作界面。

1. 启动 Windows 7 操作系统

打开计算机主机箱和显示器的电源开关，Windows 7 操作系统将载入内存，接着开始对计算机的主板和内存等进行检测，系统启动完成后将进入 Windows 7 操作系统欢迎界面，若只有一个用户且没有设置用户密码，则直接进入系统桌面。如果系统存在多个用户且设置了用户密码，则需要选择用户并输入正确的密码才能进入系统桌面。

微课

启动 Windows 7
操作系统

2. 认识 Windows 7 操作系统的桌面

启动 Windows 7 操作系统后，在屏幕上即可看到 Windows 7 操作系统的桌面。在默认情况下，Windows 7 操作系统的桌面是由桌面图标、鼠标指针、任务栏和语言栏 4 个部分组成的，如图 3-2 所示。下面分别对这 4 部分进行讲解。

图 3-2　Windows 7 操作系统的桌面

- 桌面图标。桌面图标一般是程序或文件的快捷方式，程序或文件的快捷图标左下角有一个小箭头。安装新软件后，桌面上一般会增加相应的快捷图标，如"腾讯 QQ"的快捷图标为，除此之外，还包括"计算机"图标、"网络"图标、"回收站"图标和"个人文件夹"图标等系统图标。双击桌面上的某个图标可以打开该图标对应的窗口。
- 鼠标指针。在 Windows 7 操作系统中，鼠标指针在不同的状态下有不同的形状，这样可直观地告诉用户当前可进行的操作或系统当前的状态。常见的鼠标指针及其对应的状态如表 3-1 所示。

表3-1　常见的鼠标指针及其对应的状态

鼠标指针	表示的状态	鼠标指针	表示的状态	鼠标指针	表示的状态
▷	准备状态	↕	调整对象垂直大小	＋	精确调整对象
▷?	帮助选择	↔	调整对象水平大小	Ｉ	文本输入状态
▷○	后台处理	⤡	沿对角线调整对象1	⊘	禁用状态
○	忙碌状态	⤢	沿对角线调整对象2	✎	手写状态
✣	移动对象	⇑	候选	👆	超链接选择

- 任务栏。任务栏在默认情况下位于桌面的最下方，由"开始"按钮、任务区、通知区域和"显示桌面"按钮4个部分组成，如图3-3所示。

图3-3　任务栏

- 语言栏。在 Windows 7 操作系统中，语言栏一般浮动在桌面上，用于选择系统所用的语言和输入法。单击语言栏右上角的"最小化"按钮，将语言栏最小化到任务栏上，且该按钮变为"还原"按钮。

3. 退出 Windows 7 操作系统

计算机操作结束后需要退出 Windows 7 操作系统。

【例3-1】正确退出 Windows 7 操作系统并关闭计算机。

（1）保存文件或数据，然后关闭所有打开的应用程序。

（2）单击"开始"按钮，在打开的"开始"菜单中单击　　　按钮即可，如图3-4所示。

（3）关闭显示器的电源。

图3-4　"开始"菜单

提示 　如果计算机出现故障，可以尝试重新启动计算机来解决。方法是：单击图 3-4 所示的 ▭▭▭ 按钮右侧的 ▷ 按钮，在打开的下拉列表中选择"重新启动"选项。

任务二　窗口、对话框与"开始"菜单

任务要求

小赵现在使用的计算机之前是别人使用的。小赵想知道这台计算机中有哪些文件和软件，于是就打开"计算机"窗口，开始——查看各磁盘下有哪些文件，以便日后进行分类管理。后来小赵双击了桌面上的几个图标来运行桌面的软件，还通过"开始"菜单启动了几个软件，这时小赵准备切换到之前的浏览窗口继续查看其中的文件，发现之前打开的窗口界面怎么也找不到了，此时该怎么办呢？

本任务要求认识操作系统的窗口、对话框和"开始"菜单，掌握窗口的基本操作，熟悉对话框各组成部分的操作，同时掌握利用"开始"菜单启动程序的方法。

相关知识

（一）Windows 7 操作系统的窗口

在 Windows 7 操作系统中，几乎所有的操作都要在窗口中完成，在窗口中的相关操作一般是通过鼠标和键盘来进行的。例如，双击桌面上的"计算机"图标 ▨ ，将打开"计算机"窗口，如图 3-5 所示。这是一个典型的 Windows 7 操作系统的窗口，各个组成部分的作用介绍如下。

图 3-5　"计算机"窗口

- 标题栏。位于窗口顶部，右侧有控制窗口大小和关闭窗口的按钮。
- 地址栏。显示当前窗口文件在系统中的位置。其左侧有"返回"按钮◐和"前进"按钮◑，用于打开最近浏览过的窗口。
- 搜索栏。用于快速搜索计算机中的文件。
- 菜单栏。菜单栏主要用于存放各种操作命令，要执行菜单栏上的操作命令，只需单击对应的菜单名称，然后在弹出的菜单中选择某个命令即可。在 Windows 7 操作系统中，常用的菜单类型主要有菜单、子菜单和快捷菜单（如单击鼠标右键弹出的菜单），如图 3-6 所示。
- 工具栏。该栏会根据窗口中显示或选择的对象同步进行变化，以便用户进行快速操作。其中单击 组织▾ 按钮，可以在打开的下拉列表中选择各种文件管理操作，如复制和删除等操作。
- 导航窗格。单击可快速切换或打开其他窗口。
- 窗口工作区。用于显示当前窗口中存放的文件和文件夹内容。
- 状态栏。用于显示计算机的配置信息或当前窗口中选择对象的信息。

图 3-6　Windows 7 操作系统中的菜单类型

提示　菜单中有一些常见的符号标记，其中，字母标记表示该命令的快捷键；✓标记表示已将该命令选中并应用了效果，其他相关的命令也将同时存在，可以同时应用；●标记表示已将该命令选中并应用了效果，同时其他相关的命令将不再起作用；…标记表示执行该命令后，将打开一个对话框，可以进行相关的参数设置。

（二）Windows 7 操作系统的对话框

对话框实际上是一种特殊的窗口，执行某些命令后将打开一个用于对该命令或操作对象进行下一步设置的对话框，用户可通过选择选项或输入数据来进行设置。执行不同的命令，所打开的对话框也各不相同，但其中包含的参数类型是类似的。图 3-7 所示为 Windows 7 操作系统的对话框中各组成元素的名称。

- 选项卡。当对话框中有很多内容时，Windows 7 操作系统将对话框按类别分成几个选项卡，每个选项卡都有一个名称，并依次排列在一起，单击其中一个选项卡，将会显示其相应的内容。
- 下拉列表框。下拉列表框中包含多个选项，单击下拉列表框右侧的▾按钮，将打开一个下拉列表，从中可以选择所需的选项。

- 命令按钮。命令按钮用来执行某一操作，如 [设置(T)...]、[预览(V)] 和 [应用(A)] 等都是命令按钮。单击某一命令按钮将执行与其名称相应的操作，一般单击对话框中的 [确定] 按钮，表示关闭对话框，并保存所做的全部更改；单击 [取消] 按钮，表示关闭对话框，但不保存任何更改；单击 [应用(A)] 按钮，表示保存所有更改，但不关闭对话框。

- 数值框。数值框是用来输入具体数值的。图3-7左侧所示的"等待"数值框用于输入屏幕保护激活的时间。用户可以直接在数值框中输入具体数值，也可以单击数值框右侧的"调整"按钮 [↕] 调整数值。单击 [▲] 按钮可按固定步长增大数值，单击 [▼] 按钮可按固定步长减小数值。

图3-7　Windows 7 操作系统的对话框

- 复选框。复选框是一个小的方框，用来表示是否选择该选项，可同时选择多个选项。复选框没有被选中时外观为 [ ]，被选中时外观为 [✓]。若要选中或取消选中某个复选框，只需单击该复选框前的方框即可。

- 单选项。单选项是一个小圆圈，用来表示是否选择该选项，只能选择选项组中的一个选项。单选项没有被选中时外观为 ○，被选中时外观为 ◉。若要选中某个单选项，只需单击该单选项前的圆圈即可。

- 文本框。文本框在对话框中为一个空白方框，主要用于输入文字。

- 滑块。有些选项是通过左右或上下拖动滑块来设置相应数值的。

- 参数栏。参数栏主要是将当前选项卡中用于设置某一效果的参数集中放在一个区域，以方便使用。

（三）"开始"菜单

单击桌面任务栏左下角的"开始"按钮 [⊕]，即可打开"开始"菜单，计算机中几乎所有的应用都可在"开始"菜单中执行。"开始"菜单是操作计算机的重要门户，即使是桌面上没有显示的文件或程序，通过"开始"菜单也能轻松找到。"开始"菜单主要组成部分如图3-8所示。

"开始"菜单各个部分的作用介绍如下。

- 高频使用区。根据用户使用程序的频率，Windows 7 操作系统会自动将使用频率较高的程序显示在该区域中，以使用户能快速地启动所需程序。

计算机应用基础（Windows 7+Office 2016）（第2版）

- 所有程序区。选择"所有程序"命令，高频使用区将显示计算机中已安装的所有程序的启动图标或程序文件夹，选择某个选项可启动相应的程序，此时"所有程序"命令也会变为"返回"命令。
- 搜索区。在"搜索"区的文本框中输入关键字后，系统将搜索计算机中所有与关键字相关的文件和程序等信息，搜索结果将显示在上方的区域中，单击即可打开相应的文件或程序。
- 用户信息区。显示当前用户的图标和用户名，单击图标可以打开"用户账户"窗口，通过该窗口可更改用户账户信息，单击用户名将打开当前用户的用户文件夹。
- 系统控制区。显示"计算机""网络""控制面板"等系统选项，选择相应的选项可以快速打开或运行程序，便于用户管理计算机中的资源。
- 关闭注销区。用于关闭、重启和注销计算机或进行用户切换、锁定计算机以及使计算机进入睡眠状态等操作。单击 ▧▧▧ 按钮时将直接关闭计算机；单击右侧的 ▧ 按钮，在打开的下拉列表中选择所需选项，即可执行对应操作。

图 3-8　认识"开始"菜单

任务实现

（一）管理窗口

下面将举例讲解打开窗口及其中的对象、最大化或最小化窗口、移动窗口的位置或调整窗口大小、排列窗口、切换窗口和关闭窗口等操作。

1. 打开窗口及其中的对象

在 Windows 7 操作系统中，每当用户启动一个程序，打开一个文件或文件夹时都将打开一个窗口，而一个窗口中包括多个对象，打开某个对象又可能打开相应的窗口，该窗口中可能又包括其他不同的对象。

【例 3-2】打开"计算机"窗口中"本地磁盘 (C：)"下的 Windows 目录。

（1）双击桌面上的"计算机"图标 ▧，或在"计算机"图标 ▧ 上单击鼠标右键，在弹出的快捷菜单中选择"打开"命令，打开"计算机"窗口。

> 微课
>
> 打开窗口及其中的对象

（2）双击"计算机"窗口中的"本地磁盘(C:)"图标，或选择"本地磁盘(C:)"图标后按【Enter】键，打开"本地磁盘(C:)"窗口，如图3-9所示。

图3-9 打开窗口及其中的对象

（3）双击"本地磁盘(C:)"窗口中的"Windows"文件夹图标，即可进入Windows目录。

（4）单击地址栏左侧的"返回"按钮，将返回上一级"本地磁盘(C:)"窗口。

2. 最大化或最小化窗口

最大化窗口可以将当前窗口放大到整个屏幕显示，这样可以显示更多的窗口内容，而最小化后的窗口将以标题按钮形式缩放到任务栏的程序按钮区。

【例3-3】打开"计算机"窗口中"本地磁盘(C:)"下的Windows目录，然后将窗口最大化，再将窗口最小化，最后还原窗口。

（1）打开"计算机"窗口，再依次双击打开"本地磁盘(C:)"下的Windows目录。

（2）单击窗口标题栏右侧的"最大化"按钮，此时窗口将铺满整个显示屏幕，同时"最大化"按钮将变成"还原"按钮，单击"还原"按钮即可将最大化窗口还原成原始大小。

（3）单击窗口右上角的"最小化"按钮，此时该窗口将隐藏，并在任务栏的程序区域中显示一个图标，单击该图标，窗口将还原到屏幕显示状态。

微课

最大化或最小化窗口

提示

双击窗口的标题栏也可最大化窗口，再次双击可从最大化窗口恢复到原始窗口大小。

3. 移动窗口的位置或调整窗口大小

打开窗口后，有些窗口会遮盖屏幕上的其他窗口内容，为了查看被遮盖的部分，需要适当移动窗口的位置或调整窗口大小。

【例3-4】将桌面上的当前窗口移至桌面的左侧位置，呈半屏显示，再调整窗口的长宽大小。

（1）打开"计算机"窗口，再打开"本地磁盘(C:)"下的Windows目录窗口。

微课

移动窗口的位置或调整窗口大小

（2）在窗口标题栏上按住鼠标左键不放，拖曳窗口，当拖曳到目标位置后释放鼠标左键即可移动窗口位置。其中，将窗口向屏幕最上方拖曳到顶部时，窗口会最大化显示；向屏幕最左侧拖曳时，窗口会半屏显示在桌面左侧。图 3-10 所示为将窗口移至桌面左侧变成半屏显示的效果。

图 3-10　将窗口移至桌面左侧变成半屏显示的效果

（3）将鼠标指针移至窗口的外边框上，当鼠标指针变为↔或↕形状时，按住鼠标左键不放拖曳窗口到需要的大小时释放鼠标左键即可调整窗口大小。

（4）将鼠标指针移至窗口的 4 个角上，当其变为↖或↗形状时，按住鼠标左键不放拖曳窗口到需要的大小时释放鼠标左键，即可使窗口的长宽大小同时调整。

 注意　最大化后的窗口不能进行窗口的位置移动和大小调整操作。

4. 排列窗口

在使用计算机的过程中常常需要打开多个窗口，如既要用 Word 编辑文档，又要打开 IE 浏览器查询资料，等等。打开多个窗口后，为了使桌面更加整洁，可以将打开的窗口进行层叠、堆叠和并排等。

【例 3-5】将打开的所有窗口进行层叠排列显示，然后撤销层叠排列。

（1）在任务栏空白处单击鼠标右键，弹出图 3-11 所示的快捷菜单，选择"层叠窗口"命令，即可以层叠的方式排列窗口，层叠的效果如图 3-12 所示。

图 3-11　快捷菜单　　　　　　图 3-12　层叠窗口

微课

排列窗口

（2）层叠窗口后拖曳某一个窗口的标题栏，即可将该窗口移至其他位置，并切换为当前窗口。

（3）在任务栏空白处单击鼠标右键，在弹出的快捷菜单中选择"撤销层叠"命令，即可恢复至原来的显示状态。

5. 切换窗口

无论打开多少个窗口，当前窗口都只有一个，且所有的操作都是针对当前窗口进行的。此时，需要切换成当前窗口，切换窗口除了可以通过单击窗口进行切换外，在 Windows 7 操作系统中还提供了以下 3 种切换方法。

- 通过任务栏中的按钮切换。将鼠标指针移至任务栏左侧按钮区中的某个任务图标上，此时将展开所有打开的该类型文件的缩略图，单击某个缩略图即可切换到该窗口，在切换时其他同时打开的窗口将自动变为透明效果，如图 3-13 所示。

- 按【Alt+Tab】组合键切换。按【Alt+Tab】组合键后，屏幕上将出现任务切换栏，系统当前打开的窗口都以缩略图的形式在任务切换栏中排列出来，如图 3-14 所示；此时按住【Alt】键不放，再反复按【Tab】键，将显示一个蓝色方框，并在所有图标之间轮流切换，当蓝色方框移动到需要的窗口图标上后释放【Alt】键，即可切换到该窗口。

- 按【Windows+Tab】组合键切换。在按【Windows+Tab】组合键时按住【Windows】键不放，再反复按【Tab】键可利用 Windows 7 操作系统特有的 3D 切换界面切换打开的窗口，如图 3-15 所示。

计算机应用基础（Windows 7+Office 2016）（第2版）

图 3-13　通过任务栏中的按钮切换

图 3-14　按【Alt+Tab】组合键切换

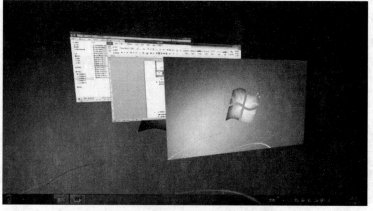
图 3-15　按【Windows+Tab】组合键切换

6. 关闭窗口

对窗口的操作结束后要关闭窗口。关闭窗口有以下 5 种方法。

- 单击窗口标题栏右上角的"关闭"按钮 。

（此处图标）

- 在窗口的标题栏上单击鼠标右键，在弹出的快捷菜单中选择"关闭"命令。
- 将鼠标指针指向某个任务缩略图后单击右上角的 ⊠ 按钮。
- 将鼠标指针移动到任务栏中需要关闭窗口的任务图标上，单击鼠标右键，在弹出的快捷菜单中选择"关闭窗口"命令或"关闭所有窗口"命令。
- 按【Alt+F4】组合键。

（二）利用"开始"菜单启动程序

启动应用程序有多种方法，比较常用的是在桌面上双击应用程序的快捷方式图标和在"开始"菜单中选择要启动的程序。下面介绍在"开始"菜单中启动应用程序的方法。

【例 3-6】通过"开始"菜单启动"腾讯 QQ"程序。

（1）单击"开始"按钮 ，打开"开始"菜单，如图 3-16 所示。此时可以先在"开始"菜单左侧的高频使用区查看是否有"腾讯 QQ"程序选项，如果有，则选择该程序选项启动。

（2）如果高频使用区中没有要启动的程序，则选择"所有程序"命令，在显示的列表中依次单击展开程序所在的文件夹，再选择"腾讯 QQ"程序选项启动程序，如图 3-17 所示。

微课

利用"开始"菜单启动程序

图 3-16　打开"开始"菜单　　　　图 3-17　启动腾讯 QQ

任务三　定制 Windows 7 操作系统的工作环境

任务要求

小赵使用计算机进行办公自动化有一段时间了，为了提高资源使用效率和方便操作，小赵准备对操作系统的工作环境进行个性化定制。具体要求如下。

- 在桌面上显示"计算机"和"控制面板"图标，然后将"计算机"图标样式更改为 。
- 查找系统提供的应用程序"calc.exe"，并在桌面上建立快捷方式，将快捷方式命名为"My 计算器"。
- 在桌面上添加"日历"和"时钟"桌面小工具。

- 将系统自带的"建筑"Aero 主题作为桌面背景，设置图片每隔 1 小时更换一次，图片位置为"拉伸"。
- 设置屏幕保护程序的等待时间为"60"分钟，屏幕保护程序为"彩带"。
- 设置任务栏属性，实现自动隐藏任务栏，再设置"开始"菜单属性，将"电源按钮操作"设置为"切换用户"，同时设置"开始"菜单中显示的最近打开的程序的数目为 5 个。
- 将"图片库"中的"小狗"图片设置为账户图像，再创建一个名为"公用"的账户。

图 3-18 所示为进行上述设置后的新的桌面效果。

图 3-18　桌面效果

（一）创建快捷方式的几种方法

前面介绍了利用"开始"菜单启动程序的方法，在 Windows 7 操作系统中还可以通过创建快捷方式来快速启动某个程序。创建快捷方式的常用方法有两种，即创建桌面快捷方式、将常用程序锁定到任务栏。

1. 创建桌面快捷方式

桌面快捷方式是指图片左下角带有符号的桌面图标，双击这类图标可以快速访问或打开某个程序，因此，创建桌面快捷方式可以提高办公效率。用户可以根据需要在桌面上添加应用程序、文件或文件夹的快捷方式，其方法有如下 3 种。

- 在"开始"菜单中找到程序启动项的位置，单击鼠标右键，在弹出的快捷菜单中选择"发送到"子菜单下的"桌面快捷方式"命令。
- 在"计算机"窗口中找到文件或文件夹后，单击鼠标右键，在弹出的快捷菜单中选择"发送到"子菜单下的"桌面快捷方式"命令。
- 在桌面空白区域或"计算机"窗口中的目标位置，单击鼠标右键，在弹出的快捷菜单中选择"新建"子菜单下的"快捷方式"命令，打开图 3-19 所示的"创建快捷方式"对话框，单

计算机应用基础（Windows 7+Office 2016）（第2版）

击 浏览(R)... 按钮，选择要创建快捷方式的程序文件，然后单击 下一步(N) 按钮，输入快捷方式的名称，单击 完成(F) 按钮，完成创建。

2. 将常用程序锁定到任务栏

将常用程序锁定到任务栏的常用方法有以下两种。

- 在桌面上或"开始"菜单中的程序启动快捷方式上单击鼠标右键，在弹出的快捷菜单中选择"锁定到任务栏"命令，或直接将该快捷方式拖曳至任务栏左侧的程序区中。

- 如果要将已打开的程序锁定到任务栏，可在任务栏的程序图标上单击鼠标右键，在弹出的快捷菜单中选择"将此程序锁定到任务栏"命令，如图 3-20 所示。

如果要将任务中不再使用的程序图标解锁（即取消显示），可在要解锁的程序图标上单击鼠标右键，在弹出的快捷菜单中选择"将此程序从任务栏解锁"命令。

图 3-19 "创建快捷方式"对话框

图 3-20 将程序锁定到任务栏

> 💬 ⚙ 图 3-20 所示的快捷菜单又称为"跳转列表"，它是 Windows 7 操作系统的新增功能之一，即在该菜单上方列出了用户最近使用过的程序或文件，以方便用户快速打开。另外，
> **提示** 在"开始"菜单中单击程序右侧的箭头，也可以弹出相对应的"跳转列表"。

（二）认识"个性化"设置窗口

在桌面上的空白区域单击鼠标右键，在弹出的快捷菜单中选择"个性化"命令，将打开图 3-21 所示的"个性化"窗口，在该窗口中可以对 Windows 7 操作系统进行个性化设置。其主要功能及参数设置介绍如下。

图 3-21 "个性化"窗口

- 更改桌面图标。在"个性化"窗口中单击"更改桌面图标"超链接,在打开的"桌面图标设置"对话框中的"桌面图标"栏中可以选中或取消选中要在桌面上显示或取消显示的系统图标,并可对图标的样式进行更改。

- 更改账户图片。在"个性化"窗口中单击"更改账户图片"超链接,在打开的"更改图片"窗口中可以选择新的账户图标样式,选择后将在启动时的欢迎界面和"开始"菜单的用户账户区域中进行显示。

- 设置任务栏和"开始"菜单。在"个性化"窗口中单击"任务栏和「开始」菜单"超链接,在打开的"任务栏和「开始」菜单"对话框中分别单击各个选项卡进行设置。其中,在"任务栏"选项卡中可以设置锁定任务栏(即任务栏的位置不能移动)、自动隐藏任务栏(当鼠标指针指向任务栏区域时才会显示)、使用小图标、任务栏的位置和是否启用 Aero Peek 预览桌面功能等,在"「开始」菜单"选项卡中主要可以设置"开始"菜单中电源按钮的用途等。

- 应用 Aero 主题。Aero 主题决定着整个桌面的显示风格,Windows 7 操作系统中有多个主题供用户选择。其方法是:在"个性化"窗口的中间列表框中选择一种喜欢的主题,单击即可应用。应用主题后,其声音、背景和窗口颜色等都会随之改变。

- 设置桌面背景。单击"个性化"窗口下方的"桌面背景"超链接,在打开的"桌面背景"窗口中间的图片列表中可选择一张或多张图片,选择多张图片时需按住【Ctrl】键进行选择。如需将计算机中的其他图片作为桌面背景,可以单击"图片位置(L)"下拉列表框后的 浏览(B)... 按钮来选择计算机中存放图片的文件夹。选择图片后,还可设置背景图片在桌面上的位置和图片切换的时间间隔(选择多张背景图片时才需设置)。

- 设置窗口颜色。在"个性化"窗口中单击"窗口颜色"超链接,将打开"窗口颜色和外观"窗口,单击某种颜色可快速更改窗口边框、"开始"菜单和任务栏的颜色,并且可设置是否启用透明效果和颜色浓度等。

- 设置声音。在"个性化"窗口中单击"声音"超链接,打开"声音"对话框,在"声音方案"下拉列表中选择一种 Windows 声音方案,或选择某个程序事件后单独设置其关联的声音。

- 设置屏幕保护程序。在"个性化"窗口中单击"屏幕保护程序"超链接,打开"屏幕保护程序设置"对话框,在"屏幕保护程序"下拉列表中选择一个程序选项,然后在"等待"数值框中输入屏幕保护等待的时间。若选中"在恢复时显示登录屏幕"复选框,则表示当需要从屏幕保护程序恢复正常显示时,将显示登录 Windows 屏幕。如果用户账户设置了密码,则需要输入正确的密码才能进入系统桌面。

⚒ 任务实现

(一)添加和更改桌面系统图标

安装好 Windows 7 操作系统后第一次进入操作系统界面时,桌面上只显示"回收站"图标🗑,此时可以通过设置来添加和更改桌面系统图标。

【例 3-7】在桌面上显示"控制面板"图标,显示并更改"计算机"图标。

微课

添加和更改桌
面系统图标

（1）在桌面空白区域单击鼠标右键，在弹出的快捷菜单中选择"个性化"命令，打开"个性化"窗口。

（2）单击"更改桌面图标"超链接，在打开的"桌面图标设置"对话框中的"桌面图标"栏中选中要在桌面上显示的系统图标复选框，若取消选中某图标，则表示取消显示。这里选中"计算机"和"控制面板"复选框，并取消选中"允许主题更改桌面图标"复选框，其作用是应用其他主题后，图标样式仍然不变，如图3-22所示。

（3）在中间列表框中选择"计算机"图标，单击 更改图标(O)... 按钮，在打开的"更改图标"对话框中选择 图标样式，如图3-23所示。

（4）依次单击 确定 按钮，应用设置。

图 3-22　选择要显示的桌面图标

图 3-23　更改桌面图标样式

提示　在桌面空白区域单击鼠标右键，在弹出的快捷菜单中的"排序方式"子菜单中选择相应的命令，可以按照名称、大小、项目类型或修改日期4种方式自动排列桌面图标位置。

（二）创建桌面快捷方式

创建的桌面快捷方式只是一个快速启动图标，所以它并没有改变文件原有的位置，因此，若删除桌面快捷方式，不会删除原文件。

【例3-8】为系统自带的计算器应用程序"calc.exe"创建桌面快捷方式。

（1）单击"开始"按钮 ，打开"开始"菜单，在"搜索程序和文件"文本框中输入"calc.exe"。

（2）在搜索结果中的"calc.exe"程序选项上单击鼠标右键，在弹出的快捷菜单中选择"发送到"子菜单下的"桌面快捷方式"命令，如图3-24所示。

（3）在桌面上创建的 图标上单击鼠标右键，在弹出的快捷菜单中选择"重命名"命令，输入"My计算器"，按【Enter】键，完成创建，效果如图3-25所示。

图 3-24　选择"桌面快捷方式"命令

微课

创建桌面快捷
方式

图 3-25　创建桌面快捷方式的效果

（三）添加桌面小工具

Windows 7 操作系统为用户提供了一些桌面小工具程序，显示在桌面上既美观又实用。

【例 3-9】添加时钟和日历桌面小工具。

（1）在桌面空白区域单击鼠标右键，在弹出的快捷菜单中选择"小工具"命令，打开"小工具库"窗口。

（2）在其列表框中选择需要在桌面显示的小工具程序，这里分别双击"日历"和"时钟"小工具，即可在桌面右上角显示出这两个小工具，如图 3-26 所示。

（3）显示桌面小工具后，使用鼠标拖曳小工具将其调整到所需的位置，将鼠标指针放到工具上面，其右侧将会出现一个控制框，通过单击控制框中相应的按钮可以设置或关闭小工具。

微课

添加桌面小
工具

图 3-26　添加桌面小工具

（四）应用主题并设置桌面背景

在 Windows 7 操作系统中可以为桌面背景应用主题，让其更加美观。

【例 3-10】应用系统自带的"建筑"Aero 主题，并对背景图片的参数进行相应设置。

（1）在"个性化"窗口中的"Aero 主题"列表框中单击并应用"建筑"主题，此时背景和窗口颜色等都会发生相应的改变。

（2）在"个性化"窗口下方单击"桌面背景"超链接，打开"桌面背景"窗口，此时列表框中的图片即为"建筑"系列，单击"图片位置"下拉列表框右侧的 按钮，在打开的下拉列表中选择"拉伸"选项。

（3）单击"更改图片时间间隔"下拉列表框右侧的 按钮，在打开的下拉列表中选择"1 小时"

选项，如图3-27所示。若选中"无序播放"复选框，将按设置的时间间隔随机切换，这里保持默认设置，即按列表中图片的顺序切换。

（4）单击 保存修改 按钮，应用设置，并返回"个性化"窗口。

微课

应用主题并设置桌面背景

图 3-27　应用主题后设置桌面背景

（五）设置屏幕保护程序

在一段时间不操作计算机时，设置屏幕保护程序可以使屏幕暂停显示或以动画显示，让屏幕上的图像或字符不会长时间停留在某个固定位置上，从而保护屏幕。

【例3-11】设置"彩带"样式的屏幕保护程序。

（1）在"个性化"窗口中单击"屏幕保护程序"超链接，打开"屏幕保护程序设置"对话框。

（2）在"屏幕保护程序"下拉列表中选择屏幕保护程序的样式，这里选择"彩带"选项，在"等待"数值框中输入屏幕保护等待的时间，这里设置为"60分钟"，选中"在恢复时显示登录屏幕"复选框，如图3-28所示。

（3）单击 确定 按钮，关闭对话框。

微课

设置屏幕保护程序

图 3-28　设置"彩带"屏幕保护程序

（六）自定义任务栏和"开始"菜单

微课

自定义任务栏和"开始"菜单

【例3-12】设置自动隐藏任务栏并定义"开始"菜单的功能。

（1）在"个性化"窗口中单击"任务栏和「开始」菜单"超链接，或在任务栏的空白区域单击鼠标右键，在弹出的快捷菜单中选择"属性"命令，打开"任务栏和「开始」菜单属性"对话框。

（2）单击"任务栏"选项卡，选中"自动隐藏任务栏"复选框。

（3）单击"「开始」菜单"选项卡，单击"电源按钮操作"下拉列表框右侧的下拉按钮 ，在打开的下拉列表中选择"切换用户"选项，如图 3-29 所示。

（4）单击 自定义(C)... 按钮，打开"自定义「开始」菜单"对话框，在"要显示的最近打开过的程序的数目"数值框中输入"5"，如图 3-30 所示。

（5）依次单击 确定 按钮，应用设置。

图 3-29　设置电源按钮操作功能

图 3-30　设置要显示的最近打开过的程序的数目

提示　　在图 3-29 所示的对话框中，单击"任务栏"选项卡中的 自定义(C)... 按钮，在打开的窗口中可以设置任务栏通知区域中的图标的显示行为，如设置隐藏或显示，或者调整通知区域的视觉效果。

（七）设置 Windows 7 操作系统的用户账户

微课

设置 Windows 7 操作系统的用户账户

在 Windows 7 操作系统中可以多个用户使用同一台计算机，只需为每个用户建立一个独立的账户，每个用户可以用自己的账号登录 Windows 7 操作系统，并且多个用户之间的 Windows 7 操作系统的设置是相对独立的，且互不影响。

【例 3-13】设置账户的图像样式并创建一个新账户。

（1）在"个性化"窗口中单击"更改账户图片"超链接，打开"更改图片"窗口，选择"小狗"图片样式，然后单击 更改图片 按钮，如图 3-31 所示。

（2）在返回的"个性化"窗口中单击"控制面板主页"超链接，打开"控制面板"窗口，单击"添加或删除用户账户"超链接，如图 3-32 所示。

（3）在打开的"管理账户"窗口中单击"创建一个新账户"超链接，如图 3-33 所示。

（4）在打开的窗口中输入账户名称"公用"，然后单击 创建账户 按钮，如图 3-34 所示。完成账户的创建，同时完成本任务的所有设置操作。

图 3-31　设置用户账户图片

图 3-32　单击"添加或删除用户账户"超链接

图 3-33　单击"创建一个新账户"超链接

图 3-34　设置用户账户名称

提示

在图 3-33 所示的窗口中单击某一账户图标，在打开的"更改账户"窗口中单击相应的超链接，也可以更改账户的图片样式，或更改账户名称、创建或修改密码等。

任务四　设置汉字输入法

任务要求

小赵准备使用计算机中的记事本程序制作一个备忘录，用于记录最近几天要做的工作，以便随时进行查看，在制作之前小赵还需要对计算机中的输入法进行相关的管理和设置。具体要求如下。

- 添加"微软拼音 - 简捷 2010"输入法，然后删除"微软拼音输入法 2003"输入法。
- 将"微软拼音 - 简捷 2010"输入法切换快捷键设置为【Ctrl+Shift+1】组合键。
- 将桌面上的"汉仪楷体简"字体安装到计算机中并进行查看。
- 使用"微软拼音 - 简捷 2010"输入法在桌面上创建"备忘录"记事本文档，内容如下。

3 月 15 日上午　　　　　接待蓝宇公司客户

3月16日下午　　　　　给李主管准备出差携带的资料▲
3月16日~3月17日　准备市场调查报告

图3-35所示为进行管理后的输入法列表以及创建的"备忘录"记事本文档效果。

图3-35　进行管理后的输入法列表以及创建的"备忘录"记事本文档效果

（一）汉字输入法的分类

在计算机中输入汉字，需要使用汉字输入法。汉字输入法是指输入汉字的方式，常用的汉字输入法有微软拼音输入法、搜狗拼音输入法和搜狗五笔输入法等。这些输入法按编码的不同可以分为音码、形码和音形码3类。

- 音码。音码是指利用汉字的读音特征进行编码，通过输入拼音字母来输入汉字，例如，"计算机"一词的拼音编码为"jisuanji"，这类输入法包括微软拼音输入法和搜狗拼音输入法等，它们都具有简单、易学以及会拼音即会汉字输入的特点。
- 形码。形码是指利用汉字的字形特征进行编码，例如，"计算机"一词的五笔编码为"ytsm"，这类输入法的输入速度较快、重码少，且不受方言限制，但需记忆大量编码，如搜狗五笔输入法。
- 音形码。音形码是指既可以利用汉字的读音特征进行编码，又可以利用汉字的字形特征进行编码，如智能ABC输入法等。音码与形码相互结合，取长补短，既降低了重码，又无须大量记忆编码。

> **提示**　有时汉字的编码和汉字并非是完全对应的，如在拼音输入法状态下输入"da"，此时便会出现"大""打""答"等多个具有相同读音的汉字，这些具有相同编码的汉字或词组就是重码，称为同码字。出现重码时需要用户自己选择需要的汉字，因此，选择重码较少的输入法可以提高输入速度。

（二）认识语言栏

在Windows 7操作系统中，输入法统一在语言栏　中进行管理。在语言栏中可以进行以下4种操作。

- 当鼠标指针移动到语言栏最左侧的　图标上时，鼠标指针变成　形状，此时可以在桌面上任意移动语言栏。

- 单击语言栏中的"输入法"按钮![icon]，可以选择需切换的输入法，选择后该图标将变成选择的输入法的图标。
- 单击语言栏中的"帮助"按钮![icon]，则打开语言栏帮助信息。
- 单击语言栏右下角的"选项"按钮![icon]，打开"选项"下拉列表，可以对语言栏进行设置。

（三）认识汉字输入法的状态条

在输入汉字时必须先切换至汉字输入法，其方法是：单击语言栏中的"输入法"按钮![icon]，再选择所需的汉字输入法；或者按住【Ctrl】键不放，再依次按【Shift】键在不同的输入法之间切换。

切换至某一种汉字输入法后，将弹出其对应的汉字输入法状态条，图3-36所示为微软拼音输入法的状态条，各图标的作用介绍如下。

图3-36 微软拼音输入法的状态条

- 输入法图标。输入法图标用来显示当前输入法，单击可以切换至其他输入法。

- 中/英文切换图标。单击该图标，可以在中文输入法与英文输入法之间进行切换。图标为![中]表示中文输入状态，图标为![英]表示英文输入状态。按【Ctrl+空格】组合键也可在中文输入法和英文输入法之间快速切换。

- 全/半角切换图标。单击该图标可以在全角![icon]和半角![icon]之间切换，在全角状态下输入的字母、字符和数字均占一个汉字（两个字节）的位置，而在半角状态下输入的字母、字符和数字只占半个汉字（一个字节）的位置。图3-37所示分别为全角和半角状态下输入的效果。

- 中/英文标点切换图标。默认状态下的![icon]图标用于输入中文标点符号，单击该图标，变为![icon]图标，此时可输入英文标点符号。

１２３ａｂｃ　　　123abc

图3-37 全角和半角输入效果对比

- 软键盘图标。通过软键盘可以输入特殊符号、标点符号和数字序号等多种字符，其方法是：单击软键盘图标![icon]，在弹出的列表中选择一种符号的类型，此时将打开相应的软键盘，直接单击软键盘中相应的按钮或按键盘上对应的按键，都可以输入对应的特殊符号。需要注意的是，若要输入的特殊符号是上档字符，只需按住【Shift】键不放，并按键盘上的相应键即可。输入完成后要单击右上角的![X]按钮退出软键盘，否则会影响用户的正常输入。

- 开/关输入板图标。单击![icon]图标，将打开"输入板－手写识别"对话框。单击左侧的![icon]图标，可以通过部首笔画来检索汉字；单击左侧的![icon]图标，可以通过手写方式来输入汉字，如图3-38所示。

图3-38 "输入板－手写识别"对话框

- 功能菜单图标。不同的输入法自带不同的输入选项设置功能，单击![icon]图标，便可对该输入法的输入选项和功能进行相应设置。

（四）拼音输入法的输入方式

使用拼音输入法时，直接输入汉字的拼音编码，然后输入汉字前的数字或直接用鼠标单击需要的汉字便可输入。当输入的汉字编码的重码字较多时，便不能在状态条中全部显示出来，此时可通过按【+】键向后翻页，按【－】键向前翻页，通过查找的方式来选择需要输入的汉字。

为了提高用户的输入速度，目前的各种拼音输入法都提供了全拼输入、简拼输入和混拼输入等多种输入方式，各种输入方式介绍如下。

- 全拼输入。全拼输入是按照汉语拼音进行输入的，和书写汉语拼音一致。例如，要输入"文件"，只需一次输入"wenjian"，然后按【空格】键，在弹出的汉字状态条中选择即可。

- 简拼输入。简拼输入是取各个汉字的第一个拼音字母，对于包含复合声母，如 zh、ch、sh 的音节，也可以取前两个拼音字母。例如，要输入"掌握"，只需输入"zhw"，然后按【空格】键，在弹出的汉字状态条中选择即可。

- 混拼输入。混拼输入综合了全拼输入和简拼输入，即在输入的拼音中既有全拼也有简拼。使用的规则是：对两个音节以上的词语，一部分用全拼，一部分用简拼。例如，要输入"电脑"，只需输入"diann"，然后按【空格】键，在弹出的汉字状态条中选择即可。

任务实现

（一）添加和删除输入法

Windows 7 操作系统中集成了多种汉字输入法，但不是所有的汉字输入法都显示在语言栏的输入法列表中，此时可以通过添加输入法的方式将适合自己的输入法显示出来。

【例 3-14】在 Windows 7 操作系统的语言栏的输入法列表中添加"微软拼音 – 简捷 2010"，删除"微软拼音输入法 2003"。

（1）在语言栏中的█按钮上单击鼠标右键，在弹出的快捷菜单中选择"设置"命令，打开"文本服务和输入语言"对话框，如图 3-39 所示。

微课

添加和删除输入法

（2）单击 添加(D)... 按钮，打开"添加输入语言"对话框，在"使用下面的复选框选择要添加的语言"列表框中单击"键盘"选项前的⊞按钮，在展开的子列表中选中"微软拼音 – 简捷 2010"复选框，取消选中"微软拼音输入法 2003"复选框，如图 3-40 所示。

图 3-39 "文字服务和输入语言"对话框

图 3-40 添加和删除输入法

（3）单击 确定 按钮，返回"文本服务和输入语言"对话框，在"已安装的服务"列表框中将显示已添加的输入法，单击 确定 按钮完成添加。

（4）单击语言栏中的█按钮，查看添加和删除输入法后的效果。

注意　通过上面的方法删除的输入法并不会真正从操作系统中删除，而只是取消其在输入法列表中的显示，所以删除后还可通过添加输入法的方式将其重新添加到输入法列表中。

（二）设置输入法切换快捷键

微课

设置输入法切换快捷键

为了便于快速切换至所需输入法，可以为输入法设置切换快捷键。

【例3-15】设置"中文（简体，中国）–微软拼音–简捷2010"的快捷键。

（1）在语言栏中的■按钮上单击鼠标右键，在弹出的快捷菜单中选择"设置"命令，打开"文本服务和输入语言"对话框。

（2）单击"高级键设置"选项卡，在列表框中选择要设置切换快捷键的输入法选项，这里选择图3-41所示的输入法选项，然后单击下方的 更改按键顺序(C)... 按钮。

（3）打开"更改按键顺序"对话框，选中"启用按键顺序"复选框，然后在下方的两个列表框中选择所需的快捷键，这里设置为【Ctrl+Shift+1】组合键，如图3-42所示。

（4）依次单击 确定 按钮，应用设置。

图3-41　"文本服务和输入语言"对话框

图3-42　设置输入法切换快捷键

（三）安装与卸载字体

Windows 7操作系统中自带了一些字体，其安装文件在系统盘（一般为C盘）下的Windows文件夹下的Fonts子文件夹中。用户也可根据需要安装和卸载字体文件。

【例3-16】安装"汉仪楷体简"，并卸载不需要再使用的字体。

（1）在桌面上的"汉仪楷体简"字体文件上单击鼠标右键，在弹出的快捷菜单中选择"安装"命令，如图3-43所示。

（2）此时将打开"正在安装字体"提示对话框，安装结束后将自动关闭该提示对话框，同时结束字体的安装。

（3）打开"计算机"窗口，双击打开C盘，再依次双击打开Windows文件夹和Fonts子文件夹，在打开的Fonts子文件夹窗口中可以查看系统中已安装的所有

微课

安装与卸载字体

字体，选择不需要再使用的字体文件后，单击鼠标右键，在弹出的快捷菜单中选择"删除"命令，即可将该字体文件从系统中卸载掉，如图 3-44 所示。

图 3-43　安装字体

图 3-44　查看和卸载字体文件

（四）使用微软拼音输入法输入汉字

微课

使用微软拼音
输入法输入
汉字

当添加好输入法后，即可进行汉字的输入，这里将以微软拼音输入法为例，对输入方法进行介绍。

【例 3-17】启动记事本程序，创建一个"备忘录"文档并使用微软拼音输入法输入任务要求中的备忘录内容。

（1）在桌面上的空白区域单击鼠标右键，在弹出的快捷菜单中选择【新建】/【文本文档】命令，此时将在桌面上新建一个名为"新建文本文档 .txt"的文件，且文件名呈可编辑状态。

（2）单击语言栏中的"输入法"按钮，选择"微软拼音 - 简捷 2010"输入法，然后输入编码"beiwanglu"，此时在汉字状态条中将显示出所需的"备忘录"文本，如图 3-45 所示。

（3）单击汉字状态条中的"备忘录"或直接按【空格】键输入文本，再次按【Enter】键完成输入。

（4）双击桌面上新建的"备忘录"记事本文件，启动记事本程序，在编辑区单击出现一个插入点，按【3】键输入数字"3"，按【Ctrl+Shift+1】组合键切换至"微软拼音 - 简捷 2010"输入法，输入编码"yue"，单击汉字状态条中的"月"或按【空格】键输入文本"月"。

（5）继续输入数字"15"，再输入编码"ri"，按【空格】键输入"日"字，再输入简拼编码"shwu"，单击汉字状态条中的"上午"或按【空格】键输入词组"上午"，如图 3-46 所示。

图 3-45　输入"备忘录"

图 3-46　输入词组"上午"

（6）连续按多次【空格】键，输入几个空字符串，接着继续使用微软拼音输入法输入后面的文字内容，输入过程中按【Enter】键可分段换行。

（7）在"资料"文本右侧单击定位文本插入点，单击微软拼音输入法状态条上的图标，在打开的列表中选择"特殊符号"选项，再在打开的软键盘中选择"▲"特殊符号，如图3-47所示。

（8）单击软键盘右上角的×按钮关闭软键盘，在记事本程序中选择【文件】/【保存】命令，保存文档，如图3-48所示。关闭记事本程序，完成操作。

图3-47　输入特殊符号

图3-48　保存文档

课后练习

1. 选择题

（1）计算机操作系统的作用是（　　　）。

A. 对计算机的所有资源进行控制和管理，为用户使用计算机提供方便

B. 对源程序进行翻译

C. 对用户数据文件进行管理

D. 对汇编语言程序进行翻译

（2）计算机的操作系统是（　　　）。

A. 计算机中使用最广的应用软件　　　　　B. 计算机系统软件的核心

C. 微机的专用软件　　　　　　　　　　　D. 微机的通用软件

（3）在Windows 7操作系统中，下列叙述中错误的是（　　　）。

A. 可支持鼠标操作　　　　　　　　　　　B. 可同时运行多个程序

C. 不支持即插即用　　　　　　　　　　　D. 桌面上可同时容纳多个窗口

（4）单击窗口标题栏右侧的　按钮后，会（　　　）。

A. 将窗口关闭　　　　　　　　　　　　　B. 打开一个空白窗口

C. 使文档窗口独占屏幕　　　　　　　　　D. 使当前窗口缩小

查看

答案与解析

2. 操作题

（1）设置桌面背景，图片位置为"填充"。

（2）设置使用Aero Peek预览桌面。

（3）设置屏幕保护程序的等待时间为"60"分钟。

（4）设置屏幕保护程序为"气泡"。

（5）设置"开始"菜单属性，将"电源按钮操作"设置为"关机"，设置"隐私"为"存储并显示最近在「开始」菜单中打开的程序"。

（6）在桌面上建立C盘的快捷方式，并将快捷方式命名为"C盘"。

（7）将输入法切换为微软拼音输入法，并在打开的记事本文件中输入"今天是我的生日"。

项目四
管理计算机中的资源

04

学习了相关的理论知识就应将其应用于指导实践，并在实践中检验理论知识。因此，本项目将通过两个任务，介绍在Windows 7操作系统中如何利用资源管理器来管理计算机中的文件和文件夹，包括对文件和文件夹进行新建、移动、复制、重命名及删除等操作，并介绍如何安装程序和打印机硬件，以及介绍计算器、画图程序等附件程序的使用方法。

课堂学习目标

◎ 管理文件和文件夹资源
◎ 管理程序和硬件资源

微课

管理计算机中的资源

任务一　管理文件和文件夹资源

任务要求

赵刚是某公司人力资源部的员工，主要负责人员招聘工作以及日常办公室管理。为了满足管理上的需要，赵刚经常会在计算机中存放一些日常工作中的文档。为了方便使用，他需要对相关的文件进行新建、重命名、移动、复制、删除、搜索和属性设置等操作。具体要求如下。

- 在 G 盘根目录下新建"办公"文件夹和"公司简介 .txt"、"公司员工名单 .xlsx"两个文件，再在新建的"办公"文件夹中创建"文档"和"表格"两个子文件夹。
- 将前面新建的"公司员工名单 .xlsx"文件移动到"表格"子文件夹中，将"公司简介 .txt"文件复制到"文档"子文件夹中并修改文件名为"招聘信息 .txt"。
- 删除 G 盘根目录下的"公司简介 .txt"文件，然后通过回收站查看并进行还原。

- 搜索 E 盘下的所有 JPG 格式的图片文件。
- 将"公司员工名单 .xlsx"文件的属性修改为只读。
- 新建一个"办公"库，将"表格"文件夹添加到"办公"库中。

 相关知识

（一）文件管理的相关概念

在管理文件的过程中，会涉及以下几个相关概念。

- 硬盘分区与盘符。硬盘分区是指将硬盘划分为几个独立的区域，这样可以更加方便地存储和管理数据，格式化可使分区划分成用来存储数据的单位，一般会在安装系统时对硬盘进行分区。盘符是 Windows 操作系统对于磁盘存储设备的标识符，一般使用 26 个英文字符中的一个加上一个冒号":"来标识，如"本地磁盘 (C:)"，"C"就是该盘的盘符。
- 文件。文件是指保存在计算机中的各种信息和数据，计算机中的文件有很多类型，如文档、表格、图片、音乐和应用程序等。在默认情况下，文件在计算机中是以图标形式显示的，它由文件图标、文件名称和文件扩展名 3 部分组成，如 作息时间表.docx 表示该文件为一个 Word 文件，其扩展名为 .docx。
- 文件夹。文件夹用于保存和管理计算机中的文件，其本身没有任何内容，却可放置多个文件和子文件夹，让用户能够快速地找到需要的文件。文件夹一般由文件夹图标和文件夹名称两部分组成。
- 文件路径。在对文件进行操作时，除了要知道文件名外，还需要指出文件所在的盘符和文件夹，即文件在计算机中的位置，称为文件路径。文件路径包括相对路径和绝对路径两种。其中，相对路径是以"."（表示当前文件夹）、".."（表示上级文件夹）或文件夹名称（表示当前文件夹中的子文件名）开头的；绝对路径是指文件或目录在硬盘上存放的绝对位置，如"D:\ 图片 \ 标志 .jpg"表示"标志 .jpg"文件在 D 盘的"图片"文件夹中。在 Windows 7 操作系统中单击地址栏的空白处，即可查看打开的文件夹的路径。
- 资源管理器。资源管理器是指"计算机"窗口左侧的导航窗格，它将计算机资源分为收藏夹、库、家庭组、计算机和网络等类别，可以方便用户更好、更快地组织、管理及应用资源。打开资源管理器的方法为：双击桌面上的"计算机"图标 ，或单击任务栏上的"Windows资源管理器"按钮 。打开"资源管理器"窗口，单击导航窗格中各类别图标左侧的 图标，便可依次按层级展开文件夹，选择需要的文件夹后，其右侧将显示相应的文件内容，如图 4-1 所示。

图 4-1　资源管理器

为了便于查看和管理文件，用户可根据当前窗口中文件和文件夹的多少、文件的类型更改当前窗口中文件和文件夹的视图方式。其方法是：在打开的文件夹窗口中单击工具栏右侧的▼按钮，在打开的下拉列表中选择大图标、中等图标、小图标和列表等视图显示方式。

（二）选择文件或文件夹的几种方式

在对文件或文件夹进行复制和移动等操作前，要先选择文件或文件夹，选择的方法主要有以下 5 种。

- 选择单个文件或文件夹。使用鼠标直接单击文件或文件夹图标即可将其选择，被选择的文件或文件夹的周围将呈蓝色透明状显示。
- 选择多个相邻的文件或文件夹。在窗口空白处按住鼠标左键不放，并拖曳鼠标指针框选需要选择的多个对象，再释放鼠标左键即可。
- 选择多个连续的文件或文件夹。用鼠标选择第一个对象，按住【Shift】键不放，再单击最后一个对象，可选择两个对象中间的所有对象。
- 选择多个不连续的文件或文件夹。按住【Ctrl】键不放，再依次单击所要选择的文件或文件夹，可选择多个不连续的文件或文件夹。
- 选择所有文件或文件夹。直接按【Ctrl+A】组合键，或选择【编辑】/【全选】命令，可以选择当前窗口中的所有文件或文件夹。

（一）文件和文件夹的基本操作

文件和文件夹的基本操作包括新建、移动、复制、删除和查找等，下面将结合前面的任务要求对操作方法进行讲解。

1. 新建文件或文件夹

新建文件是指根据计算机中已安装的程序类别，新建一个相应类型的空白文件，新建后可以双击打开并进行文件内容的编辑。如果希望将一些文件分类整理在一个文件夹中，以便日后管理，此时就需要新建文件夹。

【例 4-1】新建文本文档、Excel 工作表与文件夹。

（1）双击桌面上的"计算机"图标，打开"计算机"窗口，双击 G 盘图标，打开 G:\ 目录窗口。

（2）选择【文件】/【新建】/【文本文档】命令，或在窗口的空白处单击鼠标右键，在弹出的快捷菜单中选择【新建】/【文本文档】命令，如图 4-2 所示。

（3）系统将在文件夹中新建一个默认名为"新建文本文档"的文件，且该文件名呈可编辑状态，切换到汉字输入法输入"公司简介"，然后单击空白处或按【Enter】键，新建的文档效果如图 4-3 所示。

计算机应用基础（Windows 7+Office 2016）（第2版）

微课

新建文件或文件夹

| 图 4-2 选择新建文本文档的命令 | 图 4-3 新建的文档效果 |

（4）选择【文件】/【新建】/【Microsoft Excel 工作表】命令，或在窗口的空白处单击鼠标右键，在弹出的快捷菜单中选择【新建】/【Microsoft Excel 工作表】命令，此时将新建一个 Excel 文件，输入文件名"公司员工名单"，按【Enter】键，效果如图 4-4 所示。

（5）选择【文件】/【新建】/【文件夹】命令，或在右侧文件显示区中的空白处单击鼠标右键，在弹出的快捷菜单中选择【新建】/【文件夹】命令，或直接单击工具栏中的 新建文件夹 按钮，双击文件夹名称使其呈可编辑状态，并在文本框中输入"办公"，然后按【Enter】键完成文件夹的新建，如图 4-5 所示。

| 图 4-4 新建 Excel 工作表 | 图 4-5 新建文件夹 |

（6）双击新建的"办公"文件夹，在打开的目录窗口中单击工具栏中的 新建文件夹 按钮，输入子文件夹名称"表格"后按【Enter】键，然后再新建一个名为"文档"的子文件夹，如图 4-6 所示。

图 4-6 新建子文件夹

（7）单击地址栏左侧的 按钮，返回上一级窗口。

> 重命名文件时不要修改文件的扩展名部分，一旦修改可能将导致文件无法正常打开，解决方法为将扩展名重新修改为正确模式。此外，文件名可以包含字母、数字和空格等，但不能有 ?、*、/、\、<、>、: 等。

2. 移动、复制、重命名文件或文件夹

移动文件是将文件或文件夹移动到另一个文件夹中，以便管理。复制文件相当于为文件做一个备份，即原文件夹下的文件或文件夹仍然存在。重命名文件即为文件更换一个新的名称。

【例4-2】移动"公司员工名单 .xlsx"文件到目标位置；复制"公司简介 .txt"文件到目标位置，并重命名为"招聘信息"。

（1）在导航窗格中单击"计算机"图标 左侧的 ▶ 图标，然后在导航窗格中选择"本地磁盘 (G:)"选项。

（2）在右侧窗口中选择"公司员工名单 .xlsx"文件，在其上单击鼠标右键，在弹出的快捷菜单中选择"剪切"命令，或选择【编辑】/【剪切】命令（可直接按【Ctrl+X】组合键），如图4-7所示，将选择的文件剪切到剪贴板中，此时文件呈灰色透明显示。

微果

移动、复制、重命名文件或文件夹

图 4-7　选择"剪切"命令

（3）在导航窗格中依次按层级展开"办公"文件夹，再选择"表格"选项，在右侧打开的"表格"窗口中单击鼠标右键，在弹出的快捷菜单中选择"粘贴"命令，或选择【编辑】/【粘贴】命令（可直接按【Ctrl+V】组合键），如图4-8所示，即可将剪切到剪贴板中的"公司员工名单 .xlsx"文件粘贴到"表格"窗口中，完成文件的移动，效果如图4-9所示。

图 4-8　选择"粘贴"命令　　　　　图 4-9　移动文件后的效果

（4）单击地址栏左侧的按钮，返回上一级窗口，即可看到窗口中已没有"公司员工名单.xlsx"文件。

（5）选择"公司简介.txt"文件，在其上单击鼠标右键，在弹出的快捷菜单中选择"复制"命令，或选择【编辑】/【复制】命令（可直接按【Ctrl+C】组合键），如图4-10所示，将选择的文件复制到剪贴板中，此时窗口中的文件不会发生任何变化。

（6）在导航窗格中选择"库"类别下的"文档"选项，在右侧打开的"文档"窗口中单击鼠标右键，在弹出的快捷菜单中选择"粘贴"命令，或选择【编辑】/【粘贴】命令（可直接按【Ctrl+V】组合键），即可将复制到剪贴板中的"公司简介.txt"文件粘贴到该窗口中，完成文件的复制，效果如图4-11所示。

图4-10 选择"复制"命令　　　　图4-11 复制文件后的效果

（7）选择复制后的"公司简介.txt"文件，在其上单击鼠标右键，在弹出的快捷菜单中选择"重命名"命令，此时要重命名的文件名称部分呈可编辑状态，在其中输入新的名称"招聘信息"后按【Enter】键即可。

（8）在导航窗格中选择"本地磁盘（G:）"选项，即可看到该磁盘根目录下的"公司简介.txt"文件仍然存在。

> **提示**　将选择的文件或文件夹拖曳到同一磁盘分区下的其他文件夹中或左侧导航窗格中的某个文件夹选项上，便可移动文件或文件夹，在拖曳过程中按住【Ctrl】键不放，则可实现复制文件或文件夹的操作。

3. 删除、还原文件或文件夹

删除一些没有用的文件或文件夹，可以减少磁盘上的垃圾文件，释放磁盘空间，同时也便于管理。删除的文件或文件夹实际上是移动到了"回收站"中，若误删除了文件，还可以通过还原操作找回来。

微课

删除、还原文件或文件夹

【例4-3】删除并还原"公司简介.txt"文件。

（1）在导航窗格中选择"本地磁盘（G:）"选项，然后在右侧窗口中选择"公司简介.txt"文件。

（2）在选择的文件图标上单击鼠标右键，在弹出的快捷菜单中选择"删除"命令，或按【Delete】键，此时系统会打开图4-12所示的"删除文件"对话框，提示用户是否确定要把该文件放入回收站。

（3）单击　　按钮，即可删除选择的"公司简介.txt"文件。

（4）单击任务栏最右侧的"显示桌面"区域，切换至桌面，双击"回收站"图标，在打开的窗口中将看到最近删除的文件或文件夹等对象，在要还原的"公司简介.txt"文件上单击鼠标右键，在弹出的快捷菜单中选择"还原"命令，如图4-13所示，即可将其还原到被删除前的位置。

图4-12 "删除文件"对话框

图4-13 还原被删除的文件

提示　选择文件后，按【Shift+Delete】组合键则不放入回收站，直接将文件从计算机中删除。此外，放入回收站中的文件仍然会占用磁盘空间，在"回收站"窗口中单击工具栏中的 清空回收站 按钮才能彻底删除。

4. 搜索文件或文件夹

如果用户不知道文件或文件夹在磁盘中的位置，可以使用 Windows 7 操作系统的搜索功能来查找。搜索时如果不记得文件的名称，可以使用模糊搜索功能，其方法是：用通配符"*"来代替任意数量的任意字符，使用"？"来代表某一位置上的任一个字母或数字。例如，"*.mp3"表示搜索当前位置下所有类型为 MP3 格式的文件，而"pin?.mp3"则表示搜索当前位置下前 3 个字母为"pin"、第 4 位是任意字符的 MP3 格式的文件。

微课
搜索文件或文件夹

【例4-4】搜索 E 盘中的 JPG 图片。

（1）用户只需在资源管理器窗口中打开需要搜索的位置，如需在所有磁盘中查找，则打开"计算机"窗口；如需在某个磁盘分区或文件夹中查找，则打开具体的磁盘分区或文件夹窗口，这里打开 E 盘窗口。

（2）在窗口地址栏后面的搜索框中输入要搜索的文件信息，如这里输入"*.jpg"，Windows 7 操作系统会自动在搜索范围内搜索所有符合文件信息的对象，并在文件显示区中显示搜索结果，如图4-14 所示。

（3）根据需要，可以在"添加搜索筛选器"中选择"修改日期"或"大小"选项来设置搜索条件，以缩小搜索范围。

图4-14 搜索 E 盘中的 JPG 图片

（二）设置文件和文件夹属性

文件属性主要包括隐藏属性、只读属性和归档属性 3 种。用户在查看磁盘文件的名称时，系统一般不会显示具有隐藏属性的文件名，具有隐藏属性的文件不能被删除、复制和更名，以起到保护作用；对于具有只读属性的文件，可以查看和复制，不会影响它的正常使用，但不能修改和删除，以避免意外删除和修改；文件被创建之后，系统会自动将其设置成归档属性，即可以随时查看、编辑和保存。

【例 4-5】更改"公司员工名单 .xlsx"文件的属性。

（1）打开"计算机"窗口，再打开"G:\办公\表格"目录，在"公司员工名单 .xlsx"文件上单击鼠标右键，在弹出的快捷菜单中选择"属性"命令，打开文件对应的"属性"对话框。

（2）在"常规"选项卡下的"属性"栏中选中"只读"复选框，如图 4-15 所示。

（3）单击 应用(A) 按钮，再单击 确定 按钮，完成文件属性的设置。如果是修改文件夹的属性，应用设置后还将打开图 4-16 所示的"确认属性更改"对话框，根据需要选择应用方式后单击 确定 按钮，即可设置相应的文件夹属性。

微课

设置文件和文件夹属性

图 4-15　文件对应的"属性"对话框

图 4-16　选择文件夹属性应用方式

提示　在图 4-15 所示的对话框中单击 高级(D)... 按钮可以打开"高级属性"对话框，在其中可以设置文件或文件夹的存档和加密属性。

（三）使用库

库是 Windows 7 操作系统中的一个新概念，其功能类似于文件夹，但它只提供管理文件的索引，即用户可以通过库来直接访问，而不需要通过文件的保存位置去查找，所以文件并没有真正地被存放在库中。Windows 7 操作系统中自带了视频、图片、音乐和文档 4 个库，以便将这类常用文件资源添加到库中，根据需要也可以新建库文件夹。

【例 4-6】新建"办公"库，将"表格"文件夹添加到该库中。

（1）打开"计算机"窗口，在导航窗格中单击"库"图标 ，打开"库"文件夹，此时在右侧窗口中将显示所有库，双击各个库文件夹便可打开进行查看。

微课

使用库

（2）单击工具栏中的 新建库 按钮或选择【文件】/【新建】/【库】命令，输入库的名称"办公"，然后按【Enter】键，即可新建一个库，如图 4-17 所示。

（3）在导航窗格中选择"G:\办公"文件夹，选择要添加到库中的"表格"文件夹，然后选择【文件】/【包含到库中】/【办公】命令，即可将选择的文件夹中的文件添加到前面新建的"办公"库中，以后就可以通过"办公"库来查看文件了，效果如图 4-18 所示。用同样的方法还可将计算机中其他位置下的相关文件分别添加到库中。

图 4-17　新建库

图 4-18　将文件添加到库中

提示　当不再需要使用库中的文件时，可以将其删除，删除方法是：在要删除的库文件夹上单击鼠标右键，在弹出的快捷菜单中选择"从库中删除位置"命令。

任务二　管理程序和硬件资源

任务要求

张燕成功应聘上了一家单位的前台岗位，该公司是新成立的，所有办公设施和办公用品都是采购不久的，给人耳目一新的感觉。这天，张燕准备制作和打印一份客户接待登记表，同事给了她一份电子文件，但把文件复制到计算机上却无法打开，后来张燕才发现这台计算机中没有安装Office 软件，而且也没有安装打印机等硬件设备。对此，张燕只能自己动手来管理好这台计算机中的程序和硬件等资源。

本任务要求掌握安装和卸载软件的方法，了解如何打开和关闭 Windows 功能，了解如何安装打印机驱动程序，了解如何设置鼠标和键盘，以及了解如何使用 Windows 7 操作系统自带的媒体播放器、画图和计算器等附件程序。

计算机应用基础（Windows 7+Office 2016）（第2版）

（一）认识控制面板

控制面板中包含了不同的设置工具，用户可以通过控制面板对 Windows 7 操作系统进行设置，包括管理安装程序和打印机等资源。

在"计算机"窗口的工具栏中单击 打开控制面板 按钮或选择【开始】/【控制面板】命令即可启动控制面板，其默认以"类别"方式显示，如图 4-19 所示。在"控制面板"窗口中单击不同的超链接即可进入相应的子分类设置窗口或打开参数设置对话框。单击 类别▼ 按钮，在打开的下拉列表中选择"大图标"选项，查看设置查看方式后的效果，如图 4-20 所示。

图 4-19　"控制面板"窗口

图 4-20　"大图标"查看方式

（二）计算机软件的安装事项

要安装软件，首先应获取软件的安装程序，获取软件的安装程序有以下几种途径。

- 从软件销售商处购买安装光盘。光盘是存储软件和文件最好的媒体之一，用户可以从软件销售商处购买所需的软件安装光盘。
- 从网上下载安装程序。目前，许多共享软件和免费软件都将其安装程序放置在网络上，通过网络，用户可以将所需的软件程序下载下来并进行使用。
- 购买软件书时赠送。一些软件方面的杂志或书籍也常会以光盘的形式为读者提供一些小的软件安装程序，这些软件大多是免费的。

做好软件的安装准备工作后，即可开始安装软件。安装软件的一般方法及注意事项如下。

- 将安装光盘放入光驱，然后双击其中的"setup.exe"或"install.exe"文件（某些软件也可能是软件本身的名称），打开"安装向导"对话框，根据提示信息进行安装。某些安装光盘提供了智能化功能，只需将安装光盘放入光驱，系统就会自动运行安装。
- 如果安装程序是从网上下载并存放在硬盘中的，则可在资源管理器中找到该安装程序的存放位置，双击其中的"setup.exe"或"install.exe"文件安装可执行程序，再根据提示进行操作。
- 软件一般安装在除系统盘的其他磁盘分区中，最好是专门用一个磁盘分区来放置安装程序。杀毒软件和驱动程序等可安装在系统盘中。

- 很多软件在安装时要注意取消其开机启动选项，否则它们会默认设置为开机启动软件，不但影响计算机启动的速度，还会占用系统资源。
- 为确保安全，在网上下载的软件应事先进行杀毒处理，然后再运行安装。

（三）计算机硬件的安装事项

硬件设备通常可分为即插即用型和非即插即用型两种。通常，将可以直接连接到计算机中使用的硬件设备称为即插即用型硬件，如 U 盘和移动硬盘等可移动存储设备，该类硬件不需要手动安装驱动程序，与计算机接口相连后系统可以自动识别，从而可以在系统中直接运行。

非即插即用型硬件是指连接到计算机后，需要用户自行安装驱动程序的计算机硬件设备，如打印机、扫描仪和摄像头等。要安装这类硬件，还需要准备与之配套的驱动程序，一般会在购买硬件设备时由厂商提供安装程序。

（一）安装和卸载应用程序

准备好软件的安装程序后便可以开始安装软件，安装后的软件将会显示在"开始"菜单中的"所有程序"列表中，部分软件还会自动在桌面上创建快捷启动图标。

微课

安装和卸载应用程序

【例 4-7】安装 Office 2016，并卸载计算机中不需要的软件。（本例以在"微软中国官方商城"中购买 Microsoft 365 服务为例。）

（1）在网上搜索"微软中国官方商城"，在"软件"菜单下单击"Microsoft 365"，购买后，进行安装，如图 4-21（a）、图 4-21（b）所示。

| （a）安装界面 | （b）安装就绪 |

图 4-21

（2）单击 Windows 7 操作系统的任务栏上默认的固定图标。也可以在"开始"菜单的"所有程序"中打开，如图 4-22 所示。

（3）打开"控制面板"窗口，在"类别"视图下单击"程序"超链接，在打开的"程序"窗口中单击"程序和功能"超链接，即可在打开的窗口的"卸载或更改程序"列表框中查看当前计算机中已安装的所有程序，如图 4-23 所示。

图 4-22 "开始"菜单

图 4-23 "程序和功能"窗口

（4）在列表中选择要卸载的程序选项，然后单击工具栏中的 卸载 按钮，将打开确认是否卸载程序的提示对话框，单击 是(Y) 按钮即可确认并开始卸载程序。

提示

软件自身提供了卸载功能，可以通过"开始"菜单卸载，其方法是：选择【开始】/【所有程序】命令，在"所有程序"列表中展开程序文件夹，然后选择"卸载"等相关命令（若没有类似命令，则通过控制面板进行卸载），再根据提示进行操作，便可完成软件的卸载。有些软件在卸载后还会要求重启计算机，以彻底删除该软件的安装文件。

（二）打开和关闭 Windows 功能

Windows 7 操作系统自带了一些组件程序及功能，包括 IE 浏览器、媒体功能、游戏和打印服务等，用户可根据需要通过打开和关闭操作来决定是否启用这些功能。

【例 4-8】关闭 Windows 7 操作系统的"纸牌"游戏功能。

（1）选择【开始】/【控制面板】命令，打开"控制面板"窗口，在"类别"视图下单击"程序"超链接，在打开的"程序"窗口中单击"打开或关闭 Windows 功能"超链接。

微课

打开和关闭
Windows 功能

（2）系统检测 Windows 功能后，打开图 4-24 所示的"Windows 功能"窗口，在该窗口的列表框中显示了所有的 Windows 功能选项。如果选项前的复选框显示为▣，表示该功能中的某些子功能被打开；如果选项前的复选框显示为☑，则表示该功能中的所有子功能都被打开。

（3）单击某个功能选项前的⊞图标，即可在展开的列表中显示该功能中的所有子功能选项，这里展开"游戏"功能选项，取消选中"纸牌"复选框，则可关闭该系统功能，如图 4-25 所示。

（4）单击 确定 按钮，系统将打开提示对话框显示该项功能的配置进度，完成后系统将自动关闭该对话框和"Windows 功能"窗口。

图 4-24　"Windows 功能"窗口

图 4-25　关闭"纸牌"游戏功能

（三）安装打印机硬件驱动程序

在安装打印机前，应先将设备与计算机主机相连接，然后安装打印机的驱动程序。当安装其他外部计算机设备时，也可参考与安装打印机类似的方法来进行安装。

【例 4-9】连接打印机，然后安装打印机的驱动程序。

（1）不同的打印机有不同类型的端口，常见的有 USB、LPT 和 COM 端口，可参见打印机的使用说明书，将数据线的一端插入机箱后面相应的插口中，再将另一端与打印机接口相连，如图 4-26 所示。然后接通打印机的电源。

（2）选择【开始】/【控制面板】命令，打开"控制面板"窗口，单击"硬件和声音"超链接下方的"查看设备和打印机"超链接，打开"设备和打印机"窗口，在其中单击 添加打印机 按钮，如图 4-27 所示。

（3）在打开的"添加打印机"对话框中选择"添加本地打印机"选项，如图 4-28 所示。

微课

安装打印机硬件驱动程序

图 4-26　连接打印机

图 4-27　"设备和打印机"窗口

图 4-28　添加本地打印机

（4）在打开的"选择打印机端口"对话框中选中"使用现有的端口"单选项，在其后面的下拉列表中选择与打印机连接的端口（一般使用默认端口设置），然后单击 下一步(N) 按钮，如图4-29所示。

（5）在打开的"安装打印机驱动程序"对话框的"厂商"列表框中选择打印机的生产厂商，在"打印机"列表框中选择要安装的打印机的型号，单击 下一步(N) 按钮，如图4-30所示。

图4-29　选择打印机端口

图4-30　选择打印机型号

（6）打开"键入打印机名称"对话框，在"打印机名称"文本框中输入名称，这里使用默认名称，单击 下一步(N) 按钮，如图4-31所示。

（7）系统开始安装驱动程序，安装完成后将打开"打印机共享"对话框。如果不需要共享打印机，则选中"不共享这台打印机"单选项，单击 下一步(N) 按钮，如图4-32所示。

图4-31　输入打印机名称

图4-32　共享设置

（8）在打开的对话框中选中"设置为默认打印机"复选框，可设置其为默认的打印机，单击 完成(F) 按钮完成打印机的添加，如图4-33所示。

（9）打印机安装完成后，在"控制面板"窗口中单击"查看设备和打印机"超链接，在打开的窗口中双击安装的打印机图标，即可根据打开的窗口查看打印机状态，包括查看正在打印的内容、自定义您的打印机和调整打印选项等，如图4-34所示。

提示　　如果要安装网络打印机，可在图4-28所示的对话框中选择"添加网络、无线或Bluetooth打印机"选项，系统将自动搜索与本机联网的所有打印机设备，选择打印机型号后将自动安装驱动程序。

图 4-33 完成打印机的添加

图 4-34 查看安装的打印机

（四）设置鼠标和键盘

鼠标和键盘是计算机中重要的输入设备，用户可以根据需要对其参数进行设置。

1. 设置鼠标

设置鼠标主要包括调整双击鼠标的速度、更换鼠标指针样式以及设置鼠标指针选项等。

【例 4-10】设置鼠标指针样式方案为"Windows 黑色（系统方案）"，调节鼠标的双击速度和移动速度，并设置移动鼠标指针时产生"移动轨迹"效果。

（1）选择【开始】/【控制面板】命令，打开"控制面板"窗口，单击"硬件和声音"超链接，在打开的窗口中单击"鼠标"超链接，如图 4-35 所示。

图 4-35 单击"鼠标"超链接

（2）在打开的"鼠标 属性"对话框中单击"鼠标键"选项卡，在"双击速度"栏中拖曳"速度"滑动条中的滑块可以调节双击速度，如图 4-36 所示。

（3）单击"指针"选项卡，然后单击"方案"栏中的下拉按钮 ，在打开的下拉列表中选择鼠标样式方案，这里选择"Windows 黑色（系统方案）"选项，如图 4-37 所示。

（4）单击 应用(A) 按钮，此时鼠标指针样式变为设置后的样式。如果要自定义鼠标在某状态下的指针样式，则在"自定义"列表框中选择需单独更改样式的鼠标状态选项，然后单击 浏览(B)... 按钮进行选择。

图 4-36　设置鼠标双击速度

图 4-37　选择鼠标指针样式

（5）单击"指针选项"选项卡，在"移动"栏中拖动滑块可以调整鼠标指针的移动速度，选中"显示指针轨迹"复选框，如图 4-38 所示，移动鼠标指针时会产生"移动轨迹"效果。

（6）单击 确定 按钮，完成对鼠标的设置。

提示　习惯用左手进行操作的用户，可以在"鼠标 属性"对话框的"鼠标键"选项卡中选中"切换主要和次要的按钮"复选框，在其中设置交换鼠标左右键的功能，从而方便用户使用左手进行操作。

2.　设置键盘

在 Windows 7 操作系统中，设置键盘主要是调整键盘的响应速度以及光标的闪烁速度。

微课

设置键盘

【例 4-11】通过设置降低键盘重复输入一个字符的延迟时间，使重复输入字符的速度最快，并适当调整光标的闪烁速度。

（1）选择【开始】/【控制面板】命令，打开"控制面板"窗口，在窗口右上角的"查看方式"下拉列表中选择"小图标"选项，切换至"小图标"视图模式，如图 4-39 所示。

（2）单击"键盘"超链接，打开图 4-40 所示的"键盘属性"对话框，单击"速度"选项卡，向右拖曳"字符重复"栏中的"重复延迟"滑块，降低键盘重复输入一个字符的延迟时间；如果向左拖曳，则增加延迟时间。如果向右拖曳"重复速度"滑块，则加快重复输入字符的速度。

图 4-38　设置指针选项

（3）在"光标闪烁速度"栏中拖曳滑块改变在文本编辑软件（如记事本）中文本插入点在编辑位置的闪烁速度，如向左拖曳滑块设置为中等速度。

（4）单击 确定 按钮，完成设置。

图 4-39 设置"小图标"查看方式

图 4-40 设置键盘属性

计算机应用基础（Windows 7+Office 2016）（第2版）

（五）使用附件程序

Windows 7 操作系统中提供了一系列的实用工具程序，包括媒体播放器、计算器和画图等。下面简单介绍它们的使用方法。

1. 使用 Windows Media Player

Windows Media Player 是 Windows 7 操作系统中自带的一款多媒体播放器,使用它可以播放各种格式的音频文件和视频文件,还可以播放 VCD 和 DVD 电影。只需选择【开始】/【所有程序】/【Windows Media Player】命令，即可启动媒体播放器，其界面如图 4-41 所示。

图 4-41 Windows Media Player 窗口界面

播放音乐或视频文件的方法主要有以下几种。

• 在工具栏上单击鼠标右键,在弹出的快捷菜单中选择【文件】/【打开】命令或按【Ctrl+O】组合键，在打开的"打开"对话框中选择需要播放的音乐或视频文件，然后单击 打开(O) 按钮，即可在 Windows Media Player 中播放这些文件，如图 4-42 所示。

• 在窗口工具栏中单击鼠标右键,在弹出的快捷菜单中选择【视图】/【外观】命令，将播放器切换到"外观"模式，然后选择【文件】/【打开】命令，即可打开并播放计算机中的媒体文件，如图 4-43 所示。

图4-42　在默认的库视图下打开媒体文件

图4-43　在外观视图下打开媒体文件

● Windows Media Player可以直接播放光盘中的多媒体文件，其方法是：将光盘放入光驱中，然后在Windows Media Player窗口的工具栏上单击鼠标右键，在弹出的快捷菜单中选择【播放】/【DVD、VCD或CD音频】命令。

● 使用媒体库可以将存放在计算机中不同位置的媒体文件统一集合在一起，通过媒体库，用户可以快速找到并播放相应的多媒体文件。其方法是：单击工具栏中的 创建播放列表(C) 按钮，在导航窗格的"播放列表"目录下将新建一个播放列表，输入播放列表名称后按【Enter】键确认，创建后选择导航窗格中的"音乐"选项，在显示区的"所有音乐"列表中拖曳需要的音乐到新建的播放列表中，如图4-44所示，添加后双击该列表选项即可播放列表中的所有音乐，如图4-45所示。

图4-44　将音乐添加到播放列表　　　　　　　　图4-45　播放列表中的音乐

注意 如果是播放视频或图片文件，Windows Media Player 将自动切换到"正在播放"视图模式，如果再切换到"媒体库"模式，将只能听见声音而无法显示视频和图片。

2. 使用画图程序

选择【开始】/【所有程序】/【附件】/【画图】命令，启动画图程序，操作界面如图 4-46 所示。

图 4-46 "画图"程序操作界面

画图程序中所有绘制工具及编辑命令都集成在"主页"选项卡中，因此，画图所需的大部分操作都可以在功能区中完成。利用画图程序可以绘制各种简单形状的图形，也可以打开计算机中已有的图像文件进行编辑，其方法如下。

- 绘制图形。单击"形状"工具栏中的各个按钮，然后在"颜色"工具栏中选择一种颜色，移动鼠标指针到绘图区，按住鼠标左键不放并拖曳鼠标，便可绘制出相应形状的图形。绘制图形后单击"工具"工具栏中的"用颜色填充"按钮 ，然后在"颜色"工具栏中选择一种颜色，单击绘制的图形即可完成填充，如图 4-47 所示。

图 4-47 绘制和填充图形

- 打开和编辑图像文件。启动画图程序后单击 按钮，在打开的下拉列表中选择"打开"选项或按【Ctrl+O】组合键，在打开的"打开"对话框中找到并选择图像，单击 打开(O) 按钮打开图像。打开图像后单击"图像"工具栏中的 旋转 按钮，在打开的下拉列表中选择需要旋转的方向和角度，可以旋转图形，如图 4-48 所示。单击"图像"工具栏中的 选择 按钮，在打开的下拉列表中选择"矩形选择"选项，在图像中按住鼠标左键不放并拖曳鼠标可以选择局部图像区域，选择图像后按住鼠标左键不放进行拖曳可以移动图像的位置。若单击"图像"工具栏中的 裁剪 按钮，将自动裁剪掉多余的部分，只留下被框选部分的图像。

图 4-48　打开并旋转图像

3. 使用计算器

当需要计算大量数据，而周围又没有合适的计算工具时，可以使用 Windows 7 操作系统自带的"计算器"程序。它除了有适合大多数人使用的标准型计算模式以外，还有适合特殊情况的科学型、程序员和统计信息等计算模式。

选择【开始】/【所有程序】/【附件】/【计算器】命令，默认将启动标准型计算器，如图 4-49 所示。计算器的使用方法与现实中的计算器基本相同，只需使用鼠标单击操作界面中相应的按钮即可计算。当标准型计算模式不能完成计算任务时，可以选择"查看"菜单下其他类型的计算器命令，主要包括科学型、程序员和统计信息等几种，用于实现较复杂的数值计算。

图 4-49　标准型计算器

 课后练习

1. 选择题

（1）在 Windows 7 操作系统中，要选择多个连续的文件或文件夹，应首先选择第一个文件或文件夹，然后按（　　）键不放，再单击最后一个文件或文件夹。

查看
答案与解析

    A.【Tab】　　　　　　　　　　　B.【Alt】

    C.【Shift】　　　　　　　　　　　D.【Ctrl】

（2）在 Windows 7 操作系统中，被放入回收站中的文件仍然占用（　　）。

    A. 硬盘空间　　　　B. 内存空间　　　　C. 软件空间　　　　D. 光盘空间

（3）Windows 7 操作系统中用于设置系统和管理计算机硬件的应用程序是（　　）。

    A. 资源管理器　　　　　　　　　　　B. 控制面板

    C. "开始"菜单　　　　　　　　　　　D. "计算机"窗口

2. 操作题

（1）管理文件和文件夹，具体要求如下。

① 在计算机 D 盘下新建 FENG、WARM 和 SEED 3 个文件夹，再在 FENG 文件夹下新建 WANG 子文件夹，在该子文件夹中新建一个 JIM.txt 文件。

② 将 WANG 子文件夹下的 JIM.txt 文件复制到 WARM 文件夹中。

③ 将 WARM 文件夹中的 JIM.txt 文件设置为隐藏和只读属性。

④ 将 WARM 文件夹下的 "JIM.txt" 文件删除。

（2）利用计算器计算 "(355+544–45)/2" 的结果。

（3）利用画图程序绘制一个粉红色的心形图形，最后以 "心形" 为名保存到桌面。

（4）从网上下载搜狗拼音输入法的安装程序，然后安装到计算机中。

项目五

编辑Word文档

05

Word是微软公司推出的Office办公软件的核心组件之一，它是一个功能强大的文字处理软件。使用Word不仅可以进行简单的文字处理，还能制作出图文并茂的文档，以及进行长文档的排版和特殊版式的编排。本项目将通过3个典型任务，介绍Word 2016的基本操作，包括启动与退出、Word 2016工作界面的组成、操作Word文档、设置文档格式和图文混排等内容。

课堂学习目标

◎ 输入和编辑学习计划
◎ 编辑招聘启事
◎ 编辑公司简介

微课

编辑 Word
文档

任务一　输入和编辑学习计划

任务要求

小赵是一名大学生，开学第一天，辅导老师为了帮助大家更好地适应大学的学习生活，全面贯彻党的教育方针，落实立德树人根本任务，培养德智体美劳全面发展的社会主义建设者和接班人，要求大家针对本学期的学习制订一份电子学习计划，以提高自身的学习效率。接到任务后，小赵先思考了一下大致计划，形成大纲，然后利用 Word 2016 相关功能完成学习计划文档的编辑，完成后的参考效果如图 5-1 右侧所示。辅导老师对学习计划的要求如下。

- 新建一个空白文档，并将其以"学习计划"为名进行保存。
- 在文档中通过空格或即点即输的方式输入图 5-1 左侧所示的文本。
- 将"2018 年 3 月"文本移动到文档末尾右下角。
- 查找全文中的"自已"并替换为"自己"。

- 将文档标题"学习计划"修改为"计划"。
- 撤销并恢复所做的修改，然后保存文档。

学习计划

大一的学习任务相对轻松，可适当参加社团活动，担当一定的职务，提高自己的组织能力和交流技巧，为毕业求职面试练好兵。

在大二这一年里，既要稳抓基础，又要做好由基础向专业过渡的准备，将自己的专项转变得更加专业，水平更高。这一年，要拿到一两张有分量的英语和计算机证书，并适当选修其他专业的课程，使自己知识多元化。这一年目标既已锁定，该出手时就要出手。或者说这是大学最后一年的学习了，所以应该系统地学习，将以前的知识重新归纳，把未过关的知识点弄明白。而我们的专项水平也应该达到教师的层次，教学能力应该飞跃性地提高。多参加各种比赛以及活动，争取拿到更多的奖项和荣誉。多参加有益的社会实践、义工活动，尝试到与自己专业相关的单位兼职，多体验不同的生活，培养自己的吃苦精神和社会责任感，以便适应飞速发展的社会。多与社会接触，多与人交际，以便了解社会形势，更好地适应社会，更好地就业。

大三要进行顶岗实习，将对我们进行真正的考验，必须做好这次的实习，积累好的经验，为求职做好准备。其次是编写好个人求职材料，多到校内外参加实践，多上求职网站和论坛，这样自然会享受到勤劳的果实。在同学们为自己的前途忙得晕头转向的时候，毕业论文更是马虎不得，这是对大学三年学习的一个检验，是一份重任，绝不能糊弄过去，如果能被评上优秀论文是一件非常荣耀的事情！只要在大学前三年都能认真践行自己的计划，相信大三就是收获的季节。

生活上，在大学三年期间应当养成良好的生活习惯，良好的生活习惯利于学习和生活，能使我们的学习起到事半功倍的作用。我要合理地安排作息时间，形成良好的作息制度；还要进行适当强度的体育锻炼和适当的文娱活动；保证合理的营养供应，养成良好的饮食习惯；绝

计划

大一的学习任务相对轻松，可适当参加社团活动，担当一定的职务，提高自己的组织能力和交流技巧，为毕业求职面试练好兵。

在大二这一年里，既要稳抓基础，又要做好由基础向专业过渡的准备，将自己的专项转变得更加专业，水平更高。这一年，要拿到一两张有分量的英语和计算机证书，并适当选修其他专业的课程，使自己知识多元化。这一年目标既已锁定，该出手时就要出手。或者说这是大学最后一年的学习了，所以应该系统地学习，将以前的知识重新归纳，把未过关的知识点弄明白。而我们的专项水平也应该达到教师的层次，教学能力应该飞跃性地提高。多参加各种比赛以及活动，争取拿到更多的奖项和荣誉。多参加有益的社会实践、义工活动，尝试到与自己专业相关的单位兼职，多体验不同的生活，培养自己的吃苦精神和社会责任感，以便适应飞速发展的社会。多与社会接触，多与人交际，以便了解社会形势，更好地适应社会，更好地就业。

大三要进行顶岗实习，将对我们进行真正的考验，必须做好这次的实习，积累好的经验，为求职做好准备。其次是编写好个人求职材料，多到校内外参加实践，多上求职网站和论坛，这样自然会享受到勤劳的果实。在同学们为自己的前途忙得晕头转向的时候，毕业论文更是马虎不得，这是对大学三年学习的一个检验，是一份重任，绝不能糊弄过去，如果能被评上优秀论文是一件非常荣耀的事情！只要在大学前三年都能认真践行自己的计划，相信大三就是收获的季节。

图 5-1 "学习计划"文档效果

相关知识

（一）启动和退出 Word 2016

在计算机中安装 Office 2016 后便可启动相应的组件，包括 Word 2016、Excel 2016 和 PowerPoint 2016，其中各个组件的启动方法相同。下面以启动 Word 2016 为例进行讲解。

1. 启动 Word 2016

Word 2016 的启动方法很简单，与其他常见应用软件的启动方法相似，主要有以下 3 种。

- 选择【开始】/【所有程序】/【Word 2016】命令。
- 创建 Word 2016 的桌面快捷方式后，双击桌面上的快捷方式图标 。
- 在任务栏中的"快速启动区"单击 Word 2016 图标 。

2. 退出 Word 2016

退出 Word 2016 主要有以下 4 种方法。

- 选择【文件】/【关闭】命令。
- 单击 Word 2016 窗口右上角的"关闭"按钮 。
- 按【Alt+F4】组合键。
- 单击 Word 窗口左上角的控制菜单处，在打开的菜单中选择"关闭"选项。

（二）熟悉 Word 2016 工作界面

启动 Word 2016 后将进入其工作界面，如图 5-2 所示。下面对 Word 2016 工作界面中的主要组成部分进行介绍。

计算机应用基础（Windows 7+Office 2016）（第2版）

图 5-2　Word 2016 工作界面

1. 标题栏

标题栏位于 Word 2016 工作界面的最顶端，用于显示程序名称和文档名称，其右侧还有"窗口控制"按钮组（包含"最小化"按钮 ▬ 、"最大化"按钮 □ 和"关闭"按钮 ✕ ，可最小化、最大化和关闭窗口）。

2. 快速访问工具栏

快速访问工具栏中显示了一些常用的工具按钮，默认按钮有"保存"按钮 ▤ 、"撤销"按钮 ↶ 、"恢复"按钮 ↻ 。用户还可自定义按钮，只需单击该工具栏右侧的下拉按钮 ▾ ，在打开的下拉列表中选择相应选项。

3. "文件"菜单

该菜单中的内容与 Office 其他版本中的"文件"菜单类似，主要用于执行与该组件相关文档的新建、打开、保存等基本命令。菜单右侧列出了用户经常使用的文档名称，菜单最下方的"选项"命令可打开"Word 选项"对话框，在其中可对 Word 组件进行常规、显示、校对等多项设置。

4. 功能选项卡

Word 2016 默认包含了 8 个功能选项卡，单击任一选项卡可打开对应的功能区，再单击其他选项卡可分别切换到相应的选项卡，每个选项卡中分别包含了相应的功能组集合。

5. 标尺

标尺主要用于对文档内容进行定位，位于文档编辑区上侧的标尺称为水平标尺，左侧的标尺称为垂直标尺，拖曳水平标尺中的缩进按钮 还可快速调节段落的缩进和文档的边距。

6. 文档编辑区

文档编辑区指输入与编辑文本的区域，对文本进行的各种操作结果都显示在该区域中。新建一个空白文档后，在文档编辑区的左上角将显示一个闪烁的光标，称为插入点，该光标所在的位置便是文本的起始输入位置。

7. 状态栏

状态栏位于工作界面的最底端，主要用于显示当前文档的工作状态，包括当前页数、字数和输入状态等，右侧依次显示视图切换按钮和比例调节滑块。

8. Tell me 搜索框

Tell me 搜索框 ⏣ 告诉我你想要做什么 在功能选项卡右侧，若有解决不了的问题，可直接在搜索框中输入。例如，想显示标尺，直接输入"标尺"，按【Enter】键，标尺就设置好了。

 提示 ✿ 单击"视图"选项卡，在"缩放"组中单击"缩放"按钮🔍，可打开"缩放"对话框，在该对话框中可调整显示比例。单击"100%"按钮，可使文档的显示比例缩放到100%。

（三）自定义 Word 2016 工作界面

Word 2016 的初始工作界面是默认的，用户可根据使用习惯和操作需要，定义一个适合自己的工作界面，其中包括自定义快速访问工具栏、自定义功能区、显示或隐藏文档中的元素等。

1. 自定义快速访问工具栏

为了操作方便，用户可以在快速访问工具栏中添加常用的命令按钮或删除不需要的命令按钮，也可以改变快速访问工具栏的位置。

• 添加常用命令按钮。在快速访问工具栏右侧单击▾按钮，在打开的下拉列表中选择常用的选项，如选择"打开"选项，可将该命令按钮添加到快速访问工具栏中。

• 删除不需要的命令按钮。在快速访问工具栏的命令按钮上单击鼠标右键，在弹出的快捷菜单中选择"从快速访问工具栏删除"命令，可将相应的命令按钮从快速访问工具栏中删除。

• 改变快速访问工具栏的位置。在快速访问工具栏右侧单击▾按钮，在打开的下拉列表中选择"在功能区下方显示"选项，可将快速访问工具栏显示到功能区下方；在下拉列表中选择"在功能区上方显示"选项，可将快速访问工具栏还原到默认位置。

 提示 ✿ 在 Word 2016 工作界面中选择【文件】/【选项】命令，在打开的"Word 选项"对话框中单击"快速访问工具栏"选项卡，在其中也可根据需要自定义快速访问工具栏。

2. 自定义功能区

在 Word 2016 工作界面中，用户可选择【文件】/【选项】命令，在打开的"Word 选项"对话框中单击"自定义功能区"选项卡，在其中根据需要显示或隐藏相应的功能选项卡、创建新的选项卡、在选项卡中创建组和命令等，如图 5-3 所示。

图 5-3　自定义功能区

- 显示或隐藏主选项卡。在"Word 选项"对话框的"自定义功能区"选项卡的"自定义功能区"列表框中选中或取消选中主选项卡对应的复选框，即可在功能区中显示或隐藏该主选项卡。

- 创建新的选项卡。在"自定义功能区"选项卡中单击 新建选项卡(W) 按钮，在"主选项卡"列表框中可创建"新建选项卡（自定义）"选项卡。然后选择创建的选项卡，再单击 重命名(M)... 按钮，在打开的"重命名"对话框的"显示名称"文本框中输入名称，单击 确定 按钮，可为新建的选项卡重命名。

- 在功能区中创建组。选择新建的选项卡，在"自定义功能区"选项卡中单击 新建组(N) 按钮，在选项卡下创建组。然后选择创建的组，再单击 重命名(M) 按钮，在打开的"重命名"对话框的"符号"列表框中选择一个图标，并在"显示名称"文本框中输入名称，单击 确定 按钮，可为新建的组重命名。

- 在组中添加命令。选择新建的组，在"自定义功能区"选项卡的"从下列位置选择命令"列表框中选择需要的命令选项，然后单击 添加(A) >> 按钮即可将命令添加到组中。

- 删除自定义的功能区。在"自定义功能区"选项卡的"自定义功能区"列表框中选中相应的主选项卡的复选框，然后单击 << 删除(R) 按钮即可将自定义的选项卡或组删除。若要一次性删除所有自定义的功能区，可单击 重置(E) ▼ 按钮，在打开的下拉列表中选择"重置所有自定义项"选项，在打开的提示对话框中单击 是(Y) 按钮，即可恢复 Word 2016 默认的功能区效果。

提示　双击某个功能选项卡，或单击功能选项卡右端的"折叠功能区"按钮 ∧ ，可将功能区最小化显示；再次双击某个功能选项卡，或单击功能选项卡右侧的"固定功能区"按钮 📌 ，可将其显示为默认状态。

3. 显示或隐藏文档中的元素

Word 的文本编辑区中包含多个元素，如标尺、网格线、导航窗格和滚动条等，编辑文本时可根据需要隐藏一些不需要的元素或将隐藏的元素显示出来。其显示或隐藏文档元素的方法有两种。

- 在【视图】/【显示】组中选中或取消选中标尺、网格线和导航窗格元素对应的复选框，即可在文档中显示或隐藏相应的元素，如图 5-4 所示。

- 在"Word 选项"对话框中单击"高级"选项卡，向下拖动对话框右侧的滚动条，在"显示"栏中选中或取消选中"显示水平滚动条""显示垂直滚动条""在页面视图中显示垂直标尺"元素对应的复选框，也可在文档中显示或隐藏相应的元素，如图 5-5 所示。

图 5-4　在"视图"选项卡中设置显示或隐藏文档元素　　图 5-5　在"Word 选项"对话框中设置显示或隐藏文档元素

✕ 任务实现

（一）创建"学习计划"文档

启动 Word 2016 后将自动创建一个空白文档，用户可根据需要手动创建符合要求的文档，其具体操作如下。

（1）选择【开始】/【所有程序】/【Word 2016】命令，启动 Word 2016。

（2）选择【文件】/【新建】命令，在打开的面板中选择"空白文档"选项，或在打开的任意文档中按【Ctrl+N】组合键新建文档，如图 5-6 所示。

微课

创建"学习计划"文档

图 5-6　新建文档

计算机应用基础（Windows 7+Office 2016）（第2版）

提示 在窗口中间的"搜索联机模板"中还可搜索更多的模板样式,如搜索论文模板,输入"论文"后,单击"搜索"按钮 🔍 ,可联机查询符合条件的多个模板。系统将下载该模板并新建文档,用户可根据提示在相应的位置单击并输入新的文档内容。

（二）输入文档文本

创建文档后就可以在文档中输入文本，而运用 Word 的即点即输功能可轻松地在文档中的不同位置输入需要的文本，其具体操作如下。

（1）将鼠标指针移至文档上方的中间位置，当鼠标指针变成 I= 形状时双击鼠标，将插入点定位到此处。

（2）将输入法切换至中文输入法，输入文档标题"学习计划"文本。

（3）将鼠标指针移至文档标题下方左侧需要输入文本的位置，此时鼠标指针变成 I= 形状，双击鼠标将插入点定位到此处，如图 5-7 所示。

微课
输入文档文本

（4）输入正文文本，按【Enter】键换行，使用相同的方法输入其他文本，完成学习计划文档的输入，效果如图 5-8 所示。

图 5-7　定位插入点

学习计划

大一的学习任务相对轻松，可适当参加社团活动，担当一定的职务，提高自己的组织能力和交流技巧，为毕业求职面试练好兵。

在大二这一年里，既要稳抓基础，又要做好由专业过渡的准备，将自己的专项转变得更加专业，水平更高。这一年，要拿到一两张有分量的英语和计算机证书，并适当选修其他专业的课程，使自己知识多元化。这一年目标既已锁定，这出手时就要出手。或者说这是大学最后一年的学习了，所以应该系统地学习，将以前的知识重新归纳，把未过关的知识点弄明白。而我们的专项水平也应该达到教师的层次，教学能力应该飞跃性地提高。要多参加各种比赛以及活动，争取拿到更多的奖项和荣誉。多参加有益的社会实践、义工活动，尝试到自己专业相关的单位兼职，多体验不同的生活，培养自己的吃苦精神和社会责任感，以便适应飞速发展的社会。多与社会接触，多与人交际，以便了解社会形势，更好地融入社会，更好地就业。

大三要进行顶岗实习，将对我们进行真正的考验，必须做好这次的实习，积累好的经验，为求职做好准备。其次是编写好个人求职材料，多到校内外参加实践，多上求职网站和论坛，这样自然会享受到勤劳的果实。在同学们为自己的前途忙得晕头转向的时候，毕业论文更是马虎不得，这是对大学三年学习的一个检验，是一份重任，绝不能糊弄过去，如果能被评上优秀论文是一件非常荣耀的事情！只要在大学前三年都能认真践行自己的计划，相信大三就是收获的季节。

生活上，在大学三年期间应当养成良好的生活习惯，良好的生活习惯有利于学习和生活，能使我们的学习起到事半功倍的作用。我要合理地安排作息时间，形成良好的作息制度；还要进行适当强度的体育锻炼和适当的文娱活动；保证合理的营养供应，养成良好的饮食习惯；绝

图 5-8　输入正文部分

（三）修改和编辑文本

若要输入与文档中已有内容相同的文本，可使用复制操作；若要将所需文本内容从一个位置移动到另一个位置，可使用移动操作；若发现文档中有错别字，可通过改写功能来修改，下面具体介绍。

1. 复制文本

复制文本是指在目标位置为原位置的文本创建一个副本，复制文本后，原位置和目标位置都将存在该文本。复制文本的方法有多种，下面分别进行介绍。

- 选择所需文本后，在【开始】/【剪贴板】组中单击"复制"按钮 复制文本，定位到目标位置，在【开始】/【剪贴板】组中单击"粘贴"按钮 粘贴文本。
- 选择所需文本后，在其上单击鼠标右键，在弹出的快捷菜单中选择"复制"命令复制文本，定位到目标位置，单击鼠标右键，在弹出的快捷菜单中选择"粘贴"命令粘贴文本。
- 选择所需文本后，按【Ctrl+C】组合键复制文本，定位到目标位置，按【Ctrl+V】组合键粘贴文本。
- 选择所需文本后，按住【Ctrl】键不放，将其拖曳到目标位置。

微课
复制和移动
文本

2. 移动文本

移动文本是指将文本从原来的位置移动到文档中的其他位置，其具体操作如下。

（1）选择正文最后一段末尾的"2018年3月"文本，在【开始】/【剪贴板】组中单击"剪切"按钮 或按【Ctrl+X】组合键，如图5-9所示。

（2）在文档右下角双击定位插入点，在【开始】/【剪贴板】组中单击"粘贴"按钮 ，或按【Ctrl+V】组合键，如图5-10所示，即可移动文本。

图5-9　剪切文本

图5-10　粘贴文本

提示

选择所需文本，将鼠标指针移至选择的文本上，按住鼠标左键不放直接将其拖曳到目标位置，释放鼠标左键后，可将选择的文本移至该处。

（四）查找和替换文本

微课
查找和替换
文本

当文档中出现某个多次使用的文字或短句错误时，可使用查找与替换功能来检查和修改错误部分，以节省时间并避免遗漏，其具体操作如下。

（1）将插入点定位到文档开始处，在【开始】/【编辑】组中单击"替换"按钮 ，或按【Ctrl+H】组合键，如图5-11所示。

（2）打开"查找和替换"对话框，分别在"查找内容"和"替换为"文本框中输入"自已"和"自己"。

（3）单击 查找下一处(F) 按钮，即可看到文档中所查找到的第一个"自已"文本呈选中状态，如图 5-12 所示。

图 5-11　单击"替换"按钮

图 5-12　"查找和替换"对话框

（4）继续单击 查找下一处(F) 按钮，直至出现对话框提示已完成文档的搜索，单击 确定 按钮，返回"查找和替换"对话框，单击 全部替换(A) 按钮，如图 5-13 所示。

（5）打开提示对话框，提示完成替换的次数，直接单击 确定 按钮即可完成替换，如图 5-14 所示。

图 5-13　提示完成文档的搜索

图 5-14　提示完成替换

（6）单击 关闭 按钮，关闭"查找和替换"对话框，如图 5-15 所示。此时在文档中即可看到"自已"已全部替换为"自己"文本，如图 5-16 所示。

图 5-15　关闭对话框

图 5-16　查看替换文本效果

（五）撤销与恢复操作

Word 2016 有自动记录功能，在编辑文档时执行了错误操作，可进行撤销，同时也可恢复被撤销的操作，其具体操作如下。

（1）将文档标题"学习计划"修改为"计划"。

撤销与恢复操作

（2）单击快速访问工具栏中的"撤消键入"按钮 ，或按【Ctrl+Z】组合键，即可恢复到将"学习计划"修改为"计划"前的文档效果，如图 5-17 所示。

图 5-17　撤销操作

（3）单击"恢复键入"按钮 或按【Ctrl+Y】组合键，便可恢复到撤销操作前的文档效果，如图 5-18 所示。

图 5-18　恢复操作

提示　单击 按钮右侧的下拉按钮 ，在打开的下拉列表中选择与撤销步骤对应的选项，系统根据选择的选项自动将文档还原为该步骤之前的状态。

（六）保存"学习计划"文档

完成文档的各种编辑操作后，必须将其保存在计算机中，使其以文件形式存在，便于对其进行查看和修改，其具体操作如下。

（1）选择【文件】/【另存为】命令，点击"浏览"按钮，打开"另存为"对话框。

（2）在地址栏中选择文档的保存路径，在"文件名"文本框中设置文件的保存名称，完成后单击 保存(S) 按钮即可，如图 5-19 所示。

微课

保存"学习计划"文档

图 5-19　保存文档

提示

再次打开并编辑文档后，只需按【Ctrl+S】组合键，或单击快速访问工具栏上的"保存"按钮 ，或选择【文件】/【保存】命令，即可直接保存更改后的文档。

任务二　编辑招聘启事

任务要求

　　小李在人力资源部门工作。最近，公司因业务发展需要，新成立了销售部门，该部门需要向社会招聘相关的销售人才，上级要求小李制作一份美观大方的招聘启事，便于在人才市场现场招聘使用。接到任务后，小李找到相关负责人确认了招聘岗位和招聘人数，并进行了初步招聘启事的制作，最后利用 Word 2016 的相关功能进行设计制作，完成后的参考效果如图 5-20 所示。相关要求如下。

- 选择【文件】/【打开】命令打开素材文档。
- 设置标题格式为"华文琥珀、二号、加宽"，正文字号为"四号"。
- 设置二级标题格式为"四号、加粗、红色"，并为"数字业务"设置着重号。
- 设置标题居中对齐，最后 3 行文本右对齐，正文需要首行缩进两个字符。
- 设置标题段前和段后间距为"1 行"，设置二级标题的行间距为"多倍行距、3"。
- 为二级标题统一设置项目符号"◇"。
- 为"岗位职责："与"职位要求："之间的文本内容添加"1、2、3……"样式的编号。
- 为邮寄地址和电子邮件地址设置字符边框。
- 为标题文本应用"深红"底纹。
- 为"岗位职责："与"职位要求："文本之间的段落应用"方框"边框样式，边框样式为双线样式，并设置底纹颜色为"白色，背景 1，深色 15%"。

- 设置完成后使用相同的方法为其他段落设置边框与底纹样式。
- 打开"加密文档"对话框，为文档加密，其密码为"123456"。

图 5-20 "招聘启事"文档效果

（一）认识字符格式

字符和段落格式主要通过"字体"和"段落"组，以及"字体"和"段落"对话框进行设置。选择相应的字符或段落文本，然后在"字体"或"段落"组中单击相应按钮，便可快速设置常用字符或段落格式，如图 5-21 所示。

图 5-21 "字体"和"段落"组

其中，"字体"组和"段落"组右下角都有一个"对话框启动器"图标 ，单击该图标将打开对应的对话框，在其中可进行更为详细的设置。

（二）自定义编号起始值

在使用段落编号过程中，有时需要重新定义编号的起始值，此时，可先选择应用了编号的段落，在其上单击鼠标右键，在打开的快捷菜单中选择"设置编号值"命令，即可在打开的对话框中输入新编号列表的起始值或选择继续编号，如图 5-22 所示。

图 5-22 设置编号起始值

（三）自定义项目符号样式

Word 中默认提供了一些项目符号样式，若要使用其他符号或计算机中的图片文件作为项目符号，可在【开始】/【段落】组中单击"项目符号"按钮 ≡ 右侧的 ▾ 按钮，在打开的下拉列表中选择"定义新项目符号"选项，然后在打开的对话框中单击 符号(S)... 按钮，打开"符号"对话框，选择需要的符号进行设置；在"定义新项目符号"对话框中单击 图片(P)... 按钮，在打开的对话框中选择计算机中的图片文件，单击 插入(S) 按钮，则可选择计算机中的图片文件作为项目符号，如图 5-23 所示。

图 5-23　设置项目符号样式

（一）打开文档

微课
打开文档

要查看或编辑保存在计算机中的文档，必须先打开该文档。下面打开"招聘启事 .docx"文档，其具体操作如下。

（1）选择【文件】/【打开】命令，或按【Ctrl+O】组合键。

（2）在打开对话框的地址栏中选择文件路径，在窗口工作区中选择"招聘启事 .docx"文档，单击 打开(O) ▾ 按钮打开该文档，如图 5-24 所示。

图 5-24　打开文档

（二）设置字体格式

在 Word 文档中，文本内容包括汉字、字母、数字和符号等。设置字体格式则包括更改文字的字体、字号和颜色等，通过这些设置可以使文字更加突出，文档更加美观。

1. 使用浮动工具栏设置

微课

设置字体格式

在 Word 中选择文本时，将出现一个半透明的工具栏，即浮动工具栏，在浮动工具栏中可快速设置字体、字号、字形、对齐方式、文本颜色和缩进级别等格式，其具体操作如下。

（1）打开"招聘启事 .docx"文档，选择标题文本，将鼠标指针移动到浮动工具栏上，在"字体"下拉列表中选择"华文琥珀"选项，如图 5-25 所示。

（2）在"字号"下拉列表中选择"二号"选项，如图 5-26 所示。

图 5-25　设置字体

图 5-26　设置字号

2. 使用"字体"组设置

"字体"组的使用方法与浮动工具栏相似，都是选择文本后再单击相应的按钮，或在相应的下拉列表中选择所需的选项进行字体设置，其具体操作如下。

（1）选择除标题文本外的文本内容，在【开始】/【字体】组的"字号"下拉列表中选择"四号"选项，如图 5-27 所示。

（2）选择"招聘岗位"文本，在按住【Ctrl】键的同时选择"应聘方式"文本，在【开始】/【字体】组中单击"加粗"按钮 B，如图 5-28 所示。

图 5-27　设置字号

图 5-28　设置字形

（3）选择"销售总监 1 人"文本，在按住【Ctrl】键的同时选择"销售助理 5 人"文本，在"字体"组中单击"下划线"按钮 U 右侧的下拉按钮，在打开的下拉列表中选择"粗线"选项，

计算机应用基础（Windows 7+Office 2016）（第2版）

如图 5-29 所示。

提示 在"字体"组中单击"删除线"按钮 abc，可为选择的文字添加删除线效果；单击"下标"按钮 x₂ 或"上标"按钮 x²，可将选择的文字设置为下标或上标；单击"增大字号"按钮 A 或"减小字号"按钮 A，可将选择的文字字号增大或减小。

（4）在"字体"组中单击"字体颜色"按钮 A 右侧的下拉按钮 ，在打开的下拉列表中选择"深红"选项，如图 5-30 所示。

图 5-29 设置下划线　　　　图 5-30 设置字体颜色

3. 使用"字体"对话框设置

在"字体"组的右下角有一个小图标，即"对话框启动器"图标 ，单击该图标可打开"字体"对话框，在其中提供了与该组相关的更多选项，如设置间距和添加着重号等更多特殊的格式设置，其具体操作如下。

（1）选择标题文本，在"字体"组右下角单击"对话框启动器"图标 。

（2）在打开的"字体"对话框中单击"高级"选项卡，在"缩放"下拉列表框中输入数据"120%"，在"间距"下拉列表中选择"加宽"选项，其后的"磅值"数值框将自动显示为"1 磅"，如图 5-31 所示，完成后单击 确定 按钮。

图 5-31 设置字符间距

（3）选择"数字业务"文本，在"字体"组右下角单击"对话框启动器"图标 ，在打开的"字体"对话框中单击"字体"选项卡，在"着重号"下拉列表中选择"."选项，完成后单击 确定 按钮，如图 5-32 所示。

图 5-32 设置着重号

（三）设置段落格式

段落是文字、图形和其他对象的集合。回车符"↵"是段落的结束标记。通过设置段落格式，如设置段落对齐方式、缩进、行间距和段间距等，可以使文档的结构更清晰、层次更分明。

1. 设置段落对齐方式

Word 中的段落对齐方式包括左对齐、居中、右对齐、两端对齐（默认对齐方式）和分散对齐 5 种，在浮动工具栏和"段落"组中单击相应的对齐按钮，可设置不同的段落对齐方式，其具体操作如下。

微课

设置段落对齐方式

（1）选择标题文本，在"段落"组中单击"居中"按钮 ，如图 5-33 所示。

（2）选择最后 3 行文本，在"段落"组中单击"右对齐"按钮 ，如图 5-34 所示。

图 5-33 设置居中对齐

图 5-34 设置右对齐

2. 设置段落缩进

段落缩进是指段落左右两边文字与页边距之间的距离，包括左缩进、右缩进、首行缩进和悬挂缩进。为了更精确和详细地设置各种缩进量的值，可通过"段落"对话框进行设置，其具体操作如下。

微课

设置段落缩进

（1）选择除标题和最后 3 行外的文本内容，在"段落"组右下角单击"对话框启动器"图标 。

（2）在打开的"段落"对话框中单击"缩进和间距"选项卡，在"特殊格式"下拉列表中选择

"首行缩进"选项，其后的"磅值"数值框中将自动显示"2 字符"，完成后单击 确定 按钮，返回文档中，设置首行缩进后的效果如图 5-35 所示。

图 5-35 在"段落"对话框设置首行缩进

3. 设置行间距和段间距

行间距是指段落中一行文字底部到下一行文字底部的间距；而段间距是指相邻两段之间的距离，包括段前和段后的距离。Word 默认的行间距是单倍行距，用户可根据实际需要在"段落"对话框中设置 1.5 倍行距或 2 倍行距等，其具体操作如下。

（1）选择标题文本，在"段落"组右下角单击"对话框启动器"图标，打开"段落"对话框，单击"缩进和间距"选项卡，在"间距"栏的"段前"和"段后"数值框中分别输入"1 行"，完成后单击 确定 按钮，如图 5-36 所示。

（2）选择"招聘岗位"文本，在按住【Ctrl】键的同时选择"应聘方式"文本，在"段落"组右下角单击"对话框启动器"图标，打开"段落"对话框，单击"缩进和间距"选项卡，在"行距"下拉列表中选择"多倍行距"选项，其后的"设置值"数值框中将自动显示数值"3"，完成后单击 确定 按钮，如图 5-37 所示。

微课
设置行间距和段间距

图 5-36 设置段间距

图 5-37 设置行间距

（3）返回文档中，可看到设置行间距和段间距后的效果。

提示
在"段落"对话框的"缩进和间距"选项卡中可对段落的对齐方式、左右边距缩进量和段落间距进行设置；单击"换行和分页"选项卡，可对分页、行号和断字等进行设置；单击"中文版式"选项卡，可对中文文稿的特殊版式进行设置，如按中文习惯控制首尾字符、允许标点溢出边界等。

（四）设置项目符号和编号

使用项目符号与编号功能，可为属于并列关系的段落添加●、★和◆等项目符号，也可添加"1、2、3……"或"A、B、C……"等编号，还可组成多级列表，使文档层次分明、条理清晰。

1. 设置项目符号

微课
设置项目符号

在"段落"组中单击"项目符号"按钮 ≡，可添加默认样式的项目符号。若单击"项目符号"按钮 ≡ 右侧的下拉按钮 ▾，在打开的下拉列表的"项目符号库"栏中可选择更多的项目符号样式，其具体操作如下。

（1）选择"招聘岗位"文本，在按住【Ctrl】键的同时选择"应聘方式"文本。

（2）在"段落"组中单击"项目符号"按钮 ≡ 右侧的下拉按钮 ▾，在打开的下拉列表的"项目符号库"栏中选择"◇"选项，返回文档，设置项目符号后的效果如图 5-38 所示。

图 5-38　设置项目符号

提示
添加项目符号后，"项目符号库"栏下的"更改列表级别"选项将呈可编辑状态，在其子菜单中可调整当前项目符号的级别。

2. 设置编号

微课
设置编号

编号主要用于设置一些按一定顺序排列的项目，如操作步骤或合同条款等。设置编号的方法与设置项目符号相似，即在"段落"组中单击"编号"按钮 ≡ 添加默认样式的编号，或单击该按钮右侧的下拉按钮 ▾，在打开的下拉列表中选择所需的编号样式，其具体操作如下。

（1）选择第一个"岗位职责："与"职位要求："之间的文本内容，在"段落"组中单击"编号"按钮 ≡ 右侧的下拉按钮 ▾，在打开的下拉列表的"编号库"栏中选择"1.2.3.……"选项。

（2）使用相同的方法在文档中依次设置其他位置的编号样式，其效果如图 5-39 所示。

图 5-39　设置编号

提示 多级列表在展示同级文档内容时，还可显示下一级文档内容。它常用于长文档中。设置多级列表的方法是：选择要应用多级列表的文本，在"段落"组中单击"多级列表"按钮，在打开的下拉列表的"列表库"栏中选择多级列表样式。

（五）设置边框与底纹

在 Word 文档中不仅可以为字符设置边框和底纹，还可以为段落设置边框与底纹。

1. 为字符设置边框与底纹

微课

为字符设置边框与底纹

在"字体"组中单击"字符边框"按钮Ａ或"字符底纹"按钮Ａ，可为字符设置相应的边框与底纹效果，其具体操作如下。

（1）同时选择邮寄地址和电子邮件地址,然后在"字体"组中单击"字符边框"按钮Ａ设置字符边框，如图 5-40 所示。

（2）在"字体"组中单击"字符底纹"按钮Ａ设置字符底纹，如图 5-41 所示。

图 5-40　为字符设置边框

图 5-41　为字符设置底纹

2. 为段落设置边框与底纹

在"段落"组中单击"底纹"按钮右侧的下拉按钮，在打开的下拉列表中可设置不同颜色的底纹样式。单击"边框"按钮右侧的下拉按钮，在打开的下拉列表中可设置不同类型的框线，若选择"边框和底纹"选项，可在打开的"边框和底纹"对话框中详细设置边框与底纹样式，其具体操作如下。

微课

为段落设置边框与底纹

（1）选择标题行，在"段落"组中单击"底纹"按钮 ▧ ·右侧的下拉按钮 ·，在打开的下拉列表中选择"深红"选项，如图5-42所示。

（2）选择第一个"岗位职责："与"职位要求："文本之间的段落，在"段落"组中单击"边框"按钮 ▦ 右侧的下拉按钮 ·，在打开的下拉列表中选择"边框和底纹"选项，如图5-43所示。

（3）在打开的"边框和底纹"对话框中单击"边框"选项卡，在"设置"栏中选择"方框"选项，在"样式"列表框中选择"▭▭▭▭▭"选项。

图5-42　在"段落"组中设置底纹

图5-43　选择"边框和底纹"选项

（4）单击"底纹"选项卡，在"填充"下拉列表中选择"白色，背景1，深色15%"选项，单击 确定 按钮，在文档中设置边框与底纹后的效果如图5-44所示。完成后用相同的方法为其他段落设置边框与底纹样式。

图5-44　通过对话框设置边框与底纹

（六）保护文档

微课

保护文档

为了防止他人随意查看文档信息，可通过对Word文档进行加密来保护整个文档，其具体操作如下。

（1）选择【文件】/【信息】命令，在窗口中单击"保护文档"按钮 🔒，在打开的下拉列表中选择"用密码进行加密"选项。

（2）在打开的"加密文档"对话框的文本框中输入密码"123456"，然后单击 确定 按钮，在打开的"确认密码"对话框的文本框中重复输入密码"123456"，然后单击 确定 按钮，完成后的效果如图 5-45 所示。

（3）单击 ← 按钮返回工作界面，在快速访问工具栏中单击"保存"按钮 🖫 保存设置。关闭该文档，再次打开该文档时将打开"密码"对话框，在文本框中输入密码，然后单击 确定 按钮即可打开。

图 5-45　加密文档

任务三　编辑公司简介

任务要求

小李是公司行政部门的工作人员，张总让小李整理一份公司简介，作为公司内部刊物使用。要求通过简介，员工能了解公司的企业理念、结构组织和经营项目等。接到任务后，小李查阅相关资料后拟订了一份公司简介草稿，并利用 Word 2016 的相关功能进行设计制作，完成后的参考效果如图 5-46 所示。相关要求如下。

图 5-46　"公司简介"最终效果

- 打开"公司简介.docx"文档，在文档左上角插入"平面提要栏（左侧）"文本框，然后在其中输入文本，并将文本格式设置为"宋体、小三、红色"。
- 将插入点定位到标题左侧，插入公司标志素材图片，设置图片的显示方式为"四周型环绕"，然后将其移动到"公司简介"左侧，最后为其应用"影印"艺术效果。
- 在标题两侧插入"花朵"联机图片，并将其位置设置为"衬于文字下方"，删除标题文本"公司简介"，然后插入艺术字，输入"公司简介"。
- 设置形状效果为"预设4"，文本效果为"停止"。
- 在"二、公司组织结构"部分的第2行插入一个组织结构图，并在对应的位置输入文本。
- 更改组织结构图的布局类型为"标准"，然后更改颜色为"橘黄""绿色""蓝色"，并将形状的"宽度"设置为"2.5厘米"，"高度"设置为"1.05厘米"。
- 插入一个"花丝"封面，然后在"文档标题"处输入"公司简介"文本，在"文档副标题"处输入"瀚兴国际贸易（上海）有限公司"文本，删除多余的部分。

相关知识

形状是指具有某种规则的图形，如线条、正方形、椭圆、箭头和星形等，当需要在文档中绘制图形或为图片等添加形状标注时都会用到，并可对其进行编辑美化，具体操作如下。

（1）在【插入】/【插图】组中单击"形状"按钮，在打开的下拉列表中选择需要的形状，在文档中鼠标指针将变成十字形状，按住鼠标左键不放并向右下角拖曳鼠标，绘制出所需的形状。

（2）释放鼠标左键，保持形状的选择状态，在【格式】/【形状样式】组中单击"其他"按钮，在打开的下拉列表中选择一种样式，在【格式】/【排列】组中可调整形状的层次关系。

（3）将鼠标指针移动到形状边框的●控制点上，此时鼠标指针变成○形状，然后按住鼠标左键不放并向左拖曳鼠标调整形状。

微课
绘制形状

任务实现

（一）插入并编辑文本框

利用文本框可以制作出特殊的文档版式，在文本框中可以输入文本，也可插入图片。在文档中插入的文本框可以是Word自带样式的文本框，也可以是手动绘制的横排或竖排文本框，具体操作如下。

（1）打开"公司简介.docx"文档，在【插入】/【文本】组中单击"文本框"按钮，在打开的下拉列表中选择"平面提要栏（左侧）"选项，如图5-47所示。

（2）在文本框中直接输入需要的文本内容，如图5-48所示。

微课
插入并编辑文本框

计算机应用基础（Windows 7+Office 2016）（第2版）

| 图 5-47 选择插入的文本框类型 | 图 5-48 输入文本 |

（3）选择文本框中的所有文本内容，在【开始】/【字体】组中将文本格式设置为"宋体、小三、红色"。

（二）插入图片和联机图片

在 Word 中，用户可根据需要将图片和剪贴画插入文档中，使文档更加美观。下面在"公司简介 .docx"文档中插入图片和联机图片，其具体操作如下。

（1）将插入点定位到标题左侧，在【插入】/【插图】组中单击"图片"按钮 。

（2）在打开的"插入图片"对话框的地址栏中选择图片的路径，在窗口工作区中选择要插入的图片，这里选择"公司标志 .jpg"图片，单击 插入(S) 按钮，如图 5-49 所示。

图 5-49 插入图片

微课

插入图片和联机图片

（3）在图片上单击鼠标右键，在弹出的快捷菜单中选择【环绕文字】/【四周型】命令。拖动图片四周的控制点调整图片大小，在图片上按住鼠标左键不放，向左侧拖动至适当位置释放鼠标左键，如图 5-50 所示。

（4）选择插入的图片，在【图片工具 - 格式】/【调整】组中单击"艺术效果"按钮 ，在打开的下拉列表中选择"影印"选项，效果如图 5-51 所示。

| 图 5-50 移动图片 | 图 5-51 设置图片效果 |

（5）将插入点定位到"公司简介"左侧，在【插入】/【插图】组中单击"联机图片"按钮，打开"在线图片"任务窗格，选择"必应"，在"搜索文字"文本框中输入"花朵"，单击 🔍 按钮，在下侧列表框中双击图 5-52 所示的图片。

（6）选择插入的图片，在【图片工具 - 格式】/【排列】组中单击"环绕文字"按钮，在打开的下拉列表中选择"衬于文字下方"选项。拖曳剪贴画四周的控制点调整剪贴画大小，并将其移至左上角，效果如图 5-53 所示。

图 5-52　插入剪贴画

图 5-53　移动剪贴画

（7）按【Ctrl+C】组合键复制剪贴画，按【Ctrl+V】组合键粘贴剪贴画，将复制的剪贴画移动至文档右侧与左侧平行的位置。

提示　使用来自必应的图片或剪贴画时，使用者有责任尊重版权，必应中的许可证筛选器可帮助使用者选择要使用的图片。

Office 2016 中不再提供剪贴画库，可在相应位置获取两种全新的艺术样式——图标和 3D 模型，它们位于功能区的"插入"选项卡上，即以前的"剪贴画"按钮附近。图标 是现成的图像，可对此类图像执行插入、透视、旋转、着色和调整大小操作（不会损失图像质量）。3D 插图看起来更生动，且可以旋转至喜欢的任意位置。

（三）插入艺术字

在文档中插入艺术字，可呈现出不同的效果，达到增强文字观赏性的目的。下面在"公司简介.docx"文档中插入艺术字，美化标题样式，具体操作如下。

（1）删除标题文本"公司简介"，在【插入】/【文本】组中单击"艺术字"按钮，在打开的下拉列表中选择图 5-54 所示的选项。

（2）此时将在插入点处自动添加一个带有默认文本样式的艺术字文本框，在其中输入"公司简介"文本，选择艺术字文本框，将鼠标指针移至边框上，当鼠标指针变为 形状时，按住鼠标左键不放，向左上方拖曳改变艺术字位置，如图 5-55 所示。

（3）在【绘图工具 - 格式】/【形状样式】组中单击"形状效果"按钮，在打开的下拉列表中选择【预设】/【预设 4】选项，如图 5-56 所示。

微课

插入艺术字

图 5-54 选择艺术字样式

图 5-55 移动艺术字

（4）在【绘图工具 - 格式】/【艺术字样式】组中单击"文本效果"按钮Ⓐ，在打开的下拉列表中选择【转换】/【停止】选项，如图 5-57 所示。返回文档查看设置后的艺术字效果，如图 5-58 所示。

图 5-56 添加形状效果

图 5-57 更改艺术字效果

图 5-58 查看艺术字效果

（四）插入 SmartArt 图形

微课

插入 SmartArt 图形

SmartArt 图形用于在文档中展示流程图、结构图或关系图等图示内容，具有结构清晰、样式美观等特点。下面在"公司简介.docx"文档中插入 SmartArt 图形，具体操作如下。

（1）将插入点定位到"二、公司组织结构"下第 2 行末尾处，按【Enter】键换行，在【插入】/【插图】组中单击"SmartArt"按钮🔲，在打开的"选择 SmartArt 图形"对话框中单击"层次结构"选项卡，在右侧选择"组织结构图"样式，单击 确定 按钮，如图 5-59 所示。

（2）插入 SmartArt 图形后，单击 SmartArt 图形外框左侧中间的◁按钮，打开"在此处键入文字"窗格，在项目符号后输入文本，将插入点定位到第 4 行项目符号中，然后在【SmartArt 工具 - 设计】/【创建图形】组中单击"降级"按钮➡。

（3）在降级后的项目符号后输入"贸易部"文本，然后按【Enter】键添加子项目，并输入对应的文本，添加两个子项目后按【Delete】键删除多余的文本项目。

（4）将插入点定位到"总经理"文本后，在【SmartArt 工具 - 设计】/【创建图形】组中单击"布局"按钮🔡，在打开的下拉列表中选择"标准"选项，如图 5-60 所示。

（5）将插入点定位到"贸易部"文本后，按【Enter】键添加子项目，并对子项目降级，在其中输入"大宗原料处"文本，继续按【Enter】键添加子项目，并输入对应的文本。

图 5-59　选择 SmartArt 图形样式

图 5-60　更改组织结构图布局

（6）使用相同的方法在"战略发展部"和"综合管理部"文本后添加子项目，并将插入点定位到"贸易部"文本后，在【SmartArt 工具 - 设计】/【创建图形】组中单击"布局"按钮 ，在打开的下拉列表中选择"两者"选项。

（7）在"在此处键入文字"窗格右上角单击 按钮关闭该窗格，在【SmartArt 工具 - 设计】/【SmartArt 样式】组中单击"更改颜色"按钮 ，在打开的下拉列表中选择图 5-61 所示的选项。

（8）按住【Shift】键的同时分别单击各子项目，选择多个子项目。在【SmartArt 工具 - 格式】/【大小】组的"宽度"数值框中输入"2.5 厘米"，"高度"数值框中输入"1.05 厘米"，按【Enter】键，如图 5-62 所示。

图 5-61　更改 SmartArt 图形颜色

图 5-62　调整分支项目框大小

（9）将鼠标指针移动到 SmartArt 图形的右下角，当鼠标指针变成 形状时，按住鼠标左键向左上角拖曳到合适的位置后释放鼠标左键，缩小 SmartArt 图形。

（五）添加封面

公司简介通常会设置封面，在 Word 中设置封面的具体操作如下。

（1）在【插入】/【页面】组中单击"封面"按钮 ，在打开的下拉列表中选择"花丝"选项，如图 5-63 所示。

（2）在"文档标题"文本处单击，输入"公司简介"文本，在"文档副标题"处输入"瀚兴国际贸易（上海）有限公司"文本，如图 5-64 所示。

微课

添加封面

| 图 5-63　选择封面样式 | 图 5-64　输入标题和副标题 |

（3）选择"日期"文本框，单击鼠标右键，在弹出的快捷菜单中选择"删除内容控件"命令，使用相同的方法删除"公司名称""公司地址"文本框。

课后练习

（1）启动 Word 2016，按照下列要求对文档进行操作。

① 新建空白文档，将其以"产品宣传单 .docx"为名进行保存，然后插入"背景图片 .jpg"图片。

查看

具体操作

② 插入"填充 - 金色，着色 4，软棱台"效果的艺术字，然后转换艺术字的文本效果为"朝鲜鼓"，并调整艺术字的位置与大小。

③ 插入文本框并输入文本，在其中设置文本的项目符号，然后设置形状填充为"无填充颜色"，形状轮廓为"无轮廓"，设置文本的艺术字样式并调整文本框位置。

④ 插入"随机至结果流程"效果的 SmartArt 图形，设置图形的环绕文字为"浮于文字上方"，在 SmartArt 图形中输入相应的文本，更改 SmartArt 图形的颜色和样式，并调整图形的位置与大小。

（2）打开"产品说明书 .docx"文档，按照下列要求对文档进行操作。

① 在标题行下方插入文本，然后将文档中的"饮水机"文本替换为"防爆饮水机"，再修改正文内容中的公司名称和电话号码。

② 设置标题文本的字体格式为"黑体、二号"，段落对齐为"居中"，正文内容的字号为"四号"，段落缩进方式为"首行缩进"，再设置最后 3 行的段落对齐方式为"右对齐"。

③ 为相应的文本内容设置编号"1、2、3……"和"1）、2）、3）……"，在"安装说明"文本后设置编号时，可先设置编号"1、2"，然后用格式刷复制编号"3、4"。

④ 选择"公司详细的地址和电话"文本，在"字体"组中单击"以不同颜色突出显示文本"按钮 右侧的下拉按钮，在打开的下拉列表中选择"黑色"选项，为字符设置黑色底纹。

项目六

排版文档

Word不仅可以实现简单的图文编辑，还能实现长文档的编辑和版式设计。本项目将通过3个典型任务，介绍文档的排版方法，包括在文档中插入和编辑表格、使用样式控制文档格式、页面设置和打印设置等。

课堂学习目标

◎ 制作图书采购单
◎ 排版考勤管理规范
◎ 排版并打印毕业论文

微课

排版文档

任务一　制作图书采购单

任务要求

学校图书馆需要扩充藏书量，新增多个科目的新书。为此，需要制作一份图书采购清单作为采购部门采购的凭据。小李是图书馆的行政人员，因此这项工作自然落到了他的身上。小李通过市场调查和市场分析后，完成了图书采购单的制作，参考效果如图6-1所示，相关要求如下。

- 输入标题文本"图书采购单"，设置字体格式为"黑体、加粗、小一、居中"。
- 创建一个7列13行的表格，将鼠标指针移动到表格右下角的控制点上，拖曳鼠标调整表格高度。
- 合并第13行的第2、3列单元格，拖曳鼠标调整表格第2列的列宽。
- 平均分配第2列到第7列的宽度，在表格第1行下方插入一行单元格。
- 将倒数两行最后两个单元格拆分为两列，并平均分布各列单元格的列宽。
- 在表格对应的位置输入图6-1所示的文本，然后设置字体格式为"黑体、五号、加粗"，对齐方式为"居中"。

- 选择整个表格，设置表格宽度为"根据内容自动调整表格"，对齐方式为"水平居中"。
- 设置表格外边框样式为"双画线"，底纹为"白色，背景1，深色25%"。
- 最后使用"=SUM(ABOVE)"计算总和。

图书采购单

序号	书名	类别	原价（元）	折扣率%	折后价（元）	入库日期
1	父与子全集	少儿	35		21	2015 年 12 月 31 日
2	古代汉语词典	工具	119.9		95.9	2015 年 12 月 31 日
3	世界很大，幸好有你	传记	39		29	2015 年 12 月 31 日
4	Photoshop CS5 图像处理	计算机	48		39	2015 年 12 月 31 日
5	疯狂英语 90 句	外语	19.8		17.8	2015 年 12 月 31 日
6	窗边的小豆豆	少儿	25		28.8	2015 年 12 月 31 日
7	只属于我的视界：手机摄影自白书	摄影	58		34.8	2015 年 12 月 31 日
8	黑白花意：笔尖下的 87 朵花之绘	绘画	29.8		20.5	2015 年 12 月 31 日
9	小王子	少儿	20		10	2015 年 12 月 31 日
10	配色设计原理	设计	59		41	2015 年 12 月 31 日
11	基本乐理	音乐	38		31.9	2015 年 12 月 31 日
12	总和		￥491.50		￥369.70	

图 6-1 "图书采购单"文档效果

相关知识

（一）插入表格的几种方式

在 Word 2016 中插入的表格类型主要有自动表格、指定行列表格和手动绘制的表格 3 种，下面进行具体介绍。

1. 插入自动表格

插入自动表格的具体操作如下。

（1）将插入点定位到需插入表格的位置处，在【插入】/【表格】组中单击"表格"按钮。

（2）在打开的下拉列表中按住鼠标左键不放并拖曳，直到达到需要的表格行列数，如图 6-2 所示。

（3）释放鼠标左键即可在插入点位置插入表格。

2. 插入指定行列表格

插入指定行列表格的具体操作如下。

（1）在【插入】/【表格】组中单击"表格"按钮，在打开的下拉列表中选择"插入表格"选项，打开"插入表格"对话框。

微课

插入自动表格

微课

插入指定行列表格

（2）在该对话框中自定义表格的行列数和列宽，然后单击 确定 按钮创建表格，如图6-3所示。

图6-2 插入自动表格

图6-3 插入指定行列表格

3. 绘制表格

通过自动插入只能插入比较规则的表格，对于一些较复杂的表格，可以手动绘制，具体操作如下。

（1）在【插入】/【表格】组中单击"表格"按钮，在打开的下拉列表中选择"绘制表格"选项。

（2）此时鼠标指针变成 ✐ 形状，在需要插入表格处按住鼠标左键不放进行拖动，出现一个虚线框显示的表格，拖曳鼠标调整虚线框到适当大小后释放鼠标左键，绘制出表格的边框。

（3）按住鼠标左键不放从一条线的起点拖曳至终点，释放鼠标左键，即可在表格中画出横线、竖线和斜线，从而将绘制的边框分成若干单元格，并形成各种样式的表格。

> **提示** 若文档中已插入了表格，在【表格工具 - 布局】/【绘图】组中单击"绘制表格"按钮，在表格中拖曳鼠标绘制横线或竖线，可添加表格的行列数。若绘制斜线，可制作斜线表头。

（二）选择表格

在文档中可对插入的表格进行调整，调整表格前需先选择表格，在 Word 中选择表格有以下3种情况。

1. 选择整行表格

选择整行表格主要有以下两种方法。

- 将鼠标指针移至表格左侧，当鼠标指针呈 ◢ 形状时，单击可以选择整行。如果按住鼠标左键不放向上或向下拖曳，则可以选择多行。

- 在需要选择的行列中单击任意单元格，在【表格工具 - 布局】/【表】组中单击"选择"按钮▧，在打开的下拉列表中选择"选择行"选项，即可选择该行。

2. 选择整列表格

选择整列表格主要有以下两种方法。

- 将鼠标指针移动到表格顶端，当鼠标指针呈↓形状时，单击可选择整列。如果按住鼠标左键不放向左或向右拖曳，则可选择多列。
- 在需要选择的行列中单击任意单元格，在【表格工具 - 布局】/【表】组中单击"选择"按钮▧，在打开的下拉列表中选择"选择列"选项，即可选择该列。

3. 选择整个表格

选择整个表格主要有以下 3 种方法。

- 将鼠标指针移动到表格边框线上，然后单击表格左上角的"全选"按钮⊞，即可选择整个表格。
- 通过在表格内部拖曳鼠标选择整个表格。
- 在表格内单击任意单元格，在【表格工具 - 布局】/【表】组中单击"选择"按钮▧，在打开的下拉列表中选择"选择表格"选项，即可选择整个表格。

（三）将表格转换为文本

将表格转换为文本的具体操作如下。

（1）单击表格左上角的"全选"按钮⊞选择整个表格，然后在【表格工具 - 布局】/【数据】组中单击"转换为文本"按钮▧。

（2）打开"表格转换成文本"对话框，在其中选择合适的文字分隔符，单击 确定 按钮，即可将表格转换为文本，如图 6-4 所示。

微课
将表格转换为文本

（四）将文本转换为表格

将文本转换为表格的具体操作如下。

（1）选择需要转换为表格的文本，然后在【插入】/【表格】组中单击"表格"按钮▦，在打开的下拉列表中选择"文本转换成表格"选项。

（2）在打开的"将文字转换成表格"对话框中根据需要设置表格尺寸和文本分隔符，如图 6-5 所示，完成后单击 确定 按钮，即可将文本转换为表格。

微课
将文本转换为表格

图 6-4 "表格转换成文本"对话框　　图 6-5 "将文字转换成表格"对话框

（一）绘制图书采购单表格框架

在使用 Word 制作表格时，最好事先在纸上绘制表格的大致草图，规划行列数，然后再在 Word 中创建并编辑表格，以便快速创建表格，具体操作如下。

（1）打开 Word 2016，在文档的开始位置输入标题文本"图书采购单"，然后按【Enter】键。

（2）在【插入】/【表格】组中单击"表格"按钮▦，在打开的下拉列表中选择"插入表格"选项，打开"插入表格"对话框。

（3）在该对话框中分别将"列数"和"行数"设置为"7"和"13"，如图 6-6 所示。

（4）单击 确定 按钮即可创建表格，选择标题文本，在【开始】/【字体】组中设置字体格式为"黑体、加粗"，字号为"小一"，并设置对齐方式为"居中"，效果如图 6-7 所示。

计算机应用基础（Windows 7+Office 2016）（第2版）

图 6-6　插入表格

图 6-7　设置标题字体格式

微课

绘制图书采购
单表格框架

（5）将鼠标指针移动到表格右下角的控制点上，向下拖动鼠标调整表格的高度，如图 6-8 所示。

（6）选择第 12 行第 2、3 列单元格，单击鼠标右键，在弹出的快捷菜单中选择"合并单元格"命令。

（7）选择表格第 13 行第 2、3 列单元格，在【表格工具 - 布局】/【合并】组中单击"合并单元格"按钮▦，然后使用相同的方法合并其他单元格，完成后的效果如图 6-9 所示。

（8）将鼠标指针移至第 2 列表格左侧边框上，鼠标指针变为⬩▮形状后，按住鼠标左键向左拖曳鼠标手动调整列宽。

图 6-8　调整表格高度

图 6-9　合并单元格

（9）选择表格第 2 列至第 7 列单元格，在【表格工具 - 布局】/【单元格大小】组中单击"分布列"按钮 ⊞，平均分配各列的宽度。

（二）编辑图书采购单表格

微课

编辑图书采购
单表格

在制作的表格中，通常需要在指定位置插入一些行列单元格，或将多余的表格合并或拆分等，以满足实际需要，具体操作如下。

（1）将鼠标指针移动到第 1 行左侧，当其变为 ⬀ 形状时，单击选择该行单元格，在【表格工具 - 布局】/【行和列】组单击"在下方插入"按钮 📊，在表格第 1 行下方插入一行单元格。

（2）选择倒数两行最后两个单元格，在【表格工具 - 布局】/【合并】组中单击"拆分单元格"按钮 📖。

（3）打开"拆分单元格"对话框，在其中设置列数为"2"，单击 确定 按钮，如图 6-10 所示。

（4）选择倒数两行除第 1 列外的所有单元格，在【表格工具 - 布局】/【单元格大小】组中单击"分布列"按钮 ⊞，平均分配各列的宽度，效果如图 6-11 所示。

（5）选择第 12 行单元格，单击鼠标右键，在弹出的快捷菜单中选择【删除单元格】/【删除整行】命令。

图 6-10 拆分单元格

图 6-11 平均分布列

提示　在选择整行或整列单元格后，单击鼠标右键，在弹出的快捷菜单中选择相应的命令，也可实现单元格的插入、删除和合并等操作，如选择【插入】/【在左侧插入列】命令，即可在选择列的左侧插入一列空白单元格。

（三）输入与编辑表格内容

表格外形编辑好后，就可以向表格中输入相关的内容，并设置对应的格式，具体操作如下。

（1）在表格对应的位置输入相关的文本，如图 6-12 所示。

（2）选择第一行单元格中的内容，设置字体格式为"黑体、五号、加粗"，对齐方式为"居中"。

（3）选择表格中剩余的文本，设置对齐方式为"居中"。

（4）保持表格的选中状态，在【表格工具 - 布局】/【单元格大小】组中单击"自动调整"按钮 📋，在打开的下拉列表中选择"根据内容自动调整表格"选项，完成后的效果如图 6-13 所示。

微课

输入与编辑表
格内容

（5）在表格上单击"全选"按钮 选择表格，在【表格工具 - 布局】/【对齐方式】组中单击"水平居中"按钮，设置文本对齐方式为"水平居中"。

（6）将"平均值"和"总和"单元格右侧的两列单元格分别拆分为 4 列单元格。

图书采购单

序号	书名	类别	原价（元）	折扣率%	折后价（元）	入库日期
1	父与子全集	少儿	35		21	2015 年 12 月 31 日
2	古代汉语词典	工具	119.9		95.9	2015 年 12 月 31 日
3	世界很大，牵好有你	传记	39		29	2015 年 12 月 31 日
4	Photoshop CS5 图像处理	计算机	48		39	2015 年 12 月 31 日
5	疯狂英语 90 句	外语	19.8		17.8	2015 年 12 月 31 日
6	窗边的小豆豆	少儿	25		28.8	2015 年 12 月 31 日
7	只属于我的视界：手机摄影自白书	摄影	58		34.8	2015 年 12 月 31 日
8	黑白花意：笔尖下的87朵花之绘	绘画	29.8		20.5	2015 年 12 月 31 日
9	小王子	少儿	20		10	2015 年 12 月 31 日
10	配色设计原理	设计	59		41	2015 年 12 月 31 日

图 6-12　输入文本

图书采购单

序号	书名	类别	原价（元）	折扣率%	折后价（元）	入库日期
1	父与子全集	少儿	35		21	2015 年 12 月 31 日
2	古代汉语词典	工具	119.9		95.9	2015 年 12 月 31 日
3	世界很大，牵好有你	传记	39		29	2015 年 12 月 31 日
4	Photoshop CS5 图像处理	计算机	48		39	2015 年 12 月 31 日
5	疯狂英语 90 句	外语	19.8		17.8	2015 年 12 月 31 日
6	窗边的小豆豆	少儿	25		28.8	2015 年 12 月 31 日
7	只属于我的视界：手机摄影自白书	摄影	58		34.8	2015 年 12 月 31 日
8	黑白花意：笔尖下的87朵花之绘	绘画	29.8		20.5	2015 年 12 月 31 日
9	小王子	少儿	20		10	2015 年 12 月 31 日
10	配色设计原理	设计	59		41	2015 年 12 月 31 日
11	基本乐理	音乐	38		31.9	2015 年 12 月 31 日

图 6-13　调整表格列宽

（四）设置与美化表格

完成表格内容的编辑后，还可以对表格的边框和填充颜色进行设置，以美化表格，具体操作如下。

（1）在表格中单击鼠标右键，在弹出的快捷菜单中选择"表格属性"命令，打开"表格属性"对话框，在"表格"选项卡下方单击 边框和底纹(B)... 按钮 。

（2）打开"边框和底纹"对话框，在"设置"栏中选择"虚框"选项，在"样式"列表框中选择"双画线"选项，如图 6-14 所示。

（3）单击 确定 按钮，完成表格外框线设置，效果如图 6-15 所示。

（4）选择"总和"文本所在的单元格，设置字体格式为"黑体、加粗"，然后按住【Ctrl】键依次选择表格表头所在的单元格。

微课

设置与美化表格

图 6-14　设置外边框

图书采购单

序号	书名	类别	原价（元）	折扣率%	折后价（元）	入库日期
1	父与子全集	少儿	35		21	2015 年 12 月 31 日
2	古代汉语词典	工具	119.9		95.9	2015 年 12 月 31 日
3	世界很大，牵好有你	传记	39		29	2015 年 12 月 31 日
4	Photoshop CS5 图像处理	计算机	48		39	2015 年 12 月 31 日
5	疯狂英语 90 句	外语	19.8		17.8	2015 年 12 月 31 日
6	窗边的小豆豆	少儿	25		28.8	2015 年 12 月 31 日
7	只属于我的视界：手机摄影自白书	摄影	58		34.8	2015 年 12 月 31 日

图 6-15　设置外边框后的效果

（5）在【开始】/【段落】组中单击"边框"按钮 右侧的下拉按钮，在打开的下拉列表

计算机应用基础（Windows 7+Office 2016）（第2版）

中选择"边框和底纹"选项，打开"边框和底纹"对话框。

（6）单击"底纹"选项卡，在"填充"下拉列表中选择"白色，背景1，深色25%"选项，如图6-16所示。

（7）单击 确定 按钮，完成单元格底纹的设置，效果如图6-17所示。

图6-16　设置底纹

图书采购单

序号	书名	类别	原价（元）	折扣率%	折后价（元）	入库日期
1	父与子全集	少儿	35		21	2015年12月31日
2	古代汉语词典	工具	119.9		95.9	2015年12月31日
3	世界很大，幸好有你	传记	39		29	2015年12月31日
4	Photoshop CS5 图像处理	计算机	48		39	2015年12月31日
5	疯狂英语90句	外语	19.8		17.8	2015年12月31日
6	窗边的小豆豆	少儿	25		28.8	2015年12月31日
7	只属于我的视界：手机摄影自白书	摄影	58		34.8	2015年12月31日

图6-17　添加底纹后的效果

（五）计算表格中的数据

在表格中可能会涉及数据计算，使用 Word 制作的表格也可以实现简单的计算，具体操作如下。

（1）将插入点定位到"总和"右侧的单元格中，在【表格工具-布局】/【数据】组中单击"公式"按钮 fx。

（2）打开"公式"对话框，在"公式"文本框中输入"=SUM(ABOVE)"，在"编号格式"下拉列表中选择"¥#,##0.00;(¥#,##0.00)"选项，如图6-18所示。

（3）单击 确定 按钮，完成后的效果如图6-19所示，使用相同的方法计算折后价的平均值。

微课

计算表格中的数据

图6-18　设置公式与编号格式

8	黑白花意：笔尖下的87朵花之绘	绘画	29.8		20.5	2015年12月31日
9	小王子	少儿	20		10	2015年12月31日
10	配色设计原理	设计	59		41	2015年12月31日
11	基本乐理	音乐	38		31.9	2015年12月31日
12	总和		¥491.50		¥369.70	

图6-19　使用公式计算后的结果

任务二　排版考勤管理规范

任务要求

小李在某企业的行政部门工作。部门为了响应党"撸起袖子加油干、风雨无阻向前行"的号召，决定严格执行考勤制度，于是要求小李制作一份考勤管理规范，便于内部员工使用。小李打开原有的"考勤管理规范.docx"文档，经过一番研究，最后利用 Word 2016 的相关功能进行设计、制作，完成后的参考效果如图 6-20 所示，相关要求如下。

- 打开文档，自定义纸张的"宽度"和"高度"分别为"20 厘米"和"28 厘米"。
- 设置页边距"上""下"分别为"1 厘米"，设置页边距"左""右"分别为"1.5 厘米"。
- 为标题应用内置的"标题"样式，新建"小项目"样式，设置格式为"华文琥珀、五号、1.5 倍行距"，底纹为"白色，背景 1，深色 50%"。
- 修改"小项目"样式，设置字体格式为"小三、'茶色，背景 2，深色 50%'"，设置底纹为"白色，背景 1，深色 15%。"

图 6-20　排版"考勤管理规范"文档后的效果

（一）模板与样式

模板与样式是 Word 中常用的排版工具。下面分别介绍模板与样式的相关知识。

1. 模板

Word 2016 的模板是一种固定样式的框架，包含了相应的文字和样式。下面分别介绍自定义模板、使用新模板和套用模板的方法。

- 自定义模板。模板设计好之后，选择【文件】/【另存为】命令，单击"浏览"按钮，在"另存为"对话框中选择"Word 模板（*.dotx）"或者"启用宏的 Word 模板（*.dotm）"，保存位置会自动定位到自定义模板文件夹"C:\Users\Administrator\Documents\自定义 Office 模板"，如图 6-21 所示。单击 确定 按钮即可新建一个名称为"Doc1"的空白文档窗口，保存文档后其扩展名为 .dotx。
- 使用新模板。选择【文件】/【新建】命令，选择屏幕上"特色推荐"后面的"个人"，自定义的模板就出现在这里，单击即可，如图 6-22 所示。
- 套用模板。选择【文件】/【选项】命令，打开"Word 选项"对话框，选择左侧的"加载项"选项，在右侧的"管理"下拉列表中选择"模板"选项，单击 转到(G)... 按钮，打开"模板和加载项"对话框，如图 6-23 所示。在其中单击 选用(A)... 按钮，在打开的对话框中选择需要的模板，然后返回对话框，选中"自动更新文档样式"复选框，单击 确定 按钮即可在已存在的文档中套用模板。

计算机应用基础（Windows 7+Office 2016）（第2版）

图 6-21　自定义模板

图 6-22　使用新模板

图 6-23　套用模板

2. 样式

在编排一个长文档或一本书时，需要对许多的文字和段落进行相同的排版工作，如果只利用字体格式和段落格式进行编排，费时且容易厌烦，更重要的是很难使文档格式保持一致。使用样式能减少许多重复的操作，在短时间内编排出高质量的文档。

样式是指一组已经命名的字符和段落格式。它设定了文档中标题、题注以及正文等各个文档元素的格式。用户可以将一种样式应用于某个段落或段落中选择的字符上，所选择的段落或字符将具有这种样式定义的格式。对文档应用样式主要有以下作用。

- 使用样式使文档的格式更便于统一。
- 使用样式便于构筑大纲，使文档更有条理，编辑和修改更简单。
- 使用样式便于生成目录。

（二）页面版式

设置文档页面版式包括设置纸张大小、页边距和页面背景，以及添加水印、封面等，这些设置将应用于文档的所有页面。

1. 设置纸张大小、纸张方向和页边距

默认的 Word 页面大小为 A4（21 厘米 × 29.7 厘米），纸张方向为纵向，页边距为普通，在【布局】/【页面设置】组中单击相应的按钮便可进行修改，相关介绍如下。

- 单击"纸张大小"按钮 下方的 按钮，在打开的下拉列表中选择一种纸张大小选项；或选择"其他纸张大小"选项，在打开的"页面设置"对话框中输入文档宽度值和高度值。
- 单击"纸张方向"按钮 下方的 按钮，在打开的下拉列表中选择"横向"选项，可以将纸张设置为横向。
- 单击"页边距"按钮 下方的 按钮，在打开的下拉列表中选择一种页边距选项；或选择"自定义边距"选项，在打开的"页面设置"对话框中输入上、下、左、右、装订线页边距值。

2. 设置页面背景

在 Word 中，页面背景可以是纯色背景、渐变色背景和图片背景。设置页面背景的方法是：在【设计】/【页面背景】组中单击"页面颜色"按钮 ，在打开的下拉列表中选择一种页面背景颜色，如图 6-24 所示。若选择"填充效果"选项，在打开的对话框中单击"渐变""图片"等

选项卡，便可设置渐变色背景和图片背景等。

3. 添加封面

在制作某些办公文档时，可通过添加封面表现文档的主题，封面内容一般包含标题、副标题、文档摘要、编写时间、作者和公司名称等。添加封面的方法是：在【插入】/【页面】组中单击"封面"按钮，在打开的下拉列表中选择一种封面样式，如图 6-25 所示，为文档添加该类型的封面，然后输入相应的封面内容。

图 6-24　设置页面背景

图 6-25　设置封面

4. 添加水印

制作办公文档时，为表明公司文档的所有权和出处，可为文档添加水印背景，如添加"机密"水印等。添加水印的方法是：在【设计】/【页面背景】组中单击"水印"按钮，在打开的下拉列表中选择一种水印效果。

5. 设置主题

Word 2016 提供了各种主题，通过应用这些主题可快速更改文档的整体效果，统一文档的整体风格。设置主题的方法是：在【设计】/【主题】组中单击"主题"按钮，在打开的下拉列表中选择一种主题样式，文档的颜色和字体等效果将发生变化。

（一）设置页面大小

日常应用中可根据文档内容自定义页面大小，具体操作如下。

（1）打开"考勤管理规范.docx"文档，在【布局】/【页面设置】组中单击"对话框启动器"图标，打开"页面设置"对话框。

（2）单击"纸张"选项卡，在"纸张大小"下拉列表中选择"自定义大小"选项，分别在"宽度"和"高度"数值框中输入"20 厘米"和"28 厘米"，如图 6-26 所示。

（3）单击 确定 按钮，返回文档编辑区，即可查看设置页面大小后的文档效果，如图 6-27 所示。

微课

设置页面大小

计算机应用基础（Windows 7+Office 2016）（第2版）

图 6-26　设置页面大小

图 6-27　查看效果

（二）设置页边距

如果文档是给上级或者客户看的，那么使用 Word 默认的页边距就可以了。若为了节省纸张，可以适当缩小页边距，具体操作如下。

（1）在【布局】/【页面设置】组中单击"对话框启动器"图标 ，打开"页面设置"对话框。

（2）单击"页边距"选项卡，在"页边距"栏中的"上""下"数值框中分别输入"1 厘米"，在"左""右"数值框中分别输入"1.5 厘米"，如图 6-28 所示。

（3）单击 确定 按钮，返回文档编辑区，即可查看设置页边距后的文档页面版式，如图 6-29 所示。

图 6-28　设置页边距

图 6-29　查看设置页边距后的效果

（三）套用内置样式

内置样式是指 Word 2016 自带的样式。下面为"考勤管理规范 .docx"文档套用内置样式，具体操作如下。

（1）将插入点定位到标题"考勤管理规范"文本右侧，在【开始】/【样式】组的列表框中选择"标题"选项，如图 6-30 所示。

（2）返回文档编辑区，即可查看设置标题样式后的文档效果，如图 6-31 所示。

微课

套用内置样式

计算机应用基础（Windows 7+Office 2016）（第2版）

图 6-30　套用内置样式　　　　　　　图 6-31　查看设置标题样式后的文档效果

（四）创建样式

Word 2016 中的内置样式是有限的，当用户需要使用的样式在 Word 中并没有时，可创建样式，具体操作如下。

（1）将插入点定位到第一段"1. 目的"文本右侧，在【开始】/【样式】组中单击"对话框启动器"图标 ，如图 6-32 所示。

（2）打开"样式"任务窗格，单击"新建样式"按钮 ，如图 6-33 所示。

微课

创建样式

图 6-32　打开"样式"任务窗格　　　　图 6-33　单击"新建样式"按钮

（3）在打开的对话框的"名称"文本框中输入"小项目"，在格式栏中将格式设置为"华文琥珀、五号"，单击 格式(O)▼ 按钮，在打开的下拉列表中选择"段落"选项，如图 6-34 所示。

（4）打开"段落"对话框，在"间距"栏的"行距"下拉列表中选择"1.5倍行距"选项，单击 确定 按钮，如图6-35所示。

图6-34 设置名称与格式　　　　图6-35 设置"段落"格式

（5）返回到"根据格式设置创建新样式"对话框，再次单击 格式(O)▼ 按钮，在打开的下拉列表中选择"边框"选项。

（6）打开"边框和底纹"对话框，单击"底纹"选项卡，在"填充"栏的下拉列表中选择"白色，背景1，深色50%"选项，依次单击 确定 按钮，如图6-36所示。

（7）返回文档编辑区，即可查看创建样式后的文档效果，如图6-37所示。

图6-36 设置边框和底纹　　　　图6-37 查看创建的样式效果

（五）修改样式

创建新样式时，如果用户对创建后的样式有不满意的地方，可通过"修改"样式功能对其进行修改，具体操作如下。

（1）在"样式"任务窗格中选择创建的"小项目"样式，单击右侧的 按钮，在打开的下拉列表中选择"修改"选项，如图 6-38 所示。

（2）在"修改样式"对话框的"格式"栏中将字体格式设置为"小三、'茶色，背景 2，深色 50%'"，单击 格式(O) 按钮，在打开的下拉列表中选择"边框"选项，如图 6-39 所示。

计算机应用基础（Windows 7+Office 2016）（第2版）

图 6-38 选择"修改"选项

微课

修改样式

图 6-39 修改字体和颜色

（3）打开"边框和底纹"对话框，单击"底纹"选项卡，在"填充"下拉列表中选择"白色，背景 1，深色 15%"选项，单击 确定 按钮，如图 6-40 所示，即可修改样式。

（4）将插入点定位到其他同级别文本上，在"样式"窗格中选择"小项目"选项为其应用样式，修改样式后的效果如图 6-41 所示。

图 6-40 修改底纹样式

图 6-41 修改样式后的效果

任务三　排版并打印毕业论文

任务要求

肖雪是某职业高校的一名大三学生，临近毕业，她按照指导老师发放的毕业设计任务书要求，完成了实验调查和论文内容的撰写，接下来，她需要使用 Word 2016 对论文的格式进行排版，完成后的参考效果如图 6-42 所示，相关要求如下。

- 新建样式，设置正文字体，中文为"宋体"，西文为"Times New Roman"，字号为"五号"，首行统一缩进"2 个字符"。
- 设置一级标题字体格式为"黑体、三号、加粗"，段落格式为"居中，段前段后均为 0 行，2 倍行距"。
- 设置二级标题字体格式为"微软雅黑、四号、加粗"，段落格式为"左对齐、1.5 倍行距"。
- 设置"关键词："文本字符格式为"微软雅黑、四号、加粗"，后面的关键词格式与正文相同。
- 使用大纲视图查看文档结构，然后分别在每个部分的前面插入分页符。
- 添加"平面（奇数页）"样式的页眉，格式分别是中文为"宋体"，西文为"Times New Roman"，字号为"五号"，行距为"单倍行距"，对齐方式为"居中"。
- 添加"边线型"页脚，设置中文为"宋体"，西文为"Times New Roman"，字号为"五号"，段落样式为"单倍行距，居中"，页脚显示当前页码。
- 选择"毕业论文"文本，设置格式为"方正大标宋简体、小初、居中"，选择"降低企业成本途径分析"文本，设置格式为"黑体、小二、加粗、居中"。
- 分别选择"姓名""学号""专业"文本，设置格式为"黑体、小四"，然后利用【空格】键使其居中对齐。同样利用【空格】键使论文标题上下居中对齐。
- 提取目录。设置"制表符前导符"为第一个选项，"格式"为"正式"，取消选中"使用超链接而不使用页码"复选框。
- 选择【文件】/【打印】命令，预览并打印文档。

图 6-42 "毕业论文"文档效果

 相关知识

（一）添加题注

题注通常用于对文档中的图片或表格进行自动编号，从而节约手动编号的时间。添加题注的具体操作如下。

（1）在【引用】/【题注】组中单击"插入题注"按钮，打开"题注"对话框，如图 6-43 所示。

（2）在"标签"下拉列表中选择需要设置的标签，也可以单击 新建标签(N)... 按钮，打开"新建标签"对话框，在"标签"文本框中输入自定义的标签名称。

（3）单击 确定 按钮返回对话框，即可查看添加的新标签，单击 确定 按

微课

添加题注

钮即可返回文档。

（二）创建交叉引用

交叉引用可以为文档中的图片、表格与正文相关的说明文字创建对应的关系，从而为作者提供自动更新功能，具体操作如下。

（1）将插入点定位到需要使用交叉引用的位置，在【引用】/【题注】组中单击"交叉引用"按钮，打开"交叉引用"对话框，如图 6-44 所示。

（2）在"引用类型"下拉列表中选择需要引用的类型，然后在"引用哪一个书签"列表框中选择需要引用的选项，这里没有创建书签，故没有选项。单击 按钮即可创建交叉引用。在选择插入的文本范围时，插入的交叉引用的内容将显示为灰色底纹，若修改被引用的内容，返回引用时按【F9】键即可更新。

计算机应用基础（Windows 7+Office 2016）（第2版）

图 6-43　"题注"对话框

图 6-44　创建交叉引用

微课

创建交叉引用

（三）插入批注

批注用于在阅读时对文中的内容添加评语和注解，其具体操作如下。

（1）选择要插入批注的文本，在【审阅】/【批注】组中单击"新建批注"按钮，此时选择的文本处将出现一条引至文档右侧的引线。

（2）在批注文本框中输入文本内容。

（3）使用相同的方法可以为文档添加多个批注，并且批注会自动编号排列，单击"上一条"按钮或"下一条"按钮，可查看添加的批注。

（4）为文档添加批注后，若要删除，可在要删除的批注上单击鼠标右键，在弹出的快捷菜单中选择"删除批注"命令。

微课

插入批注

（四）添加修订

对错误的内容添加修订，并将文档发送给制作人员予以确认，可减少文档出错率，其具体操作如下。

（1）在【审阅】/【修订】组中单击"修订"按钮，进入修订状态，此时对文档的任何操作都将被记录下来。

微课

添加修订

（2）对文档内容进行修改，修改后原位置会显示修订的结果，并在左侧出现一条竖线，表示该处进行了修订。

（3）在【审阅】/【修订】组中单击"显示标记"按钮 🖿 右侧的下拉按钮 ▾，在打开的下拉列表中选择【批注框】/【在批注框中显示修订】选项。

（4）对文档修订结束后，必须再次单击"修订"按钮 🖿 退出修订状态，否则文档中任何操作都会被作为修订操作。

（五）接受与拒绝修订

对于文档中的修订，用户可根据需要接受或拒绝修订的内容，具体操作如下。

（1）在【审阅】/【更改】组中单击"接受"按钮 ☑ 接受修订，或单击"拒绝"按钮 ☒ 拒绝修订。

（2）单击"接受"按钮 ☑ 下方的下拉按钮 ▾，在打开的下拉列表中选择"接受所有修订"选项，可一次性接受文档的所有修订。

微课

接受与拒绝修订

（六）插入并编辑公式

当需要使用一些复杂的数学公式时，可使用 Word 中提供的公式编辑器快速、方便地编写数学公式，如根式公式或积分公式等，具体操作如下。

（1）在【插入】/【符号】组中单击"公式"按钮 π 下方的下拉按钮 ▾，在打开的下拉列表中选择"插入新公式"选项。

（2）在文档中将出现一个公式编辑框，在【公式工具 - 设计】/【结构】组中单击"括号"按钮 {()}，在打开的下拉列表的"事例和堆栈"栏中选择"事例（两条件）"选项。

（3）单击括号上方的条件框，将插入点定位到其中，并输入数据，然后在"符号"组中单击"大于"按钮 ▷。

（4）单击括号下方的条件框，选择该条件框，然后在"结构"组中单击"分数"按钮 ᵡᵧ，在打开的下拉列表的"分数"栏中选择"分数（竖式）"选项。

（5）在插入的公式编辑框中输入数据，完成后在文档的任意处单击退出公式编辑框。

 任务实现

（一）设置文档格式

毕业论文在初步完成后需要设置相关的文本格式，使其结构分明，具体操作如下。

（1）将插入点定位到"提纲"文本中，打开"样式"任务窗格，单击"新建样式"按钮 🖳。

（2）打开"根据格式设置创建新样式"对话框，通过前面讲解的方法在对话

微课

设置文档格式

框中设置样式，其中设置字体格式为"黑体、三号、加粗"，设置段落样式为"居中，段前段后均为 0 行，2 倍行距"，如图 6-45 所示。

（3）通过应用样式的方法为其他一级标题应用样式，效果如图 6-46 所示。

图 6-45　创建样式　　　　　　　　　　　　　　图 6-46　应用样式

（4）使用相同的方法设置二级标题格式，其中，设置字体格式为"微软雅黑、四号、加粗"；设置段落格式为"左对齐、1.5 倍行距"，大纲级别为"一级"。

（5）设置正文格式，中文为"宋体"，西文为"Times New Roman"，字号为"五号"，首行统一缩进"2 个字符"。设置正文行距为"1.2 倍行距"，大纲级别为"二级"。完成后为文档应用相关的样式即可。

（二）使用大纲视图

大纲视图适用于长文档中文本级别较多的情况，以便查看和调整文档结构。使用大纲视图的具体操作如下。

（1）在【视图】/【视图】组中单击"大纲视图"按钮，将视图模式切换到大纲视图，在【大纲】/【大纲工具】组中的"显示级别"下拉列表中选择"2 级"选项。

（2）查看所有 2 级标题文本后，双击"降低企业成本途径分析"文本段落左侧的标记，可展开下面的内容，如图 6-47 所示。

（3）设置完成后，在【大纲】/【关闭】组中单击"关闭大纲视图"按钮 ✕ 或在【视图】/【视图】组中单击"页面视图"按钮，返回页面视图模式。

微课

使用大纲视图

图 6-47　使用大纲视图

计算机应用基础（Windows 7+Office 2016）（第2版）

（三）插入分隔符

微课

插入分隔符

分隔符主要用于标识文字分隔的位置，其具体操作如下。

（1）将插入点定位到文本"提纲"之前，在【布局】/【页面设置】组中单击"分隔符"按钮，在打开的下拉列表中的"分页符"栏中选择"分页符"选项。

（2）在插入点所在位置插入分页符，此时，"序言"的内容将从下一页开始，如图6-48所示。

图6-48 插入分页符后的效果

（3）将插入点定位到文本"摘要"之前，在【布局】/【页面设置】组中单击"分隔符"按钮，在打开的下拉列表中的"分节符"栏中选择"下一页"选项。

（4）此时，在"提纲"的结尾部分插入分隔符，"摘要"的内容将从下一页开始，如图6-49所示。

（5）使用相同的方法为"降低企业成本途径分析"设置分节符。

图6-49 插入分节符后的效果

提示　如果文档中的编辑标记并未显示，可在【开始】/【段落】组中单击"显示/隐藏编辑标记"按钮，使该按钮呈选中状态，此时隐藏的编辑标记将显示出来。

（四）设置页眉页脚

微课

设置页眉页脚

为了使页面更美观，便于阅读，许多文档都添加了页眉和页脚。编辑文档时，可在页眉和页脚中插入文本或图形，如页码、公司徽标、日期和作者名等，具体操作如下。

（1）在【插入】/【页眉和页脚】组中单击"页眉"按钮，在打开的下拉列表中选择"平面（奇数页）"选项，然后在其中输入"降低企业成本途径分析"文本，并设置格式为"宋体、五号"，选中"首页不同"复选框，如图 6-50 所示。

（2）插入点自动插入页眉区，且自动输入公司名称和文档标题，然后在【页眉和页脚工具 - 设计】/【页眉和页脚】组中单击"页脚"按钮，在打开的下拉列表中选择"边线型"选项。

（3）插入点自动插入页脚区，且自动插入居左页码，然后在【页眉和页脚工具 - 设计】/【关闭】组中单击"关闭页眉和页脚"按钮 ⊠ 退出页眉和页脚视图。

（4）返回文档中，可看到设置页眉和页脚后的效果，此时发现页眉中多了一条横线，双击进入页眉页脚视图，拖动鼠标选择段落标记，在【开始】/【段落】组中单击"边框"按钮 ⊞ 右侧的下拉按钮 ，在打开的下拉列表中选择"边框和底纹"选项，打开"边框和底纹"对话框，取消选中其中的表格边框线，单击 确定 按钮，可删除页眉多余的横线，完成后的效果如图 6-51 所示。

图 6-50　设置页眉　　　　　　　　图 6-51　删除页眉多余的横线

（5）使用相同的方法删除首页中的横线，完成页眉页脚的设置。

（五）创建目录

对于设置了多级标题样式的文档，可通过索引和目录功能提取目录，具体操作如下。

（1）在文档开始处选择"毕业论文"文本，设置格式为"方正大标宋简体、小初、居中"，选择"降低企业成本途径分析"文本，设置格式为"黑体、小二、加粗、居中"。

（2）分别选择"姓名""学号""专业"文本，设置格式为"黑体、小四"，然后利用【空格】键使其居中对齐。同样利用【空格】键使论文标题上下居中对齐，参考效果如图 6-52 所示。

图 6-52　设置封面格式

（3）选择摘要中的"关键词："文本，设置字符格式为"微软雅黑、四号、加粗"。

（4）在"提纲"页的末尾定位插入点，在【插入】/【页面】组中单击"分页"按钮，插入分页符并创建新的空白页，按【Enter】键换行，在新页面第一行输入"目 录"，并应用一级标题格式。

（5）将插入点定位于第二行左侧，在【引用】/【目录】组中单击"目录"按钮，在打开的下拉列表中选择"自定义目录"选项，打开"目录"对话框，单击"目录"选项卡，在"制表符前导符"下拉列表中选择第一个选项，在"格式"下拉列表中选择"正式"选项，在"显示级别"数值框中输入"2"，取消选中"使用超链接而不使用页码"复选框，单击 确定 按钮，如图 6-53 所示。

（6）返回文档编辑区即可查看插入的目录，效果如图 6-54 所示。

图 6-53 "目录"对话框

图 6-54 插入目录后的效果

（六）预览并打印文档

在文档中对文本内容编辑完成后可将其打印出来，即把制作的文档内容输出到纸张上。但是为了使输出的文档内容效果更佳，及时发现文档中隐藏的错误排版样式，可在打印文档之前预览打印效果，具体操作如下。

微课

预览并打印
文档

（1）选择【文件】/【打印】命令，在窗口右侧预览打印效果。

（2）对预览效果满意后，在"打印"栏的"份数"数值框中设置打印份数，这里设置为"2"，然后单击"打印"按钮开始打印即可。

提示

选择【文件】/【打印】命令，在窗口中间的"设置"栏中的第一个下拉列表中选择"打印当前页面"选项，将只打印插入点所指定的页。若选择"自定义打印范围"选项，在其下的"页数"文本框中输入起始页码或页面范围（连续页码可以使用英文半角连字符"-"分隔，不连续的页码可以使用英文半角逗号","分隔），则可只打印指定范围内的页面。

课后练习

查看

具体操作

（1）新建一个空白文档，并将其以"个人简历.docx"为名保存，按照下列要求对文档进行操作。

①输入标题文本，并设置格式为"华文琥珀、三号、居中"，缩进为"段前0.5行、段后1行"。

②插入一个7列14行的表格。

③合并第1行的第6列和第7列单元格、第2～5行的第7列单元格。

④删除第8行的第2列与第3列之间的框线。

⑤将第9行和第10行单元格分别拆分为2列1行。

⑥在表格中输入相关的文字，调整表格大小，使其显示更为美观。

（2）打开"员工手册.docx"文档，按照下列要求对文档进行操作。

①为文档插入"运动型"封面，在"文档标题""公司名称""日期"模块中输入相应的文本。

②为整个文档应用"新闻纸"主题。

③在文档中为每一章的章标题、"声明"文本、"附件："文本应用样式"标题1"。

④使用大纲视图显示两级大纲内容，然后退出大纲视图。

⑤为文档中的图片插入题注，在文档中的《招聘员工申请表》和《职位说明书》文本后面输入"请参阅"，然后创建一个交叉引用。

⑥在第3章的电子邮箱后面插入脚注，并在文档中插入尾注，用于输入公司地址和电话。

项目七
制作Excel表格

07

Excel 2016是一款功能强大的电子表格处理软件，主要用于将庞大的数据转换为比较直观的表格或图表。本项目将通过2个任务，介绍Excel 2016的使用方法，包括基本操作、编辑数据、设置格式和打印表格等。

课堂学习目标

◎ 制作学生成绩表
◎ 编辑产品价格表

微课

制作 Excel
表格

任务一　制作学生成绩表

任务要求

期末考试后，班主任让班长晓雪利用 Excel 制作一份本班同学的成绩表，并以"学生成绩表"为名进行保存，晓雪取得各位学生的成绩单后，利用 Excel 进行表格设置，以便班主任查看数据，参考效果如图 7-1 所示，相关要求如下。

- 新建一个空白工作簿，并将其以"学生成绩表"为名进行保存。
- 在 A1 单元格中输入"计算机应用一班成绩表"文本，然后在 A2:H2 单元格区域中输入相关科目。
- 在 A3 单元格中输入 1，然后进行序列填充。
- 使用相同的方法输入学号列的数据，然后依次输入姓名以及各科的成绩。
- 合并 A1:H1 单元格区域，设置单元格格式为"华文新魏、18 号"。
- 选择 A2:H2 单元格区域，设置单元格格式为"华文新魏、12、居中"，设置底纹为"浅灰色，背景 2, 深色 25%"。

- 选择 D3:H13 单元格区域，设置条件格式为"加粗倾斜、红色"。
- 自动调整 F 列的列宽，手动设置第 2~13 行的行高为"15"。
- 为工作表设置一个背景，背景图片为提供的"背景 .jpg"素材。

图 7-1 "学生成绩表"工作簿最终效果

 相关知识

（一）熟悉 Excel 2016 工作界面

Excel 2016 工作界面与 Word 2016 工作界面相似，由快速访问工具栏、标题栏、文件选项卡、功能选项卡、功能区、编辑栏和工作表编辑区等部分组成，如图 7-2 所示。下面介绍编辑栏和工作表编辑区的作用。

1. 编辑栏

编辑栏用来显示和编辑当前活动单元格中的数据或公式。默认情况下，编辑栏包括名称框、"插入函数"按钮 *fx* 和编辑框，但在单元格中输入数据或插入公式与函数时，编辑栏中的"取消"按钮 ✗ 和"输入"按钮 ✓ 也将显示出来。

- 名称框。名称框用来显示当前单元格的地址或函数名称，如在名称框中输入"A3"后，按【Enter】键则会选择 A3 单元格。

图 7-2 Excel 2016 工作界面

- "取消"按钮×。单击该按钮表示取消输入的内容。
- "输入"按钮✓。单击该按钮表示确定并完成输入的内容。
- "插入函数"按钮*f*ₓ。单击该按钮，将快速打开"插入函数"对话框，在其中可选择相应的函数插入表格中。
- 编辑框。编辑框用于显示在单元格中输入或编辑的内容，并在其中直接输入和编辑。

2. 工作表编辑区

工作表编辑区是 Excel 编辑数据的主要场所，它包括行号与列标、单元格和工作表标签等。

- 行号与列标。行号用"1、2、3"等阿拉伯数字标识，列标用"A、B、C"等大写英文字母标识。一般情况下，单元格地址表示为"列标＋行号"，如位于 A 列 1 行的单元格可表示为 A1单元格。
- 工作表标签。工作表标签用于显示工作表的名称，如"Sheet1""Sheet2""Sheet3"等。在工作表标签左侧单击◄或►按钮，当前工作表标签将返回到最左侧或最右侧的工作表标签，单击◄或►按钮将向前或向后切换一个工作表标签。若在工作表标签左侧的任意一个滚动显示按钮上单击鼠标右键，在弹出的快捷菜单中选择任意一个工作表也可切换工作表。

（二）认识工作簿、工作表、单元格

在 Excel 中，工作簿、工作表和单元格是构成 Excel 的框架，同时它们之间存在着包含关系。了解其概念和相互之间的关系，有助于在 Excel 中执行相应的操作。

1. 工作簿、工作表和单元格的概念

下面首先了解工作簿、工作表和单元格的概念。

- 工作簿。工作簿即 Excel 文件，是用来存储和处理数据的主要文档，也称为电子表格。默认情况下，新建的工作簿以"工作簿1"命名，若继续新建工作簿，将以"工作簿2""工作簿3"……命名，且工作簿名称将显示在标题栏的文档名处。
- 工作表。工作表是用来显示和分析数据的工作场所，存储在工作簿中。默认情况下，一个工作簿中包含1个工作表，以"Sheet1"进行命名。可以在【文件】/【选项】中设置新建工作簿时默认包含的工作表数。
- 单元格。单元格是 Excel 中最基本的存储数据单元，它通过对应的行号和列标进行命名和引用。单个单元格地址可表示为"列标＋行号"，而多个连续的单元格称为单元格区域，其地址表示为"单元格：单元格"，如 A2 单元格与 C5 单元格之间连续的单元格可表示为 A2:C5 单元格区域。

2. 工作簿、工作表、单元格的关系

工作簿中包含了一个或多个工作表，工作表又是由排列成行或列的单元格组成的。工作簿在计算机中以文件的形式独立存在，Excel 2016 创建的文件扩展名为".xlsx"，而工作表依附在工作簿中，单元格则依附在工作表中，因此它们三者之间的关系是包含与被包含。

（三）切换工作簿视图

在 Excel 中，也可根据需要在视图栏中单击视图按钮组▦▢▣中的相应按钮，或在【视图】/【工作簿视图】组中单击相应的按钮来切换工作簿视图。下面分别介绍各工作簿视图的作用。

- 普通视图。普通视图是 Excel 中的默认视图，用于正常显示工作表，在其中可以执行数据输入、数据计算和图表制作等操作。
- 页面布局视图。在页面布局视图中，每一页都会同时显示页边距、页眉和页脚，用户可以在此视图模式下编辑数据，添加页眉和页脚，并可以通过拖曳标尺中上边或左边的滑块设置页面边距。
- 分页预览视图。分页预览视图可以显示蓝色的分页符，用户可以用鼠标拖曳分页符以改变显示的页数和每页的显示比例。
- 自定义视图。单击【视图】/【工作簿视图】组中的"自定义视图"按钮▢，即可切换到自定义视图，在该视图下，Excel 将打开【视图管理器】对话框，添加新的视图。

（四）选择单元格

要在表格中输入数据，首先应选择输入数据的单元格。在工作表中选择单元格的方法有以下 6 种。

- 选择单个单元格。单击单元格，或在名称框中输入单元格的行号和列号后按【Enter】键，即可选择所需的单元格。
- 选择所有单元格。单击行号和列标左上角交叉处的"全选"按钮▨，或按【Ctrl+A】组合键，即可选择工作表中所有单元格。
- 选择相邻的多个单元格。选择起始单元格后，按住鼠标左键不放拖曳鼠标到目标单元格，或按住【Shift】键的同时选择目标单元格，即可选择相邻的多个单元格。
- 选择不相邻的多个单元格。按住【Ctrl】键的同时依次单击需要选择的单元格，即可选择不相邻的多个单元格。
- 选择整行。将鼠标指针移动到需选择行的行号上，当鼠标指针变成➡形状时，单击即可选择该行。
- 选择整列。将鼠标指针移动到需选择列的列标上，当鼠标指针变成⬇形状时，单击即可选择该列。

（五）合并与拆分单元格

当默认的单元格样式不能满足实际需要时，可通过合并与拆分单元格的方法来设置表格。

1. 合并单元格

在编辑表格的过程中，为了使表格结构看起来更美观、层次更清晰，有时需要对某些单元格区域进行合并操作。选择需要合并的多个单元格，然后在【开始】/【对齐方式】组中单击"合并后居中"按钮▦。单击"合并后居中"按钮▦右侧的下拉按钮，在打开的下拉列表中可以选择"跨越合并""合并单元格""取消单元格合并"等选项。

2. 拆分单元格

拆分单元格的方法与合并单元格的方法完全相反,在拆分时选择合并的单元格,然后单击"合并后居中"按钮⊟,或打开"设置单元格格式"对话框,在"对齐"选项卡下取消选中"合并单元格"复选框。

（六）插入与删除单元格

在表格中可插入和删除单个单元格,也可插入或删除一行或一列单元格。

1. 插入单元格

插入单元格的具体操作如下。

（1）选择单元格,在【开始】/【单元格】组中单击"插入"按钮下方的下拉按钮 ,在打开的下拉列表中选择"插入工作表行"或"插入工作表列"选项,即可插入整行或整列单元格。此处选择"插入单元格"选项。

（2）打开"插入"对话框,选中对应的单选项后,单击 确定 按钮即可。

微课

插入单元格

2. 删除单元格

删除单元格的具体操作如下。

（1）选择要删除的单元格,单击【开始】/【单元格】组中的"删除"按钮下方的下拉按钮 ,在打开的下拉列表中选择"删除工作表行"或"删除工作表列"选项,即可删除整行或整列单元格。此处选择"删除单元格"选项。

（2）打开"删除"对话框,选中对应的单选项后,单击 确定 按钮即可删除所选单元格。

微课

删除单元格

（七）查找与替换数据

在 Excel 表格中手动查找与替换某个数据将会非常麻烦,且容易出错,此时可利用查找与替换功能快速定位到满足查找条件的单元格,并将单元格中的数据替换为需要的数据。

1. 查找数据

利用 Excel 提供的查找功能查找数据的具体操作如下。

（1）在【开始】/【编辑】组中单击"查找和选择"按钮 ,在打开的下拉列表中选择"查找"选项,打开"查找和替换"对话框,单击"查找"选项卡。

（2）在"查找内容"下拉列表框中输入要查找的数据,单击 查找下一个(F) 按钮,便能快速查找到匹配条件的单元格。

（3）单击 查找全部(I) 按钮,可以在"查找和替换"对话框下方列表中显示所有包含需要查找数据的单元格位置。单击 关闭 按钮关闭"查找和替换"对话框。

微课

查找数据

2.替换数据

替换数据的具体操作如下。

微课

替换数据

（1）在【开始】/【编辑】组中单击"查找和选择"按钮 🔍，在打开的下拉列表中选择"替换"选项，打开"查找和替换"对话框，单击"替换"选项卡。

（2）在"查找内容"下拉列表框中输入要查找的数据，在"替换为"下拉列表框中输入需替换的内容。

（3）单击 查找下一个(F) 按钮，查找符合条件的数据，然后单击 替换(R) 按钮进行替换，或单击 全部替换(A) 按钮，将所有符合条件的数据一次性全部替换。

任务实现

（一）新建并保存工作簿

微课

新建并保存工作簿

启动 Excel 后，系统将自动新建名为"工作簿 1"的空白工作簿。为了满足需要，用户还可新建更多的空白工作簿，具体操作如下。

（1）选择【开始】/【所有程序】/【Microsoft Office】/【Microsoft Excel 2016】命令，启动 Excel 2016，然后选择【文件】/【新建】命令，在窗口中间的"可用模板"列表框中选择"空白工作簿"选项。

（2）系统将新建名为"工作簿 2"的空白工作簿。

（3）选择【文件】/【保存】命令，单击"浏览"按钮，在打开的"另存为"对话框的地址栏中选择文件保存路径，在"文件名"下拉列表框中输入"学生成绩表 .xlsx"，然后单击 保存(S) 按钮。

提示

按【Ctrl+N】组合键可快速新建空白工作簿；在桌面或文件夹的空白位置处单击鼠标右键，在弹出的快捷菜单中选择【新建】/【Microsoft Excel 工作表】命令也可新建空白工作簿。

（二）输入工作表数据

输入数据是制作表格的基础，Excel 支持各种类型数据的输入，如文本和数字等，其具体操作如下。

（1）选择 A1 单元格，在其中输入"计算机应用一班成绩表"文本；然后按【Enter】键切换到 A2 单元格，在其中输入"序号"文本。

（2）按【Tab】键或【→】键切换到 B2 单元格，在其中输入"学号"文本，再使用相同的方法依次在后面单元格中输入"姓名""英语""高数""计算机基础""大学语文""上机实训"等文本。

（3）选择 A3 单元格，在其中输入"1"，将鼠标指针移动到单元格右下角，出现＋形状的控制柄时，按住【Ctrl】键并在控制柄上按住鼠标左键不放，拖曳鼠标至 A13 单元格，此时 A4:A13 单元格区域将自动生成序号。

（4）拖曳鼠标选择 B3:B13 单元格区域，在【开始】/【数字】组中的"数字格式"下拉列表中选择"文本"选项,然后在 B3 单元格中输入学号"2018301101",并拖曳控制柄为 B4:B13 单元格区域创建自动填充,完成后的效果如图 7-3 所示。

微课

输入工作表数据

图 7-3 自动填充数据

(三)设置数据验证

为单元格设置数据验证后,可保证输入的数据在指定的范围内,从而降低出错率,其具体操作如下。

(1)在 C3:C13 单元格区域中输入学生姓名,然后选择 D3:G13 单元格区域。

(2)在【数据】/【数据工具】组中单击"数据验证"按钮,打开"数据验证"对话框,在"允许"下拉列表中选择"整数"选项,在"数据"下拉列表中选择"介于"选项,在"最小值"和"最大值"文本框中分别输入 0 和 100,如图 7-4 所示。

微课

设置数据验证

图 7-4 设置数据验证

(3)单击"输入信息"选项卡,在"标题"文本框中输入"注意"文本,在"输入信息"文本框中输入"请输入 0 ~ 100 内的整数"文本。

(4)单击"出错警告"选项卡,在"标题"文本框中输入"出错"文本,在"错误信息"文本框中输入"输入的数据不在正确范围内,请重新输入"文本,完成后单击 确定 按钮。

（5）在单元格中依次输入相关课程的学生成绩，选择 H3:H13 单元格区域，打开"数据验证"对话框，在"设置"选项卡的"允许"下拉列表中选择"序列"选项，在"来源"文本框中输入"优，良，及格，不及格"文本。

（6）选择 H3:H13 单元格区域任意单元格，然后单击单元格右侧的下拉按钮，在打开的下拉列表中选择需要的选项即可，如图 7-5 所示。

图 7-5　选择输入的数据

（四）设置单元格格式

输入数据后通常还需要对单元格设置相关的格式，以美化表格，具体操作如下。

（1）选择 A1:H1 单元格区域，在【开始】/【对齐方式】组中单击"合并后居中"按钮或单击该按钮右侧的下拉按钮，在打开的下拉列表中选择"合并后居中"选项。

（2）返回工作表中可看到所选的单元格区域合并为一个单元格，且其中的数据自动居中显示。

（3）保持选择状态，在【开始】/【字体】组的"字体"下拉列表中选择"华文新魏"选项，在"字号"下拉列表中选择"18"选项。选择 A2:H2 单元格区域，设置其字体为"华文新魏"，字号为"12"，在【开始】/【对齐方式】组中单击"居中"按钮。

（4）在【开始】/【字体】组中单击"填充颜色"按钮右侧的下拉按钮，在打开的下拉列表中选择"浅灰色，背景2，深色25%"选项，选择剩余的数据，设置对齐方式为"居中"，完成后的效果如图 7-6 所示。

图 7-6　设置单元格格式

（五）设置条件格式

通过设置条件格式，可以将不满足或满足条件的数据单独显示出来，具体操作如下。

（1）选择 D3:G13 单元格区域，在【开始】/【样式】组中单击"条件格式"按钮 ，在打开的下拉列表中选择"新建规则"选项，打开"新建格式规则"对话框。

（2）在"选择规则类型"列表框中选择"只为包含以下内容的单元格设置格式"选项，在"编辑规则说明"栏的条件格式下拉列表中选择"小于"选项，并在右侧的数据框中输入"60"，如图 7-7 所示。

图 7-7　新建格式规则

（3）单击 格式(F)… 按钮，打开"设置单元格格式"对话框，在"字体"选项卡中设置字形为"加粗倾斜"，将颜色设置为标准色中的"红色"，如图 7-8 所示。

图 7-8　设置条件格式

（4）依次单击 确定 按钮返回工作界面，使用相同的方法为 H3:H13 单元格区域设置条件格式。

（六）调整行高与列宽

微课

调整行高与列宽

默认状态下，单元格的行高和列宽是固定不变的，但是当单元格中的数据太多不能完全显示时，则需要调整单元格的行高或列宽，使其符合单元格内容的大小，具体操作如下。

（1）选择F列，在【开始】/【单元格】组中单击"格式"按钮■，在打开的下拉列表中选择"自动调整列宽"选项，返回工作表中可看到F列变宽且其中的数据完整显示出来，如图7-9所示。

（2）将鼠标指针移到第1行和第2行行号间的间隔线上，当鼠标指针变为╪形状时，按住鼠标左键不放向下拖曳，此时鼠标指针右侧将显示具体的数据，待拖曳至适合的位置后释放鼠标左键。

（3）选择第2~13行，在【开始】/【单元格】组中单击"格式"按钮■，在打开的下拉列表中选择"行高"选项，在打开的"行高"对话框的数值框中输入"15"，单击■确定■按钮，此时，在工作表中可看到第2~13行的行高增大，如图7-10所示。

计算机应用一班成绩表

序号	学号	姓名	英语	高数	计算机基础	大学语文	上机实训
1	2018301101	李文卿	90	80	74	89	优
2	2018301102	谢学鹏	55	65	87	75	优
3	2018301103	李翠霞	65	75	63	78	良
4	2018301104	姚红如	87	86	74	72	及格
5	2018301105	谢雪	68	90	91	98	优
6	2018301106	李鹏	69	66	72	61	良
7	2018301107	马磊	89	75	83	68	优
8	2018301108	陈伟	72	68	63	65	不及格
9	2018301109	杨妮	78	61	81	81	优
10	2018301110	张毅	64	42	65	60	良
11	2018301111	崔巍	59	55	78	82	及格

图7-9　自动调整列宽

计算机应用一班成绩表

序号	学号	姓名	英语	高数	计算机基础	大学语文	上机实训
1	2018301101	李文卿	90	80	74	89	优
2	2018301102	谢学鹏	55	65	87	75	优
3	2018301103	李翠霞	65	75	63	78	良
4	2018301104	姚红如	87	86	74	72	及格
5	2018301105	谢雪	68	90	91	98	优
6	2018301106	李鹏	69	66	72	61	良
7	2018301107	马磊	89	75	83	68	优
8	2018301108	陈伟	72	68	63	65	不及格
9	2018301109	杨妮	78	61	81	81	优
10	2018301110	张毅	64	42	65	60	良
11	2018301111	崔巍	59	55	78	82	及格

图7-10　设置行高后的效果

（七）设置工作表背景

默认情况下，Excel工作表中的数据呈白底黑字显示。为使工作表更美观，除了可以为其填

计算机应用基础（Windows 7+Office 2016）（第2版）

充颜色外，还可以插入喜欢的图片作为背景，具体操作如下。

（1）在【页面布局】/【页面设置】组中单击"背景"按钮 ，打开"工作表背景"对话框，在地址栏中选择背景图片的保存路径，在工作区选择"背景.jpg"图片，单击 插入(I) 按钮。

（2）返回工作表中可看到将图片设置为工作表背景后的效果，如图 7-11 所示。

序号	学号	姓名	英语	高数	计算机基础	大学语文	上机实训
		计算机应用一班成绩表					
1	2018301101	李文卿	90	80	74	89	优
2	2018301102	谢学鹏	55	65	87	75	优
3	2018301103	李翠霞	65	75	63	78	良
4	2018301104	姚红如	87	86	74	72	及格
5	2018301105	谢雪	68	90	91	98	优
6	2018301106	李鹏	69	66	72	61	良
7	2018301107	马磊	89	75	83	68	优
8	2018301108	陈伟	72	68	63	65	不及格
9	2018301109	杨妮	78	61	81	81	优
10	2018301110	张毅	64	42	65	60	良
11	2018301111	崔巍	59	55	78	82	及格

图 7-11 设置工作表背景后的效果

任务二 编辑产品价格表

任务要求

李涛是某商场护肤品专柜的库管。由于季节，最近需要新进一批产品，经理让李涛制作一份产品价格表，用于比对产品成本。经过一番调查，李涛利用 Excel 2016 的功能完成了制作，完成后的参考效果如图 7-12 所示，相关要求如下。

	A	B	C	D	E	F
	B3		ƒx	美白洁面乳		
1	LR-MB系列产品价格表					
2	货号	产品名称	净含量	包装规格	价格（元）	备注
12	MB010	美白精华霜	30ml	48瓶/箱	128	
13	MB011	美白去黑头	105g	48支/箱	110	
14	MB012	美白深层洁	105ml	48支/箱	99	
15	MB013	美白还原面	1片装	288片/箱	15	
16	MB014	美白晶莹眼	25ml	72支/箱	128	
17	MB015	美白再生膏	2片装	1152袋/箱	10	
18	MB016	美白祛皱眼	35g	48支/箱	135	
19	MB017	美白黑眼圈	35g	48支/箱	138	
20	MB018	美白焕采面	1片装	288片/箱	20	
21						

图 7-12 "产品价格表"工作簿最终效果

- 打开素材工作簿，首先插入一个工作表，然后再删除"Sheet2""Sheet3""Sheet4"工作表。
- 复制两次"Sheet1"工作表,并分别将所有工作表重命名为"BS 系列""MB 系列""RF 系列"。
- 通过双击工作表标签的方法重命名工作表。
- 将"BS 系列"工作表以 C4 单元格为中心拆分为 4 个窗格，将"MB 系列"工作表的 B3 单元格作为冻结中心冻结表格。
- 将 3 个工作表依次设置为"红色、黄色、深蓝"。
- 将工作表的对齐方式设置为"垂直居中"，并横向打印 5 份。
- 选择"RF 系列"工作表的 E3:E20 单元格区域，为其设置保护，最后为工作表和工作簿分别设置保护密码，密码为"123"。

 相关知识

（一）选择工作表

选择工作表的实质是选择工作表标签，主要有以下 4 种方法。
- 选择单个工作表。单击工作表标签，可选择对应的工作表。
- 选择连续的多个工作表。单击选择第一个工作表,按住【Shift】键的同时选择其他工作表。
- 选择不连续的多个工作表。单击选择第一个工作表,按住【Ctrl】键的同时选择其他工作表。
- 选择全部工作表。在任意工作表上单击鼠标右键，在弹出的快捷菜单中选择"选定全部工作表"命令。

（二）隐藏与显示工作表

在工作簿中当不需要显示某个工作表时，可将其隐藏，当需要时再将其重新显示出来，具体操作如下。

（1）选择需要隐藏的工作表，在其上单击鼠标右键，在弹出的快捷菜单中选择"隐藏"命令，即可隐藏所选的工作表。

（2）在工作簿的任意工作表上单击鼠标右键，在弹出的快捷菜单中选择"取消隐藏"命令。

（3）在打开的"取消隐藏"对话框的列表框中选择需显示的工作表，然后单击 确定 按钮即可将隐藏的工作表显示出来，如图 7-13 所示。

图 7-13 "取消隐藏"对话框

微课

隐藏与显示工作表

（三）设置超链接

在制作电子表格时，可根据需要为相关的单元格设置超链接，具体操作如下。

（1）选择需要设置超链接的单元格，在【插入】/【链接】组中单击"超链接"按钮 ，打开"插入超链接"对话框。

（2）在打开的对话框中可根据需要设置链接对象的位置等，完成后单击 确定 按钮，如图 7-14 所示。

图 7-14 "插入超链接"对话框

微课

设置超链接

（四）套用表格格式

如果用户希望工作表更美观，但又不想浪费太多的时间设置工作表格式，则可利用套用工作表格式功能直接调用系统中已设置好的表格格式，这样不仅可提高工作效率，还可让表格格式更美观。具体操作如下。

（1）选择需要套用表格格式的单元格区域，在【开始】/【样式】组中单击"套用表格格式"按钮 ，在打开的下拉列表中选择一种表格样式选项。

（2）由于已选择了套用范围的单元格区域，这里只需在打开的"套用表格式"对话框中单击 确定 按钮即可，效果如图 7-15 所示。

微课

套用表格格式

（3）套用表格格式后，将激活"表格工具 - 设计"选项卡，在其中可重新设置表格样式和表格样式选项。另外，在【表格工具 - 设计】/【工具】组中单击"转换为区域"按钮 ，可将套用的表格格式转换为区域，即转换为普通的单元格区域。

图 7-15 套用表格格式

（一）打开工作簿

要查看或编辑保存在计算机中的工作簿，首先要打开该工作簿，具体操作如下。

（1）启动 Excel 2016 程序，选择【文件】/【打开】命令。

（2）打开"打开"对话框，在地址栏中选择文件路径，在工作区选择"产品价格表 .xlsx"工作簿，单击 打开(O) 按钮即可打开选择的工作簿，如图 7-16 所示。

图 7-16　"打开"对话框

微课

打开工作簿

提示

按【Ctrl+O】组合键也可打开"打开"对话框，在其中选择文件路径和所需的文件；另外，在计算机中双击需打开的 Excel 文件也可将其打开。

（二）插入与删除工作表

当 Excel 中的工作表的数量不够使用时，可通过插入工作表来增加工作表的数量。若插入了多余的工作表，则可将其删除，以节省系统资源。

微课

插入工作表

1. 插入工作表

默认情况下，Excel 2016 工作簿中提供了 1 个工作表，但用户可以根据需要插入多个工作表。下面在"产品价格表 .xlsx"工作簿中通过"插入"对话框插入空白工作表，具体操作如下。

（1）在"Sheet1"工作表标签上单击鼠标右键，在弹出的快捷菜单中选择"插入"命令。

（2）在打开的"插入"对话框的"常用"选项卡的列表框中选择"工作表"选项，然后单击 确定 按钮，即可插入新的空白工作表，如图 7-17 所示。

计算机应用基础（Windows 7+Office 2016）（第2版）

图 7-17　插入工作表

提示　在"插入"对话框中单击"电子表格方案"选项卡,在其中可以插入基于模板的工作表。另外,在【开始】/【单元格】组中单击"插入"按钮 下方的下拉按钮 ,在打开的下拉列表中选择"插入工作表"选项,都可快速插入空白工作表。

2. 删除工作表

当工作簿中存在多余的工作表或不需要的工作表时,可以将其删除。下面将删除"产品价格表 .xlsx"工作簿中的"Sheet2""Sheet3""Sheet4"工作表,具体操作如下。

微课

删除工作表

(1) 按住【Ctrl】键不放,同时选择"Sheet2""Sheet3""Sheet4"工作表,在其上单击鼠标右键,在弹出的快捷菜单中选择"删除"命令。

(2) 返回工作簿中可看到"Sheet2""Sheet3""Sheet4"工作表已被删除,如图 7-18 所示。

图 7-18　删除工作表

提示　若要删除有数据的工作表,将打开询问是否永久删除这些数据的提示对话框,单击 删除 按钮将删除工作表和工作表中的数据,单击 取消 按钮将取消删除工作表的操作。

（三）移动与复制工作表

在 Excel 中工作表的位置并不是固定不变的,为了避免重复制作相同的工作表,用户可根据需要移动或复制工作表，即在原表格的基础上改变表格位置或快速添加多个相同的表格。下面将在"产品价格表.xlsx"工作簿中移动并复制工作表，具体操作如下。

（1）在"Sheet1"工作表上单击鼠标右键，在弹出的快捷菜单中选择"移动或复制"命令。

（2）在打开的"移动或复制工作表"对话框的"下列选定工作表之前"列表框中选择移动工作表的位置，这里选择"（移至最后）"选项，然后选中"建立副本"复选框复制工作表，完成后单击 确定 按钮即可移动并复制"Sheet1"工作表，如图7-19所示。

微课

移动与复制工作表

图 7-19　设置移动位置并复制工作表

提示　　将鼠标指针移动到需移动或复制的工作表标签上，按住【Ctrl】键的同时按住鼠标左键进行拖曳，此时鼠标指针变成 或 形状，将其拖曳到目标工作表之后释放鼠标左键，此时工作表标签上有一个 符号将随鼠标指针移动，释放鼠标左键后在目标工作表中可看到移动或复制的工作表。

（3）用相同的方法在"Sheet1 (2)"工作表后继续移动并复制工作表，如图7-20所示。

图 7-20　移动并复制工作表

（四）重命名工作表

工作表的名称默认为"Sheet1""Sheet2"……，为了便于查询，可重命名工作表。下面在"产品价格表.xlsx"工作簿中重命名工作表，具体操作如下。

（1）双击"Sheet1"工作表标签，或在"Sheet1"工作表标签上单击鼠标右键，在弹出的快捷菜单中选择"重命名"命令，此时选择的工作表标签呈可编辑状态。

（2）直接输入文本"BS系列"，然后按【Enter】键或在工作表的任意位置单击退出编辑状态。

（3）使用相同的方法将Sheet1（2）和Sheet1（3）工作表标签重命名为"MB系列"和"RF系列"，完成后再在相应的工作表中双击单元格修改其中的数据，如图7-21所示。

图 7-21　重命名工作表

（五）拆分工作表

在Excel中可以使用拆分工作表的方法将工作表拆分为多个窗格，每个窗格中都可进行单独的操作，这样有利于在数据量比较大的工作表中查看数据的前后对照关系。要拆分工作表，首先应选择作为拆分中心的单元格，然后执行"拆分"命令。下面在"产品价格表.xlsx"工作簿的"BS系列"工作表中以C4单元格为中心拆分工作表，具体操作如下。

（1）在"BS系列"工作表中选择C4单元格，然后在【视图】/【窗口】组中单击"拆分"按钮 ▤。

（2）此时工作簿将以C4单元格为中心拆分为4个窗格，在任意一个窗格中选择单元格，然后滚动鼠标滚轮即可显示出工作表中的其他数据，如图7-22所示。

微课

拆分工作表

图 7-22　拆分工作表

（六）冻结窗格

在数据量比较大的工作表中，为了方便查看表头与数据的对应关系，可通过冻结工作表窗格随意查看工作表的其他部分而不移动表头所在的行或列。下面在"产品价格表 .xlsx"工作簿的"MB 系列"工作表中以 B3 单元格为冻结中心冻结窗格，具体操作如下。

（1）选择"MB 系列"工作表，在其中选择 B3 单元格作为冻结中心，然后在【视图】/【窗口】组中单击"冻结窗格"按钮 ，在打开的下拉列表中选择"冻结拆分窗格"选项。

（2）返回工作表中，保持 B3 单元格上方和左侧的行和列位置不变，然后拖曳水平滚动条或垂直滚动条，即可查看工作表其他部分的行或列，如图 7-23 所示。

微课

冻结窗格

图 7-23　冻结拆分窗格

（七）设置工作表标签颜色

默认状态下，工作表标签呈白底黑字显示，为了让工作表标签更美观醒目，可设置工作表标签的颜色。下面在"产品价格表 .xlsx"工作簿中分别设置工作表标签颜色，具体操作如下。

（1）在工作簿的工作表标签滚动显示按钮上单击 按钮，显示出"BS 系列"工作表，然后在其上单击鼠标右键，在弹出的快捷菜单中选择【工作表标签颜色】/【红色】命令。

微课

设置工作表标签颜色

计算机应用基础（Windows 7+Office 2016）（第2版）

（2）返回工作表中可查看设置的工作表标签颜色，单击其他工作表标签，然后使用相同的方法分别为"MB 系列"和"RF 系列"工作表设置工作表标签颜色为"黄色"和"深蓝"，如图 7-24所示。

图 7-24　设置工作表标签颜色

（八）预览并打印表格数据

在打印表格之前需先预览打印效果，当对表格内容的设置满意后再开始打印。在 Excel 中根据打印内容的不同，可分为两种情况：一是打印整个工作表，二是打印区域数据。

1. 设置打印参数

微课

打印整个工作表

选择需打印的工作表，预览其打印效果后，若对表格内容和页面设置不满意，可重新进行设置，如设置纸张方向和纸张页边距等，直至设置满意后再打印。下面在"产品价格表 .xlsx"工作簿中预览并打印工作表，具体操作如下。

（1）选择【文件】/【打印】命令，在窗口右侧预览工作表的打印效果，在窗口中间列表框的"设置"栏的"纵向"下拉列表中选择"横向"选项设置纸张方向，再在窗口中间列表框的下方单击"页面设置"超链接，如图 7-25 所示。

图 7-25　预览打印效果并设置纸张方向

（2）在打开的"页面设置"对话框中单击"页边距"选项卡，在"居中方式"栏中选中"水平"和"垂直"复选框，然后单击 确定 按钮，如图7-26所示。

图 7-26 设置居中方式

计算机应用基础（Windows 7+Office 2016）（第2版）

提示 在"页面设置"对话框中单击"工作表"选项卡，在其中可设置打印区域或打印标题等内容，然后单击 确定 按钮，返回工作簿的打印窗口，单击"打印"按钮 可只打印设置的区域数据。

（3）返回打印窗口，在窗口中间的"打印"栏的"份数"数值框中可设置打印份数，这里输入"5"，设置完成后单击"打印"按钮 打印表格。

微课

打印区域数据

2. 设置打印区域数据

当只需打印表格中的部分数据时，可通过设置工作表的打印区域实现。下面在"产品价格表.xlsx"工作簿中设置打印的区域为A1:F4单元格区域，具体操作如下。

（1）选择A1:F4单元格区域，在【页面布局】/【页面设置】组中单击"打印区域"按钮，在打开的下拉列表中选择"设置打印区域"选项。

（2）选择【文件】/【打印】命令，单击"打印"按钮 即可，如图7-27所示。

图 7-27 设置打印区域数据

（九）保护表格数据

在 Excel 表格中可能会存放一些重要的数据，因此，利用 Excel 提供的保护单元格、保护工作表和保护工作簿等功能对表格数据进行保护，能够有效地避免他人查看或恶意更改表格数据。

1. 保护单元格

为防止他人更改单元格中的数据，可锁定一些重要的单元格，或隐藏单元格中包含的计算公式。设置锁定单元格或隐藏公式后，还需设置保护工作表功能。下面在"产品价格表 .xlsx"工作簿中"RF 系列"工作表的 E3:E20 单元格区域设置保护功能，具体操作如下。

（1）选择"RF 系列"工作表，选择 E3:E20 单元格区域，在其上单击鼠标右键，在弹出的快捷菜单中选择"设置单元格格式"命令。

（2）在打开的"设置单元格格式"对话框中单击"保护"选项卡，选中"锁定"和"隐藏"复选框，然后单击 确定 按钮完成单元格的保护功能设置，如图 7-28 所示。

图 7-28　保护单元格

2. 保护工作表

设置保护工作表功能后，其他用户只能查看表格数据，不能修改，这样可避免他人恶意更改表格数据。下面在"产品价格表 .xlsx"工作簿中设置工作表的保护功能，具体操作如下。

（1）在【审阅】/【保护】组中单击"保护工作表"按钮🔲。

（2）在打开的"保护工作表"对话框的"取消工作表保护时使用的密码"文本框中输入取消保护工作表的密码，这里输入密码"123"，然后单击 确定 按钮。

（3）在打开的"确认密码"对话框的"重新输入密码"文本框中输入与前面相同的密码，然后单击 确定 按钮，如图 7-29 所示，返回工作簿中可发现相应选项卡中的按钮或命令呈灰色状态。

微课

保护工作表

提示　设置工作表或工作簿的保护密码时，应设置容易记忆的密码，且不能过长，可以设置数字和字母组合的密码，这样不易丢失或忘记，且安全性较高。

图 7-29　保护工作表

3. 保护工作簿

微课

保护工作簿

若不希望工作簿中的重要数据被他人使用或查看，可使用工作簿的保护功能保证工作簿的结构和窗口不被他人修改。下面在"产品价格表.xlsx"工作簿中设置工作簿的保护功能，具体操作如下。

（1）在【审阅】/【保护】组中单击"保护工作簿"按钮 。

（2）在打开的"保护结构和窗口"对话框中选中"结构"复选框，表示保护工作簿的结构，如工作表的数量、名称、排列顺序不被改变，然后在"密码"文本框中输入密码"123"，单击 确定 按钮。

（3）在打开的"确认密码"对话框的"重新输入密码"文本框中输入与前面相同的密码，单击 确定 按钮，如图 7-30 所示，返回工作簿中，完成后再保存并关闭工作簿。

图 7-30　保护工作簿

提示　要撤销工作表或工作簿的保护功能，可在【审阅】/【保护】组中单击"保护工作表"按钮 ，或单击"保护工作簿"按钮 ，在打开的对话框中输入撤销工作表或工作簿的保护密码，完成后单击 确定 按钮。

课后练习

（1）新建一个空白工作簿，并将其以"预约客户登记表.xlsx"为名保存，按照下列要求对表格进行操作。

查看

具体操作

① 依次在单元格中输入相关的文本、数字、日期与时间、特殊符号等数据。

② 使用鼠标左键拖曳控制柄填充数据，然后使用鼠标右键拖曳控制柄填充数据，最后通过"序列"对话框填充数据。

③ 数据录入完成后保存工作簿并退出 Excel 2016。

（2）新建一个空白工作簿，按照下列要求对表格进行操作。

① 将新建的空白工作簿以"员工信息表 .xlsx"为名进行保存，然后在其中选择相应的单元格输入数据，并填充序列数据。

② 将"Sheet1"工作表重命名为"员工信息表"。

③ 以 C3 单元格为冻结中心冻结窗格并查看数据，完成后保存并退出 Excel 2016。

（3）打开"往来客户一览表 .xlsx"工作簿，按照下列要求对工作簿进行操作。

① 合并 A1:L1 单元格区域，然后选择 A~L 列，自动调整列宽。

② 选择 A3:A12 单元格区域，在"设置单元格格式"对话框的"数字"选项卡中自定义序号的格式为"000"。

③ 选择 I3:I12 单元格区域，在"设置单元格格式"对话框的"数字"选项卡中设置数字格式为"文本"，完成后在相应的单元格中输入 11 位以上的数字。

④ 剪切 A10:I10 单元格区域中的数据，并将其插入第 7 行下方。

⑤ 将 B6 单元格中的"明铭"修改为"德瑞"，再查找"有限公司"，并替换为"有限责任公司"。

⑥ 选择 A1 单元格，设置字体格式为"方正大黑简体、20、深蓝"；选择 A2:L2 单元格区域，设置字体格式为"方正黑体简体、12"。

⑦ 选择 A2:L12 单元格区域，设置对齐方式为"居中"，边框为"所有框线"，完成后重新调整单元格行高与列宽。

⑧ 选择 A2:L12 单元格区域，套用表格格式"表样式中等深浅 16"，完成后保存工作簿。

项目八
计算和分析Excel数据

08

　　Excel 2016具有强大的数据处理功能，主要体现在计算数据和分析数据上。本项目将通过3个典型任务，介绍在Excel 2016中计算和分析数据的方法，包括使用公式与函数、排序数据、筛选数据、分类汇总数据、创建图表分析数据，以及使用数据透视图和数据透视表分析数据等。

课堂学习目标	◎ 制作产品销售测评表 ◎ 统计分析员工绩效表 ◎ 制作销售分析图表	 微课 计算和分析 Excel 数据

任务一　制作产品销售测评表

▶ 任务要求

　　公司总结了上半年旗下各门店的营业情况。李总让肖雪对各门店每个月的营业额进行统计，统计后制作一份"产品销售测评表"，以便了解各门店的营业情况，并评出优秀门店予以奖励。肖雪根据李总提出的要求，利用 Excel 制作上半年产品销售测评表，参考效果如图 8-1 所示，相关操作如下。

- 使用求和函数 SUM 计算各门店月营业总额。
- 使用平均值函数 AVERAGE 计算月平均营业额。
- 使用最大值函数 MAX 和最小值函数 MIN 计算各门店的月最高和最低营业额。
- 使用排名函数 RANK 计算各个门店的销售排名情况。
- 使用 IF 判断函数计算各个门店的月营业总额是否达到评为优秀门店的标准。

- 使用 INDEX 函数查询"产品销售测评表"中"B店二月营业额"和"D店五月营业额"。

上半年产品销售测评表										
姓名	营业额（万元）						月营业总额	月平均营业额	名次	是否优秀
	一月	二月	三月	四月	五月	六月				
A店	95	85	85	90	89	84	528	88	1	优秀
B店	92	84	85	85	88	90	524	87	2	优秀
D店	85	88	87	84	84	83	511	85	4	优秀
E店	80	82	86	88	81	80	497	83	6	合格
F店	87	89	86	84	83	88	517	86	3	优秀
G店	86	84	85	81	80	82	498	83	5	合格
H店	71	73	69	74	69	77	433	72	11	合格
I店	69	74	76	72	76	65	432	72	12	合格
J店	76	72	72	77	72	80	449	75	9	合格
K店	72	77	80	82	86	88	485	81	7	合格
L店	88	70	80	77	77	75	469	78	8	合格
M店	74	65	78	77	68	73	435	73	10	合格
月最高营业额	95	89	87	90	89	90	528	88		
月最低营业额	69	65	69	72	68	65	432	72		
查询B店二月营业额	84									
查询D店五月营业额	84									

图 8-1　"产品销售测评表"工作簿效果

相关知识

（一）公式运算符和语法

在 Excel 中使用公式前，首先需要对公式中的运算符和公式的语法有大致的了解。下面分别对其进行简单介绍。

1. 运算符

运算符即公式中的运算符号，用于对公式中的元素进行特定计算。运算符主要用于连接数字并产生相应的计算结果。运算符有算术运算符（如加、减、乘、除）、比较运算符（如逻辑值 false 与 true）、文本运算符（如 &）、引用运算符（如冒号与空格）和括号运算符［如 ()］5 种。当一个公式中包含了这 5 种运算符时，应遵循从高到低的优先级进行计算，如负号（-）、百分比（%）、求幂（^）、乘和除（* 和 /）、加和减（+ 和 -）、文本连接符（&）、比较运算符（=、<、>、<=、>= 和 <>）；若公式中还包含括号运算符，则一定要注意每个左括号必须配一个右括号。

2. 语法

Excel 中的公式是按照特定的顺序进行数值运算的，这一特定顺序即为语法。Excel 中的公式遵循一个特定的语法：最前面是等号，后面是参与计算的元素和运算符。如果公式中同时用到了多个运算符，则需按照运算符的优先级分别进行运算。如果公式中包含了相同优先级的运算符，则先进行括号里面的运算，再从左到右依次计算。

（二）单元格引用和单元格引用分类

在使用公式计算数据前要先了解单元格引用和单元格引用分类的基础知识。

1. 单元格引用

在 Excel 中是通过单元格的地址来引用单元格的，单元格地址指单元格的行号与列标的组合。如 "=193800+123140+146520+152300"，数据 "193800" 位于 B3 单元格，其他数据依次位于 C3、D3 和 E3 单元格中，通过单元格引用，可以将公式输入为 "=B3+C3+D3+E3"，这样也能获得相同的计算结果。

2. 单元格引用分类

在计算数据表中的数据时，通常会通过复制或移动公式来实现快速计算，因此会涉及不同的单元格引用方式。Excel 中包括相对引用、绝对引用和混合引用 3 种引用方式，不同的引用方式得到的计算结果也不相同。

- 相对引用。相对引用是指输入公式时直接通过单元格地址来引用单元格。相对引用单元格后，如果复制或剪切公式到其他单元格，那么公式中引用的单元格地址会根据复制或剪切的位置而发生相应改变。
- 绝对引用。绝对引用是指无论引用单元格的公式的位置如何改变，所引用的单元格均不会发生变化。绝对引用的形式是在单元格的行列号前加上符号 "$"。
- 混合引用。混合引用包含了相对引用和绝对引用。混合引用有两种形式，一种是行绝对、列相对，如 "B$2" 表示行不发生变化，但是列会随着新的位置发生变化；另一种是行相对、列绝对，如 "$B2" 表示列保持不变，但是行会随着新的位置而发生变化。

（三）使用公式计算数据

Excel 中的公式是对工作表中的数据进行计算的等式，它以 "=（等号）" 开始，其后是公式的表达式。公式表达式只包含运算符、常量数值、单元格引用和单元格区域引用。

1. 输入公式

在 Excel 中输入公式的方法与输入数据的方法类似，只需将公式输入相应的单元格中，即可计算出数据结果。输入公式的方法是：选择要输入公式的单元格，在单元格或编辑栏中输入 "="，接着输入公式内容，完成后按【Enter】键或单击编辑栏上的 "输入" 按钮 ✓。

在单元格中输入公式后，按【Enter】键可在计算出公式结果的同时选择同列的下一个单元格；按【Tab】键可在计算出公式结果的同时选择同行的下一个单元格；按【Ctrl+Enter】组合键则在计算出公式结果后，仍保持当前单元格的选择状态。

2. 编辑公式

编辑公式与编辑数据的方法相同。选择含有公式的单元格，将插入点定位在编辑栏或单元格中需要修改的位置，按【Back Space】键删除多余或错误的内容，再输入正确的内容。完成后按【Enter】键即可完成公式的编辑，Excel 会自动对新公式进行计算。

3. 复制公式

在 Excel 中复制公式是快速计算数据的最佳方法，因为在复制公式的过程中，Excel 会自动

计算机应用基础（Windows 7+Office 2016）（第2版）

改变引用单元格的地址，可避免手动输入公式的麻烦，提高工作效率。通常使用"常用"工具栏或菜单进行复制粘贴；也可通过拖曳控制柄进行复制；还可选择添加了公式的单元格，按【Ctrl+C】组合键进行复制，再将插入点定位到要复制到的单元格，按【Ctrl+V】组合键进行粘贴来完成对公式的复制。

（四）Excel 中的常用函数

Excel 2016 中提供了多种函数，每个函数的功能、语法结构及其参数的含义各不相同，除本书中提到的 SUM 函数和 AVERAGE 函数外，常用的函数还有 IF 函数、COUNT 函数、MAX/MIN 函数、SIN 函数和 PMT 函数等。

- SUM 函数。SUM 函数的功能是对选择的单元格或单元格区域进行求和计算。其语法结构为：SUM(number1,number2,...)。其中，"number1,number2,..."表示若干个需要求和的参数。填写参数时，可以使用单元格地址（如 E6,E7,E8），也可以使用单元格区域（如 E6:E8），甚至是混合输入（如 E6,E7:E8）。

- AVERAGE 函数。AVERAGE 函数的功能是求平均值，计算方法是：将选择的单元格或单元格区域中的数据先相加，再除以单元格个数。其语法结构是：AVERAGE(number1,number2,...)。其中，"number1,number2,…"表示需要计算平均值的若干个参数。

- IF 函数。IF 函数是一种常用的条件函数，它能执行真假值判断，并根据逻辑计算的真假值返回不同结果。其语法结构是：IF(logical_test,value_if_true,value_if_false)。其中，logical_test 表示计算结果为 true 或 false 的任意值或表达式；value_if_true 表示 logical_test 为 true 时要返回的值，可以是任意数据；value_if_false 表示 logical_test 为 false 时要返回的值，也可以是任意数据。

- COUNT 函数。COUNT 函数的功能是返回包含数字及包含参数列表中的数字的单元格的个数，通常利用它来计算单元格区域或数字数组中数字字段的输入项个数。其语法结构是：COUNT(value1,value2,...)。其中，"value1, value2, ..."为包含或引用各种类型数据的参数（1 到 30 个），但只有数字类型的数据才被计算。

- MAX/MIN 函数。MAX 函数的功能是返回所选单元格区域中所有数值的最大值，MIN 函数则用来返回所选单元格区域中所有数值的最小值。其语法结构是：MAX/MIN(number1,number2,...)。其中，"number1,number2,…"表示要筛选的若干个数值或引用。

- SIN 函数。SIN 函数的功能是返回给定角度的正弦值。其语法结构是：SIN(number)。其中，number 为需要求正弦的角度，以弧度表示。

- PMT 函数。PMT 函数的功能是基于固定利率及等额分期付款方式，返回贷款的每期付款额。其语法结构是：PMT(rate,nper,pv,fv,type)。其中，rate 为贷款利率；nper 为该项贷款的付款总数；pv 为现值，或一系列未来付款的当前值的累积和，也称为本金；fv 为未来值，或在最后一次付款后希望得到的现金余额，如果省略 fv，则假设其值为零，也就是一笔贷款的未来值为零；type 为数字 0 或 1，用以指定各期的付款时间是在期初还是期末。

- SUMIF 函数。SUMIF 函数的功能是根据指定条件对若干单元格求和。其语法结构是：SUMIF(range,criteria,sum_range)。其中，range 为用于条件判断的单元格区域；criteria 用于确定哪些单元格将被作为相加求和的条件，其形式可以为数字、表达式或文本；sum_range 为需要求和的实际单元格。

（一）使用求和函数 SUM

求和函数主要用于计算某一单元格区域中所有数字之和，其具体操作如下。

（1）打开"产品销售测评表 .xlsx"工作簿，选择 H4 单元格，在【公式】/【函数库】组中单击"自动求和"按钮Σ。

（2）此时，便在 H4 单元格中插入求和函数"SUM"，同时 Excel 将自动识别函数参数"B4:G4"，如图 8-2 所示。

图 8-2　插入求和函数

（3）单击编辑区中的"输入"按钮，完成求和的计算，将鼠标指针移动到 H4 单元格右下角，当其变为➕形状时，按住鼠标左键不放向下拖曳，至 H15 单元格释放鼠标左键，系统将自动填充各店月营业总额，如图 8-3 所示。

图 8-3　自动填充月营业总额

（二）使用平均值函数 AVERAGE

AVERAGE 函数用来计算某一单元格区域中的数据的平均值，即先将单元格区域中的数据相加再除以单元格个数，具体操作如下。

（1）选择 I4 单元格，在【公式】/【函数库】组中单击"自动求和"按钮 Σ 下方的下拉按钮 ，在打开的下拉列表中选择"平均值"选项。

（2）此时，系统将自动在 I4 单元格中插入平均值函数"AVERAGE"，同时 Excel 将自动识别函数参数"B4:H4"，再将自动识别的函数参数手动更改为"B4:G4"，如图 8-4 所示。

微课

使用平均值函数 AVERAGE

B4			✕	✓	fx	=AVERAGE(B4:G4)				
	A	B	C	D	E	F	G	H	I	J	K	L

姓名	营业额（万元）						月营业总额	月平均营业额	名次	是否优秀
	一月	二月	三月	四月	五月	六月				
A店	95	85	85	90	89	84	528	=AVERAGE(B4:G4)		
B店	92	84	85	85	88	90	524	AVERAGE(**number1**, [number2], ...)		
D店	85	88	87	84	84	83	511			
E店	80	82	86	88	81	80	497			
F店	87	89	86	84	83	88	517			
G店	86	84	85	81	80	82	498			
H店	71	73	69	74	69	77	433			
I店	69	74	76	72	76	65	432			
J店	76	72	72	77	72	72	449			
K店	72	77	80	82	86	88	485			
L店	88	70	80	79	77	75	469			
M店	74	65	78	77	68	73	435			

图 8-4　更改函数参数

（3）单击编辑区中的"输入"按钮 ，应用函数的计算结果。

（4）将鼠标指针移动到 I4 单元格右下角，当其变为 ╋ 形状时，按住鼠标左键不放向下拖曳，至 I15 单元格释放鼠标左键，系统将自动填充各门店月平均营业额，如图 8-5 所示。

I4			✕	✓	fx	=AVERAGE(B4:G4)			
	A	B	C	D	E	F	G	H	I	J	K

姓名	营业额（万元）						月营业总额	月平均营业额	名次	是否优秀
	一月	二月	三月	四月	五月	六月				
A店	95	85	85	90	89	84	528	88		
B店	92	84	85	85	88	90	524	87		
D店	85	88	87	84	84	83	511	85		
E店	80	82	86	88	81	80	497	83		
F店	87	89	86	84	83	88	517	86		
G店	86	84	85	81	80	82	498	83		
H店	71	73	69	74	69	77	433	72		
I店	69	74	76	72	76	65	432	72		
J店	76	72	72	77	72	72	449	75		
K店	72	77	80	82	86	88	485	81		
L店	88	70	80	79	77	75	469	78		
M店	74	65	78	77	68	73	435	73		

图 8-5　自动填充月平均营业额

（三）使用最大值函数 MAX 和最小值函数 MIN

MAX 函数和 MIN 函数用于返回一组数据中的最大值或最小值，其具体操作如下。

微课

使用最大值函数 MAX 和最小值函数 MIN

（1）选择 B16 单元格，在【开始】/【单元格】组中单击"自动求和"按钮∑右侧的下拉按钮，在打开的下拉列表中选择"最大值"选项，如图 8-6 所示。

（2）此时，系统将自动在 B16 单元格中插入最大值函数"MAX"，同时 Excel 将自动识别函数参数"B4:B15"，如图 8-7 所示。

图 8-6　选择"最大值"选项

图 8-7　插入最大值函数

（3）单击编辑区中的"输入"按钮，应用函数的计算结果，将鼠标指针移动到 B16 单元格右下角，当其变为 +形状时，按住鼠标左键不放向右拖曳，直至 I16 单元格释放鼠标左键，将自动计算出各门店月最高营业额、月最高营业总额和月最高平均营业额。

（4）选择 B17 单元格，在【开始】/【单元格】组中单击"自动求和"按钮∑右侧的下拉按钮，在打开的下拉列表中选择"最小值"选项。

（5）此时，系统自动在 B17 单元格中插入最小值函数"MIN"，同时 Excel 将自动识别函数参数"B4:B16"，手动将其更改为"B4:B15"。

（6）单击编辑区中的"输入"按钮，应用函数的计算结果，如图 8-8 所示。

B4				×	✓	fx	=MIN(B4:B15)			
	A	B	C	D	E	F	G	H	I	J	K

上半年产品销售测评表

姓名	营业额（万元）						月营业总额	月平均营业额	名次	是否优秀
	一月	二月	三月	四月	五月	六月				
A店	95	85	85	90	89	84	528	88		
B店	92	84	85	85	88	90	524	87		
D店	85	88	87	84	84	83	511	85		
E店	80	82	86	88	81	80	497	83		
F店	87	89	86	84	83	88	517	86		
G店	86	84	85	81	80	82	498	83		
H店	71	73	69	74	69	77	433	72		
I店	69	74	76	72	76	65	432	72		
J店	76	72	72	77	72	80	449	75		
K店	72	77	80	82	86	88	485	81		
L店	88	70	80	79	77	75	469	78		
M店	74	65	78	77	68	73	435	73		
月最高营业额	95	89	87	90	89	90	528	88		
月最低营业额	=MIN(B4:B15)									

MIN(**number1**, [number2], ...)

图 8-8　插入最小值函数

（7）将鼠标指针移动到 B17 单元格右下角，当其变为 ✛ 形状时，按住鼠标左键不放向右拖曳，至 I17 单元格释放鼠标左键，将自动计算出各门店月最低营业额、月最低营业总额和月最低平均营业额，如图 8-9 所示。

B17				×	✓	fx	=MIN(B4:B16)		
	A	B	C	D	E	F	G	H	I	J
4	A店	95	85	85	90	89	84	528	88	
5	B店	92	84	85	85	88	90	524	87	
6	D店	85	88	87	84	84	83	511	85	
7	E店	80	82	86	88	81	80	497	83	
8	F店	87	89	86	84	83	88	517	86	
9	G店	86	84	85	81	80	82	498	83	
10	H店	71	73	69	74	69	77	433	72	
11	I店	69	74	76	72	76	65	432	72	
12	J店	76	72	72	77	72	80	449	75	
13	K店	72	77	80	82	86	88	485	81	
14	L店	88	70	80	79	77	75	469	78	
15	M店	74	65	78	77	68	73	435	73	
16	月最高营业额	95	89	87	90	89	90	528	88	
17	月最低营业额	69	65	69	72	68	65	432	72	

图 8-9　自动填充月最低营业额

（四）使用排名函数 RANK

RANK 函数用来返回某个数字在数字列表中的排名，其具体操作如下。

（1）选择 J4 单元格，在【公式】/【函数库】组中单击"插入函数"按钮 fx 或按【Shift+F3】组合键，打开"插入函数"对话框。

微课

使用排名函数
RANK

（2）在"或选择类别"下拉列表中选择"兼容性"选项，在"选择函数"列表框中选择"RANK"选项，单击 确定 按钮，如图 8-10 所示。

（3）打开"函数参数"对话框，在"Number"文本框中输入"H4"，单击"Ref"文本框右侧的"收缩"按钮 。

（4）此时该对话框呈收缩状态，拖曳鼠标选择要计算的 H4:H15 单元格区域，单击右侧的"拓展"按钮 。

（5）返回到"函数参数"对话框，利用【F4】键将"Ref"文本框中的单元格的引用地址转换为绝对引用，单击 确定 按钮，如图 8-11 所示。

图 8-10 选择需要插入的函数

图 8-11 设置函数参数

（6）返回到操作界面，即可查看排名情况。将鼠标指针移动到 J4 单元格右下角，当其变为 **+**形状时，按住鼠标左键不放向下拖曳，直至 J15 单元格释放鼠标左键，即可显示出每个门店的名次。

（五）使用 IF 判断函数

IF 判断函数用于判断数据表中的某个数据是否满足指定条件，如果满足则返回特定值，不满足则返回其他值，其具体操作如下。

（1）选择 K4 单元格，单击编辑栏中的"插入函数"按钮 f_x 或按【Shift+F3】组合键，打开"插入函数"对话框。

（2）在"或选择类别"下拉列表中选择"逻辑"选项，在"选择函数"列表框中选择"IF"选项，单击 确定 按钮，如图 8-12 所示。

（3）打开"函数参数"对话框，分别在 3 个文本框中输入判断条件和返回逻辑值，单击 确定 按钮，如图 8-13 所示。

（4）返回到操作界面，由于 H4 单元格中的值大于"510"，因此 K4 单元格显示为"优秀"。将鼠标指针移动到 K4 单元格右下角，当其变为**+**形状时，按住鼠标左键不放向下拖曳，至 K15 单元格处释放鼠标左键，分析其他门店是否满足优秀门店条件，若低于"510"，则返回"合格"。

微课

使用 IF 判断函数

计算机应用基础（Windows 7+Office 2016）（第2版）

图 8-12　选择需要插入的函数

图 8-13　设置判断条件和返回逻辑值

（六）使用 INDEX 函数

INDEX 函数用于返回表或区域中的值或对值的引用，其具体操作如下。

微课

使用 INDEX 函数

（1）选择 B19 单元格，在编辑栏中输入"=INDEX("，此时编辑栏下方将自动提示 INDEX 函数的参数输入规则，拖曳鼠标选择 A4:G15 单元格区域，编辑栏中将自动录入"A4:G15"。

（2）继续在编辑栏中输入参数"，2,3)"，单击编辑栏中的"输入"按钮✓，确认函数的计算结果，如图 8-14 所示。

B19		✕ ✓ fx	=INDEX(A4:G15,2,3)								
▲	A	B	C	D	E	F	G	H	I	J	K
7	E店	80	82	86	88	81	80	497	83	6	合格
8	F店	87	89	86	84	83	88	517	86	3	优秀
9	G店	86	84	85	81	80	82	498	83	5	合格
10	H店	71	73	69	74	69	77	433	72	11	合格
11	I店	69	74	76	72	76	65	432	72	12	合格
12	J店	76	72	72	77	72	80	449	75	9	合格
13	K店	72	77	80	82	86	88	485	81	7	合格
14	L店	88	70	80	79	77	75	469	78	8	合格
15	M店	74	65	78	77	68	73	435	73	10	合格
16	月最高营业额	95	89	87	90	89	90	528	88		
17	月最低营业额	69	65	69	72	68	65	432	72		
18											
19	查询B店二月营业额	84									

图 8-14　确认函数的应用

（3）选择 B20 单元格，在编辑栏中输入"=INDEX("，拖曳鼠标选择 A4:G15 单元格区域，编辑栏中将自动录入"A4:G15"。

（4）继续在编辑栏中输入参数"，3,6)"，如图 8-15 所示，按【Enter】键确认函数的应用并计算结果。

图8-15 函数参数设置

任务二 统计分析员工绩效表

任务要求

公司要对下属工厂的员工进行绩效考评。小丽是财政部的一名员工，部长让她对该工厂一季度的员工绩效表进行统计分析，参考效果如图8-16所示。相关要求如下。

- 打开已经创建并编辑完成的员工绩效表，对其中的数据分别进行快速排序、组合排序和自定义排序。
- 对表中的数据按照不同的条件进行自动筛选、自定义筛选和高级筛选，并在表格中使用条件格式。
- 按照不同的设置字段，为表格中的数据创建分类汇总、嵌套分类汇总，然后查看分类汇总的数据。
- 首先创建数据透视表，然后再创建数据透视图。

一季度员工绩效表

编号	姓名	工种	1月份	2月份	3月份	季度总产量
CJ-0112	程建茹	装配	500	502	530	1532
CJ-0111	张敬	检验	480	526	524	1530
CJ-0110	林琳	装配	520	528	519	1567
CJ-0109	王潇妃	检验	515	514	527	1556
CJ-0118	韩榑	运输	500	520	498	1518
CJ-0113	王冬	检验	570	500	486	1556
CJ-0123	郭永新	运输	535	498	508	1541
CJ-0116	吴明	检验	530	485	505	1520
CJ-0121	黄鑫	淋水	521	508	515	1544
CJ-0115	程旭	运输	516	510	528	1554

一季度员工绩效表

	编号	姓名	工种	1月份	2月份	3月份	季度总产量
3	CJ-0111	张敬	检验	480	526	524	1530
4	CJ-0109	王潇妃	检验	515	514	527	1556
5	CJ-0113	王冬	检验	570	500	486	1556
6	CJ-0116	吴明	检验	530	485	505	1520
7			检验 平均值				1540.5
8			检验 汇总				6162
9	CJ-0121	黄鑫	淋水	521	508	515	1544
10	CJ-0119	赵菲菲	淋水	528	505	520	1553
11	CJ-0124	刘松	淋水	533	521	499	1553

图8-16 "员工绩效表"工作簿最终效果

（一）数据排序

数据排序是统计工作中的一项重要内容，在 Excel 中可将数据按照指定的顺序规律进行排序。一般情况下，数据排序分为以下 3 种情况。

- 单列数据排序。单列数据排序是指在工作表中以一列单元格中的数据为依据，对工作表中的所有数据进行排序。
- 多列数据排序。在对多列数据进行排序时，需要按某个数据进行排列，该数据称为"关键字"。以关键字进行排序，其他列中的单元格数据将随之发生变化。对多列数据进行排序时，首先需要选择多列数据对应的单元格区域，然后选择关键字，排序时就会自动以该关键字进行排序，未选择的单元格区域将不参与排序。
- 自定义排序。使用自定义排序可以通过设置多个关键字对数据进行排序，并可以通过其他关键字对相同的数据进行排序。

（二）数据筛选

数据筛选是对数据进行分析时常用的功能之一。数据筛选分为以下 3 种情况。

- 自动筛选。自动筛选数据即根据用户设定的筛选条件，自动将表格中符合条件的数据显示出来，而表格中的其他数据将隐藏。
- 自定义筛选。自定义筛选是在自动筛选的基础上进行操作的，即单击自动筛选后的需自定义的字段名称右侧的下拉按钮，在打开的下拉列表中选择相应的选项确定筛选条件，然后在打开的"自定义自动筛选方式"对话框中进行相应的设置。
- 高级筛选。若需要根据自己设置的筛选条件对数据进行筛选，则需要使用高级筛选功能。高级筛选功能可以筛选出同时满足两个或两个以上约束条件的数据。

✕ **任务实现**

（一）排序员工绩效表数据

使用 Excel 中的数据排序功能对数据进行排序，有助于快速直观地显示并理解、组织和查找所需的数据，具体操作如下。

（1）打开"员工绩效表.xlsx"工作簿，选择 G 列任意单元格，在【数据】/【排序和筛选】组中单击"升序"按钮，此时即可将选择的数据表按照"季度总产量"由低到高进行排序。

（2）选择 A2:G14 单元格区域，在"排序和筛选"组中单击"排序"按钮。

（3）打开"排序"对话框，在"主要关键字"下拉列表中选择"季度总产量"选项，在"排序依据"下拉列表中选择"数值"选项，在"次序"下拉列表中选择"降

微课

排序员工绩效
表数据

序"选项，如图 8-17 所示。

图 8-17　设置主要排序条件

（4）单击 添加条件(A) 按钮，在"次要关键字"下拉列表中选择"3月份"选项，在"排序依据"下拉列表中选择"单元格值"选项，在"次序"下拉列表中选择"降序"选项，单击 确定 按钮。

（5）此时即可对数据表先按照"季度总产量"序列降序排列，对于"季度总产量"列中相同的数据，再按照"3月份"序列进行降序排列，效果如图 8-18 所示。

编号	姓名	工种	1月份	2月份	3月份	季度总产量
一季度员工绩效表						
CJ-0110	林琳	装配	520	528	519	1567
CJ-0109	王潇妃	检验	515	514	527	1556
CJ-0113	王冬	检验	570	500	486	1556
CJ-0115	程旭	运输	516	510	528	1554
CJ-0119	赵菲菲	泼水	528	505	520	1553
CJ-0124	刘松	泼水	533	521	499	1553
CJ-0121	黄鑫	泼水	521	508	515	1544
CJ-0123	郭永新	运输	535	498	508	1541
CJ-0112	程建茹	装配	500	502	530	1532
CJ-0111	张敏	检验	480	526	524	1530
CJ-0116	吴明	检验	530	485	505	1520
CJ-0118	韩柳	运输	500	520	498	1518

图 8-18　查看排序结果

提示　如果数据表中的数据较多，则很有可能出现数据相同的情况，此时可以单击 添加条件(A) 按钮，添加更多排序条件，这样就能解决相同数据排序的问题。另外，在 Excel 2016 中，除了可以对数字进行排序外，还可以对字母或日期进行排序。对字母而言，升序是从 A 到 Z 排列；对日期来说，降序是按最早的日期到最晚的日期进行排序，升序则相反。

（6）选择【文件】/【选项】命令，打开"Excel 选项"对话框，在左侧的列表中单击"高级"选项卡，在右侧列表框的"常规"栏中单击 编辑自定义列表(O)... 按钮。

（7）打开"自定义序列"对话框，在"输入序列"列表框中输入序列字段"流水,装配,检验,运输"，单击 添加(A) 按钮，将自定义字段添加到左侧的"自定义序列"列表框中。

提示　在 Excel 2016 中，必须先建立自定义字段，然后才能进行自定义排序。输入自定义序列时，各个字段之间必须使用逗号或分号隔开（英文符号），也可换行输入。自定义序列时，首先须确定排序依据，即存在多个重复项，如果序列中无重复项，则排序的意义不大。

（8）单击 确定 按钮，关闭"Excel 选项"对话框，返回到数据表，选择 A2:G14 单元格区域，在"排序和筛选"组中单击"排序"按钮 ，打开"排序"对话框。

（9）在"主要关键字"下拉列表中选择"工种"选项，在"次序"下拉列表中选择"自定义序列"选项，打开"自定义序列"对话框，在"自定义序列"列表框中选择前面创建的序列，单击 确定 按钮。

（10）返回到"排序"对话框，"次序"下拉列表中即显示设置的自定义序列，单击 确定 按钮，如图8-19所示。

（11）此时即可将数据表按照"工种"序列中的自定义序列进行排序，效果如图8-20所示。

图8-19　设置自定义序列

图8-20　查看自定义序列排序的效果

提示

对数据进行排序时，如果打开的提示对话框显示"此操作要求合并单元格都具有相同大小"，则表示当前数据表中包含合并的单元格。由于 Excel 无法识别合并单元格的数据并对其进行正确排序，因此需要用户手动选择规则的排序区域再进行排序。

（二）筛选员工绩效表数据

Excel 筛选数据功能可根据需要显示满足某一个或某几个条件的数据，而隐藏其他的数据。

1. 自动筛选

自动筛选可以快速在数据表中显示指定字段的数据并隐藏其他数据。下面在

微课

自动筛选

"员工绩效表 .xlsx"工作簿中筛选出工种为"装配"的员工绩效数据，具体操作如下。

（1）打开表格，选择工作表中的任意单元格，在【数据】/【排序和筛选】组中单击"筛选"按钮▼进入筛选状态，列标题单元格右侧显示出"筛选"按钮▼。

（2）在 C2 单元格中单击"筛选"下拉列表框右侧的下拉按钮▼，在打开的下拉列表中取消选中"检验""流水""运输"复选框，仅选中"装配"复选框，单击[确定]按钮。

（3）此时将在数据表中显示工种为"装配"的员工数据，而将其他员工数据全部隐藏。

> **提示** 通过选择字段可以同时筛选多个字段的数据。单击"筛选"按钮▼后，再单击对应单元格下拉列表框右侧的下拉按钮▼，将打开设置筛选条件的下拉列表，只需在其中选中对应的复选框即可。在 Excel 2016 中还能通过颜色、数字和文本进行筛选，但是这类筛选方式都需要提前对表格中的数据进行设置。

2. 自定义筛选

自定义筛选多用于筛选数值数据，通过设定筛选条件可以将满足指定条件的数据筛选出来，而将其他数据隐藏。下面在"员工绩效表 .xlsx"工作簿中筛选出季度总产量大于"1540"的相关信息，具体操作如下。

（1）打开"员工绩效表 .xlsx"工作簿，单击"筛选"按钮▼进入筛选状态，单击"季度总产量"单元格右侧的下拉按钮▼，在打开的下拉列表中选择【数字筛选】/【大于】选项。

（2）打开"自定义自动筛选方式"对话框，在"季度总产量"栏的"大于"下拉列表框右侧的下拉列表框中输入"1540"，单击[确定]按钮，如图 8-21 所示。

微课
自定义筛选

图 8-21　自定义筛选

> **提示** 筛选并查看数据后，在"排序和筛选"组中单击"消除"按钮，可清除筛选结果，但仍保持筛选状态；单击"筛选"按钮▼，可直接退出筛选状态，返回到筛选前的数据表。

3. 高级筛选

通过高级筛选功能，可以自定义筛选条件，在不影响当前数据表的情况下显示出筛选结果。对于较复杂的筛选，可以使用高级筛选来进行。下面在"员工绩效表 .xlsx"工作簿中筛选出 1 月份产量大于"510"、季度总产量大于"1556"的数据，具体操作如下。

（1）打开"员工绩效表 .xlsx"工作簿，在 C16 单元格中输入筛选序列"1 月份"，

微课
高级筛选

在 C17 单元格中输入条件"＞510"，在 D16 单元格中输入筛选序列"季度总产量"，在 D17 单元格中输入条件"＞1556"，在表格中选择任意的单元格，在【数据】/【排序和筛选】组中单击"高级"按钮 。

（2）打开"高级筛选"对话框，选中"将筛选结果复制到其他位置"单选项，将"列表区域"设置为"$A$2:$G$14"，在"条件区域"文本框中输入"$C$16:$D$17"，在"复制到"文本框中输入"$A$18:$G$25"，单击 确定 按钮。

（3）此时即可在原数据表下方的 A18:G19 单元格区域中单独显示出筛选结果。

4. 使用条件格式

条件格式用于将数据表中满足指定条件的数据以特定的格式显示出来，从而便于直观地查看与区分数据。下面在"员工绩效表.xlsx"工作簿中将月产量和季度总产量大于"500"的数据以浅红色填充显示，具体操作如下。

（1）选择 D3:G14 单元格区域，在【开始】/【样式】组中单击"条件格式"按钮，在打开的下拉列表中选择【突出显示单元格规则】/【大于】选项。

（2）打开"大于"对话框，在数值框中输入"500"，在"设置为"下拉列表中选择"浅红填充色深红色文本"选项，单击 确定 按钮，如图 8-22 所示。

（3）此时即可将 D3:G14 单元格区域中所有数据大于"500"的单元格以浅红色填充显示，如图 8-23 所示。

图 8-22　设置格式

	A	B	C	D	E	F	G
1				一季度员工绩效表			
2	编号	姓名	工种	1月份	2月份	3月份	季度总产量
3	CJ-0112	程建茹	装配	500	502	530	1532
4	CJ-0111	张敏	检验	480	526	524	1530
5	CJ-0110	林琳	装配	520	528	519	1567
6	CJ-0109	王藻妃	检验	515	514	527	1556
7	CJ-0118	韩柳	运输	500	520	498	1518
8	CJ-0113	王冬	检验	570	500	486	1556
9	CJ-0123	郭永新	运输	535	498	508	1541
10	CJ-0116	吴明	检验	530	485	505	1520
11	CJ-0121	黄鑫	淡水	521	508	515	1544
12	CJ-0115	程旭	运输	516	510	528	1554
13	CJ-0119	赵菲菲	淡水	528	505	520	1553
14	CJ-0124	刘松	淡水	533	521	499	1553

图 8-23　应用条件格式

（三）对数据进行分类汇总

运用 Excel 的分类汇总功能可对表格中同一类数据进行统计运算，使工作表中的数据变得更加清晰直观，其具体操作如下。

（1）打开表格，选择 C 列的任意一个单元格，在【数据】/【排序和筛选】组中单击"升序"按钮，对数据进行排序。

（2）单击"分级显示"按钮 ，在【数据】/【分级显示】组中单击"分类汇总"按钮 ，打开"分类汇总"对话框，在"分类字段"下拉列表中选择"工种"选项，在"汇总方式"下拉列表中选择"求和"选项，在"选定汇总项"列表框中选中"季度总产量"复选框，单击 确定 按钮，如图8-24所示。

图8-24 设置分类汇总

（3）此时即可对数据表进行分类汇总，同时直接在表格中显示汇总结果。

（4）在C列中选择任意单元格，使用相同的方法打开"分类汇总"对话框，在"汇总方式"下拉列表中选择"平均值"选项，在"选定汇总项"列表框中选中"季度总产量"复选框，取消选中"替换当前分类汇总"复选框，单击 确定 按钮。

（5）在汇总数据表的基础上继续添加分类汇总，即可同时查看不同工种每季度的平均产量，效果如图8-25所示。

提示　　分类汇总实际上就是分类加汇总，其操作过程首先是通过排序功能对数据进行分类排序，然后再按照分类进行汇总。如果没有进行排序，汇总的结果就没有意义。所以，在分类汇总之前，必须先将数据表进行排序，且排序的条件最好是需要分类汇总的相关字段，再进行汇总操作，这样汇总的结果将更加清晰。

图8-25 查看嵌套分类汇总结果

提示　　并不是所有的数据表都能够进行分类汇总，必须保证数据表中具有可以分类的序列，才能进行分类汇总。另外，打开已经进行了分类汇总的工作表，在表中选择任意单元格，然后在"分级显示"组中单击"分类汇总"按钮 ，打开"分类汇总"对话框，直接单击 全部删除(R) 按钮即可删除创建的分类汇总。

（四）创建并编辑数据透视表

数据透视表是一种交互式的数据报表，可以快速汇总大量的数据，同时对汇总结果进行各种筛选以查看源数据的不同统计结果。下面为"员工绩效表.xlsx"工作簿创建数据透视表，具体操作如下。

（1）打开"员工绩效表.xlsx"工作簿，选择 A2:G14 单元格区域，在【插入】/【表格】组中单击"数据透视表"按钮，打开"创建数据透视表"对话框。

（2）由于已经选定了数据区域，因此只需设置放置数据透视表的位置，这里选中"新工作表"单选项，单击 确定 按钮，如图 8-26 所示。

图 8-26　设置数据透视表的放置位置

（3）此时将新建一个工作表，并在其中显示空白数据透视表，右侧显示出"数据透视表字段"窗格。

（4）在"数据透视表字段"窗格中将"工种"字段拖曳到"筛选"列表框中，数据表中将自动添加筛选字段。然后用同样的方法将"姓名"和"编号"字段拖曳到"筛选"列表框中。

（5）使用同样的方法按顺序将"1月份"～"季度总产量"字段拖曳到"值"列表框中，如图 8-27 所示。

图 8-27　添加字段

（6）在创建好的数据透视表中单击"工种"字段后的 按钮，在打开的下拉列表中选择"流水"选项，如图 8-28 所示。单击 确定 按钮，即可在表格中显示该工种下所有员工的汇总数据。

图 8-28　对汇总结果进行筛选

（五）创建数据透视图

　　通过数据透视表分析数据后，为了直观地查看数据情况，还可以根据数据透视表制作数据透视图。下面根据"员工绩效表.xlsx"工作簿中的数据透视表创建数据透视图，具体操作如下。

　　（1）在"员工绩效表.xlsx"工作簿中创建数据透视表后，在【数据透视表工具 -分析】/【工具】组中单击"数据透视图"按钮 ，打开"插入图表"对话框。

　　（2）在左侧的列表框中单击"柱形图"选项卡，在右侧列表框的"柱形图"栏中选择"三维簇状柱形图"选项，单击 确定 按钮，即可在数据透视表的工作表中添加数据透视图，如图 8-29 所示。

微课

创建数据透视图

图 8-29　创建数据透视图

提示

数据透视图和数据透视表是相互联系的，即改变数据透视表，则数据透视图将发生相应的变化；反之，若改变数据透视图，则数据透视表也发生相应的变化。另外，数据透视表中的字段可拖曳到 4 个区域，各区域作用介绍如下：报表筛选区域，作用类似于自动筛选，是所在数据透视表的条件区域，在该区域内的所有字段都将作为筛选数据区域内容的条件；行标签和列标签两个区域用于将数据横向或纵向显示，与分类汇总选项的分类字段作用相同；数值区域的内容主要是数据。

（3）在创建好的数据透视图中单击 姓名 ▾ 按钮，在打开的下拉列表中选择"（全部）"选项，单击 确定 按钮，即可在数据透视图中看到所有"流水"工种员工的数据求和项，如图 8-30 所示。

图 8-30　创建数据透视图

任务三　制作销售分析图表

任务要求

年关将至，总经理需要在年终总结会议上制定来年的销售方案，因此，需要一份数据差异和走势明显，以及能够辅助预测发展趋势的电子表格。总经理让小夏在下周之前制作一份销售分析图表，制作完成后的效果如图 8-31 所示，相关操作如下。

- 打开已经创建并编辑好的素材表格，根据表格中的数据创建图表，并将其移动到新的工作表中。

- 对图表进行相应编辑，包括修改图表数据、更改图表类型、设置图表样式、调整图表布局、设置图表格式、调整图表对象的显示与分布和使用趋势线等。

- 为表格中的数据插入迷你图，并对其进行设置和美化。

图 8-31 "销售分析表"工作簿最终效果

 相关知识

（一）图表的类型

图表是 Excel 重要的数据分析工具，在 Excel 中提供了多种图表类型，包括柱形图、条形图、折线图和饼图等，用户可根据不同的情况选用不同类型的图表。下面介绍 5 个常用图表的类型及其适用情况。

- 柱形图。柱形图常用于进行几个项目之间数据的对比。

- 条形图。条形图与柱形图的用法相似，但数据位于 y 轴，值位于 x 轴，位置与柱形图相反。

- 折线图。折线图多用于显示等时间间隔数据的变化趋势，它强调的是数据的时间性和变动率。

- 饼图。饼图用于显示一个数据系列中各项的大小与各项总和的比例。

- 面积图。面积图用于显示每个数值的变化量，强调数据随时间变化的幅度，还能直观地体现整体和部分的关系。

（二）使用图表的注意事项

制作的图表除了要具备必要的图表元素，还需让人一目了然，在制作图表前应该注意以下 6 点。

- 在制作图表前如需先制作表格，应根据前期收集的数据制作出相应的电子表格，并对表格进行一定的美化。

- 根据表格中某些数据项或所有数据项创建相应形式的图表。选择电子表格中的数据时，可根据图表的需要视情况而定。

- 检查创建的图表中的数据有无遗漏，及时对数据进行添加或删除。然后对图表形状样式和布局等内容进行相应的设置，完成图表的创建与修改。
- 不同的图表类型能够进行的操作可能不同，如二维图表和三维图表就具有不同的格式设置。
- 图表中的数据较多时，应该尽量将所有数据都显示出来，所以一些非重点的部分，如图表标题、坐标轴标题和数据表格等都可以省略。
- 办公文件讲究简单明了，对于图表的格式和布局等，最好使用 Excel 自带的格式，除非有特定的要求，否则没有必要设置复杂的格式影响图表的阅读。

 任务实现

（一）创建图表

图表可以将数据表以图例的方式展现出来。创建图表时，首先需要创建或打开数据表，然后根据数据表创建图表。下面为"销售分析表 .xlsx"工作簿创建图表，具体操作如下。

微课
创建图表

（1）打开"销售分析表 .xlsx"工作簿，选择 A3:F15 单元格区域，在【插入】/【图表】组中单击"插入柱形图或条形图"按钮，在打开的下拉列表的"二维柱形图"栏中选择"簇状柱形图"选项。

（2）此时即可在当前工作表中创建一个柱形图，图表中显示了各公司每月的销售情况。将鼠标指针移动到图表中的某一系列上，即可查看该系列对应的分公司在该月的销售数据，如图 8-32 所示。

提示
在 Excel 2016 中，如果不选择数据直接插入图表，则图表中将显示空白。这时在【图表工具 - 设计】/【数据】组中单击"选择数据"按钮，打开"选择数据源"对话框，在其中设置图表数据对应的单元格区域，即可在图表中添加数据。

图 8-32 插入图表效果

（3）在【图表工具-设计】/【位置】组中单击"移动图表"按钮，打开"移动图表"对话框，选中"新工作表"单选项，在后面的文本框中输入工作表的名称，这里输入"销售分析图表"，单击 确定 按钮。

（4）此时图表将移动到新工作表中，同时图表将自动调整为适合工作表区域的大小，如图8-33所示。

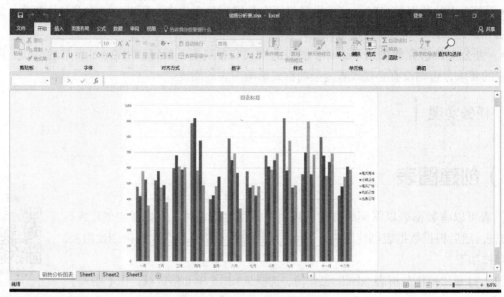

图8-33　移动图表效果

（二）编辑图表

编辑图表包括修改图表数据、更改图表类型、设置图表样式、调整图表布局、设置图表格式、调整图表对象的显示与分布和使用趋势线等操作，具体操作如下。

微课

编辑图表

（1）选择创建好的图表，在【图表工具-设计】/【数据】组中单击"选择数据"按钮，打开"选择数据源"对话框，单击"图表数据区域"文本框右侧的"收缩"按钮。

（2）对话框将折叠，在工作表中选择A3:E15单元格区域，单击"拓展"按钮展开"选择数据源"对话框，在"图例项（系列）"和"水平（分类）轴标签"列表框中即可看到修改的数据区域，如图8-34所示。

（3）单击 确定 按钮，返回图表，可以看到图表所显示的序列发生了变化，如图8-35所示。

图8-34　选择数据源

图 8-35　修改图表数据后的效果

（4）在【图表工具 - 设计】/【类型】组中单击"更改图表类型"按钮，打开"更改图表类型"对话框，在左侧的列表框中单击"条形图"选项卡，在右侧列表框的"条形图"栏中选择"三维簇状条形图"选项，单击 确定 按钮，如图 8-36 所示。

图 8-36　选择图表类型

（5）更改所选图表的类型与样式，更换后，图表中展现的数据并不会发生变化，如图 8-37所示。

（6）在【图表工具 - 设计】/【图表样式】组中选择"样式 6"选项，此时即可更改所选图表的样式。

图 8-37　修改图表类型后的效果

（7）在【图表工具 - 设计】/【图表布局】组中单击"快速布局"按钮，在打开的下拉列表中选择"布局 5"选项。

（8）此时即可更改所选图表的布局为同时显示数据表与图表，效果如图 8-38 所示。

图 8-38　更改图表布局

（9）在图表区中单击任意一条绿色数据条（"飓风广场"系列），Excel 将自动选中图表中所有该数据系列。在【图表工具 - 格式】/【形状样式】组中单击"其他"按钮，在打开的下拉列表中选择"强烈效果 - 橙色，强调颜色 6"选项，图表中该序列的样式亦随之变化。

（10）在【图表工具 - 格式】/【当前所选内容】组的下拉列表中选择"水平（值）轴 主要网格线"选项，在【图表工具 - 格式】/【形状样式】组的列表框中选择一种网格线的样式，这里选择"粗线 - 强调颜色 3"选项。

（11）在图表空白处单击选择整个图表，在【图表工具 - 格式】/【形状样式】组中单击"形状填充"按钮右侧的下拉按钮，在打开的下拉列表中选择【纹理】/【绿色大理石】选项，完成图表样式的设置，效果如图 8-39 所示。

（12）在【图表工具 - 设计】/【图表布局】组中单击"添加图表元素"按钮 ，在打开的下拉列表中选择"图表标题"下的"图表上方"选项，此时在图表上方显示"图表标题"文本框，单击后输入图表标题内容，这里输入"2017 销售分析表"。

（13）在【图表工具 - 设计】/【图表布局】组中单击"添加图表元素"按钮 ，在打开的下拉列表中选择"轴标题"下的"主要纵坐标轴"选项，"文字方向"选择"竖排"选项，如图 8-40 所示。

图 8-39 设置图表格式后的效果图

图 8-40 选择坐标轴标题的显示位置

（14）在垂直坐标轴左侧显示出坐标轴标题框，单击后输入"销售月份"，在【图表工具 - 设计】/【图表布局】组中单击"添加图表元素"按钮 ，在打开的下拉列表中选择"图例"下的"右侧"选项，即可将图例显示在图表右侧且不改变图表的大小，如图 8-41 所示。

图 8-41 设置图例的显示位置

（15）在【图表工具 - 设计】/【图表布局】组中单击"添加图表元素"按钮 ，在打开的下拉列表中选择"数据标签"下的"数据标注"选项，即可在图表的数据序列上显示数据标签。

（三）使用趋势线

趋势线用于对图表数据的分布与规律进行标识，从而使用户能够直观地了解数据的变化趋势，或对数据进行预测分析。下面为"销售分析表.xlsx"工作簿中的图表添加趋势线，具体操作如下。

（1）在【图表工具-设计】/【类型】组中单击"更改图表类型"按钮，打开"更改图表类型"对话框，在左侧的列表框中单击"柱形图"选项卡，在右侧列表框的"柱形图"栏中选择"簇状柱形图"选项，单击 确定 按钮，如图 8-42 所示。

图 8-42　更改图表类型

（2）在图表中单击需要设置趋势线的数据系列，这里单击"云帆公司"系列；在【图表工具-设计】/【图表布局】组中单击"添加图表元素"按钮，在打开的下拉列表中选择"趋势线"下的"移动平均"选项，周期设为 2，此时即可为图表中的"云帆公司"数据系列添加趋势线，右侧图例下方将显示出趋势线信息，效果如图 8-43 所示。

图 8-43　添加趋势线

> 提示 这里再次对图表类型进行了更改，是因为更改前的图表类型不支持设置趋势线。要查看图表是否支持设置趋势线，只需单击图表，在【图表工具 – 设计】/【图表布局】组的"添加图表元素"下拉列表中查看"趋势线"按钮是否可用。

（四）插入迷你图

微课
插入迷你图

迷你图不但简洁美观，而且可以清晰地展现数据的变化趋势，并且占用空间也很小，因此为数据分析工作提供了极大的便利，插入迷你图的具体操作如下。

（1）打开"销售分析表 .xlsx"工作簿，选择 B16 单元格，在【插入】/【迷你图】组中单击"折线图"按钮，打开"创建迷你图"对话框，在"选择所需的数据"栏的"数据范围"文本框中输入飓风商城的数据区域"B4:B15"，单击 确定 按钮即可看到插入的迷你图，如图 8-44 所示。

图 8-44　创建迷你图

（2）选择 B16 单元格，在【迷你图工具 - 设计】/【显示】组中选中"高点"和"低点"复选框，在"样式"组中单击"标记颜色"按钮，在打开的下拉列表中选择【高点】/【红色】选项，如图 8-45 所示。

图 8-45　设置高点和低点

（3）用同样的方法将低点设置为"绿色"，拖曳单元格控制柄为其他数据序列创建迷你图，如图8-46所示。

提示 迷你图无法使用【Delete】键删除,正确的删除方法是:在【迷你图工具 – 设计】/【分组】组中单击"清除"按钮🖊。

列1	飓风商城	云帆公司	飓风广场	电脑公司	出版公司
主要分公司销售分析表					
					单位：万元
一月	480	420	580	525	360
二月	520	580	475	490	380
三月	600	680	610	590	605
四月	888	920	586	775	490
五月	400	425	482	545	320
六月	790	650	695	570	340
七月	580	475	490	425	482
八月	680	610	590	650	695
九月	920	586	775	475	490
十月	560	700	900	560	685
十一月	800	680	550	640	694
十二月	520	482	545	610	590

图8-46　为其他数据序列创建迷你图

 课后练习

（1）打开素材文件"员工工资表.xlsx"工作簿，按照下列要求对表格进行操作。

查看
具体操作

① 分别选择F5:F20和J5:J20单元格区域，然后在【公式】/【函数库】组中单击"自动求和"按钮∑快速计算应领工资和应扣工资。

② 分别选择K5:K20和M5:M20单元格区域，在编辑栏中输入公式"=F5–J5"和"=K5–L5"，完成后按【Ctrl+Enter】组合键计算实发工资和税后工资。

③ 选择L5:L20单元格区域，在编辑栏中输入函数"=IF(K5–1500<0,0,IF(K5– 1500<1500, 0.03*(K5–1500)–0, IF(K5–1500<4500, 0.1*(K5–1500)–105, IF(K5–1500<9000, 0.2*(K5–1500)– 555,IF(K5–1500<35000,0.25*(K5–1500)–1005)))))"，完成后按【Ctrl+Enter】组合键计算个人所得税。

④ 选择A3:M4单元格区域，在【数据】/【排序和筛选】组中单击"筛选"按钮🔽，完成后在工作表中相应表头数据对应的单元格右侧单击🔽按钮筛选需查看的数据。

（2）打开"每月销量分析表.xlsx"工作簿，按照下列要求对表格进行操作。

① 在A7单元格中输入文本"迷你图"，然后在B7:M7单元格区域中创建迷你图，并显示迷你图标注和设置迷你图样式为"迷你图样式彩色 #2"，完成后调整行高。

② 同时选择A3:A6和N3:N6单元格区域，创建"簇状条形图"，然后设置图表布局为"布局5"，并输入图表标题"每月产品销量分析图表"，再设置图表样式为"样式28"，形状样式为"细微效果 – 黑色，深色1"，完成后移动图表到合适位置。

③ 选择A2:N6单元格区域，创建数据透视表并将其存放到新的工作表中，然后添加每月对应的字段，完成后设置数据透视表样式为"数据透视表样式中等深浅10"。

（3）打开"产品销售统计表.xlsx"工作簿，按照下列要求对表格进行操作。

① 在【数据】/【数据工具】组中单击"删除重复项"按钮▦▦，删除重复项。

② 选择 F 列任意单元格，在【数据】/【排序和筛选】组中单击"升序"按钮▥，此时可将数据表按照"总计"值大小由低到高排序。

③ 选择数据表中的任意单元格，单击"排序和筛选"组中的"筛选"按钮▽，进入筛选状态。

④ 单击"区域"单元格右侧的下拉按钮▾，在打开的下拉列表中取消选中与其他 3 个工种选项对应的复选框，取消选中"新城地区"复选框，单击 确定 按钮。

⑤ 选择 A 列的任意一个单元格，在【数据】/【分级显示】组中单击"分类汇总"按钮▦，打开"分类汇总"对话框。

⑥ 在"分类字段"下拉列表中选择"区域"选项，在"汇总方式"下拉列表中选择"求和"选项，在"选定汇总项"列表框中选中"总计"复选框，单击 确定 按钮。

项目九
制作幻灯片

09

PowerPoint作为Office的三大核心组件之一，主要用于幻灯片的制作与播放，在各种需要演讲、演示的场合都可见到其踪迹。它帮助用户通过简单的操作，快速制作出图文并茂、富有感染力的演示文稿，并且还可通过图示、视频和动画等多媒体形式表现复杂的内容，从而使听众更容易理解。本项目将通过两个典型任务，介绍制作PowerPoint演示文稿的基本操作，包括文件操作、文本输入与美化，以及插入图片、艺术字、表格和视频等演示文稿必备要素的方法。

课堂学习目标

◎ 制作工作总结演示文稿
◎ 编辑产品上市策划演示文稿

微课

制作幻灯片

任务一 制作工作总结演示文稿

任务要求

王林大学毕业后应聘到一家公司工作，一转眼到了年底，各部门要求员工结合自己的工作情况写一份工作总结，并且在年终总结会议上进行演说。王林对 Office 软件有一定的了解，他知道用 PowerPoint 来完成这个任务是再合适不过了。作为新手，王林希望简单操作就能实现演示文稿的效果。图 9-1 所示为制作完成后的"工作总结"演示文稿效果，具体要求如下。

• 启动 PowerPoint 2016，新建一个以"平面"为主题的演示文稿，然后以"工作总结 .pptx"为名保存在桌面上。
• 在标题幻灯片中输入演示文稿标题和副标题。
• 新建一张"内容与标题"版式的幻灯片作为演示文稿的目录，再在占位符中输入文本。

- 新建一张"标题和内容"版式的幻灯片，在占位符中输入文本后，添加一个文本框，再在文本框中输入文本。
- 新建 8 张"标题和内容"版式的幻灯片，然后分别在其中输入需要的内容。
- 复制第 1 张幻灯片到最后，然后调整第 4 张幻灯片的位置到第 6 张幻灯片的后面。
- 在第 10 张幻灯片中移动文本的位置。
- 在第 10 张幻灯片中复制文本，再对复制后的文本进行修改。
- 在第 12 张幻灯片中修改标题文本，删除副标题文本。

图 9-1 "工作总结"演示文稿

 相关知识

（一）熟悉 PowerPoint 2016 工作界面

选择【开始】/【所有程序】/【PowerPoint 2016】命令，会显示"开始"界面，在其中选择"空白演示文稿"选项，就可以启动 PowerPoint 2016；或者双击计算机桌面上的快捷图标或计算机磁盘中保存的 PowerPoint 2016 演示文稿（其扩展名为".pptx"），也可启动 PowerPoint 2016，并打开 PowerPoint 2016 工作界面，如图 9-2 所示。

提示 以双击演示文稿的方式启动 PowerPoint 2016，将在启动的同时打开该演示文稿；以选择命令的方式启动 PowerPoint 2016，将在启动的同时自动生成一个名为"演示文稿 1"的空白演示文稿。Microsoft Office 的几个软件启动方法类似，用户可触类旁通。

图 9-2　PowerPoint 2016 工作界面

从图 9-2 可以看出，PowerPoint 2016 的工作界面与 Word 2016 和 Excel 2016 的工作界面基本类似，其中，快速访问工具栏、标题栏、选项卡和功能区等的结构及作用更是基本相同（选项卡的名称以及功能区的按钮会因为软件的不同而不同）。下面将对 PowerPoint 2016 特有部分的作用进行介绍。

- 幻灯片窗格。幻灯片窗格位于演示文稿编辑区的右侧，用于显示和编辑幻灯片的内容，其功能与 Word 的文档编辑区类似。

- "幻灯片 / 大纲"浏览窗格。"幻灯片 / 大纲"浏览窗格位于演示文稿编辑区的左侧，可单击状态栏中的 回 按钮实现"幻灯片"浏览窗格和"大纲"浏览窗格之间的切换。其中，在"幻灯片"浏览窗格中将显示当前演示文稿的所有幻灯片的缩略图，单击某个幻灯片缩略图，将在右侧的幻灯片窗格中显示该幻灯片的内容，如图 9-3 所示；在"大纲"浏览窗格中可以显示当前演示文稿中所有幻灯片的标题与正文内容，用户在"大纲"浏览窗格或幻灯片窗格中编辑文本内容时，将同步在另一个窗格中产生变化，如图 9-4 所示。

图 9-3　"幻灯片"浏览窗格　　　　　　　　　　　　图 9-4　"大纲"浏览窗格

- 备注窗格。在该窗格中输入当前幻灯片的解释和说明等信息，以方便演讲者在正式演讲时参考。

- 状态栏。状态栏位于工作界面的下方，它主要由状态提示栏、备注按钮、批注按钮、视图切换按钮和显示比例栏组成，如图 9-5 所示。其中，状态提示栏用于显示幻灯片的数量、序列信息，以及当前演示文稿的拼写检查；备注按钮 ≡ 备注 用于实现显示、隐藏备注窗格；批注按钮 ▼批注 用于调出批注窗格；视图切换按钮用于在演示文稿的不同视图之间进行切换，单击相应的视图切换按钮即可切换到对应的视图中，从左到右依次是"普通视图"按钮 回 、"幻灯片浏览"按钮 品 、"阅读视图"按钮 ▤ 、"幻灯片放映"按钮 ▽ ；显示比例栏用于设置幻灯片窗格中幻灯片的显示比例，单击 — 按钮或 + 按钮，将以 10% 的比例缩小或放大幻灯片，拖动两个按钮之间的 ▮ 图标，将适时放大或缩小幻灯片，单击右侧的 ▥ 按钮，将根据当前幻灯片窗格的大小显示幻灯片。

图 9-5　状态栏

（二）认识演示文稿与幻灯片

演示文稿和幻灯片是相辅相成的两个部分，演示文稿由幻灯片组成，两者是包含关系；每张幻灯片又有自己独立表达的主题，是构成演示文稿的其中一页。

演示文稿由"演示"和"文稿"两个词语组成，这说明它是用于演示某种效果而制作的文档，主要用于会议、产品展示和教学等领域。

（三）认识 PowerPoint 视图

PowerPoint 2016 提供了普通视图、大纲视图、幻灯片浏览视图、幻灯片放映视图、阅读视图、备注页视图 6 种视图模式，在工作界面下方的状态栏中单击相应的视图切换按钮或在【视图】/【演示文稿视图】组中单击相应的视图切换按钮都可进行切换。各种视图的功能介绍分别如下。

- 普通视图。单击状态栏下方的该视图切换按钮可切换至普通视图，此视图模式下可对幻灯片整体结构和单张幻灯片进行编辑，这种视图模式也是 PowerPoint 默认的视图模式。

- 大纲视图。单击该视图切换按钮可切换至大纲视图，此视图模式下可对幻灯片的标题与正文内容进行编辑，用户在"大纲"浏览窗格或在幻灯片窗格中编辑文本内容时，将同步在另一个窗格中产生变化，可对整体结构和单张幻灯片进行编辑。

- 幻灯片浏览视图。单击该视图切换按钮可切换至幻灯片浏览视图，在该视图模式下不能对幻灯片进行编辑，但可同时预览多张幻灯片中的内容。

- 阅读视图。单击该视图切换按钮可切换至阅读视图，在阅读视图中可以查看演示文稿的放映效果，预览演示文稿中设置的动画和声音，并观察每张幻灯片的切换效果，它将以全屏动态方式显示每张幻灯片的效果。

- 备注页视图。备注页视图是将备注窗格以整页格式进行显示的，制作者可以方便地在其中编辑备注内容。

- 幻灯片放映视图。单击任务栏中的幻灯片放映按钮或快捷访问工具栏中的放映按钮 $\boxed{\heartsuit}$，即可切换至幻灯片放映视图，此时幻灯片将按设定的效果放映。

 提示 在工作界面下方的状态栏中无法切换到"备注页视图"，在"演示文稿视图"组中无法切换到"幻灯片放映视图"。除了这几种视图之外，还有母版视图，关于母版视图的应用将在项目十中详细讲解。

（四）演示文稿的基本操作

启动 PowerPoint 2016 后，就可以对 PowerPoint 文件（即演示文稿）进行操作了。由于 Office 软件的共通性，因此演示文稿的操作与 Word 文档的操作也有一定的相似之处。

1. 新建演示文稿

（1）新建空白演示文稿。

方法一：启动 PowerPoint 2016 后，会显示"开始"界面，在其中选择"空白演示文稿"选项，就可以打开空白的演示文稿，如图 9-6 所示。

图 9-6 在"开始"界面新建空白的演示文稿

 提示 在"开始"界面中按【Esc】键，也可打开空白的演示文稿。

方法二：启动 PowerPoint 2016 后，新建一个空白演示文稿。选择【文件】/【新建】命令，将显示图 9-7 所示的模板和主题，选择"空白演示文稿"选项即可。

 提示 在 PowerPoint 2016 工作界面中按【Ctrl+N】组合键也可快速新建一个空白演示文稿。

图 9-7　新建相关的选项

（2）利用模板创建演示文稿。

模板是已经包含了初始设置的文件，可以在模板的基础上创建新的演示文稿。不同的模板所提供的内容有所不同，基本上都涉及了示例幻灯片、背景图形、自定义颜色、字体主题以及对象占位符等的自定义位置。

本机上存储了示例模板，如图 9-7 所示的 "Office 主题" 模板。选择该选项后，将弹出 "Office 主题" 模板的预览窗口，如图 9-8 所示。单击 更多图像 可以查看模板的所有幻灯片效果，单击 "创建" 按钮 将新建一个以 "Office 主题" 模板为基础的演示文稿。此时演示文稿中已有多张幻灯片，并有设计的背景、文本等内容，方便用户依据该样本模板快速制作出类似的演示文稿效果，如图 9-9 所示。如果要关闭该模板，在预览窗口外单击即可，也可以单击浏览窗口的 "关闭" 按钮。

图 9-8　"Office 主题" 模板的预览窗口

图 9-9　使用 "Office 主题" 模板的演示文稿

因为微软公司认为现在大多数人都能联网，所以在 PowerPoint 中安装到硬盘上的模板只有很少几个。计算机连接互联网后，可以访问模板文件的完整 Office.com 库。在 "搜索联机模板和主题" 文本框中输入关键字后按【Enter】键，或者在 "建议的搜索" 行后面单击某个类别链接，都可以搜索符合要求的模板或主题。本例利用本机的模板设计实现。

具体步骤如下。

（1）启动 PowerPoint 2016，选择【文件】/【新建】命令。

（2）在 "搜索联机模板和主题" 文本框中输入要搜索的关键字或短语，按【Enter】键，也可以单击搜索框下面 "建议的搜索" 行上的某一个类别链接，将会显示满足条件的一组模板，本例单击 "教育"，如图 9-10 所示。

图 9-10　搜索联机模板和主题

（3）显示相关的模板或主题，如图 9-11 所示。

图 9-11　显示相关的模板或主题

（4）选择某个符合要求的模板，弹出窗口如图9-12所示，单击"创建"按钮就会下载并打开模板或主题，然后根据该模板创建演示文稿。

图9-12 选定的模板

2. 打开演示文稿

当需要对已有的演示文稿进行编辑、查看或放映时，需将其打开。打开演示文稿的方式有多种，如果未启动 PowerPoint 2016，直接双击需打开的演示文稿的文件即可。

（1）打开演示文稿的一般方法。启动 PowerPoint 2016 后，可按照以下步骤来打开演示文稿。

① 选择"文件"菜单，然后选择"打开"命令。此时将显示"打开"窗口。

② 单击"浏览"按钮，打开"打开"对话框，选择文件所在的路径。

③ 打开"文件类型"下拉列表，并选择文件类型（一般默认为"所有 PowerPoint 演示文稿"），如图9-13所示。

④ 选择需要打开的文件，然后单击"打开"按钮即可。

图9-13 打开演示文稿

（2）打开最近使用的演示文稿。PowerPoint 2016 提供了记录最近打开的演示文稿的保存路径的功能，如果想打开刚关闭的演示文稿，可在"打开"窗口中单击具体文件。

（3）以只读方式打开演示文稿。以只读方式打开的演示文稿只能进行浏览，不能更改演示文稿中的内容。其打开方法为：选择【文件】/【打开】命令，显示"打开"窗口，单击"浏览"按钮，打开"打开"对话框；然后单击 打开(O) 按钮右侧的下拉按钮 ▾ ，在打开的下拉列表中选择"以只读方式打开"选项，如图9-14所示。此时，打开的演示文稿的"标题"栏中将显示"只读"字样。

图9-14 以只读方式打开演示文稿

（4）以副本方式打开演示文稿。以副本方式打开演示文稿是指将演示文稿作为副本打开，对演示文稿进行编辑时不会影响源文件的效果。其打开方法和以只读方式打开演示文稿方法类似，可参考图9-14，在"打开"对话框中选择需打开的演示文稿后，单击"打开"按钮右侧的下拉按钮，在打开的下拉列表中选择"以副本方式打开"选项。此时，打开的演示文稿的"标题"栏中将显示"副本"字样。

说明：PowerPoint 2016在"打开"窗口中提供了"恢复未保存的演示文稿"功能，如图9-14所示。

提示 在"打开"对话框中按住【Ctrl】键的同时选择多个演示文稿选项，单击 打开(O) ▾ 按钮，可一次性打开多个演示文稿。

3. 保存演示文稿

制作好的演示文稿应及时保存在计算机中，同时用户应根据需要选择不同的保存方式，以满足实际的需求。下面介绍直接保存演示文稿的方法。

（1）直接保存演示文稿。直接保存演示文稿是最常用的保存方法，如果以前没有保存过所处理的演示文稿，使用"保存"和"另存为"命令的效果是一样的，它们都会打开"另存为"窗口。然后单击"浏览"按钮，打开"另存为"对话框，可以在该对话框中指定文件名、保存类型和文件的保存位置。操作步骤如下。

计算机应用基础（Windows 7+Office 2016）（第2版）

① 选择【文件】/【保存】命令或单击快速访问工具栏中的"保存"按钮 或按【Ctrl+S】组合键，此时将会打开"另存为"窗口。

② 单击"浏览"按钮，打开"另存为"对话框，如图 9-15 所示。

图 9-15　"另存为"对话框

③ 在"另存为"对话框左侧的导航窗格中列出了几个可以折叠 / 展开的类别，单击要保存的根目录，依次选择要保存的路径，最后在"文件名"文本框中输入演示文稿的新名称，替代原来的名称，并设置保存类型为"PowerPoint 演示文稿（*.pptx）"。

④ 单击"保存"按钮就会保存当前文件。

当执行过一次保存操作后，再次选择"保存"命令，可将两次保存操作之间所编辑的内容再次进行保存，而不会打开"另存为"窗口。

（2）另存为演示文稿。若不想改变原有演示文稿中的内容，可通过"另存为"命令将演示文稿保存在其他位置或更改其名称，操作与第一次保存演示文稿的操作相同。

（3）将演示文稿保存为模板。将制作好的演示文稿保存为模板，可提高制作同类演示文稿的速度。打开"另存为"对话框，在"保存类型"下拉列表中选择"PowerPoint 模板（*.potx）"选项。其余操作与第一次保存演示文稿的操作相同。

（4）保存为低版本演示文稿。如果希望保存的演示文稿可以在 PowerPoint 97 或 PowerPoint 2003 软件中打开或编辑，应将其保存为低版本。在"另存为"对话框的"保存类型"下拉列表中选择"PowerPoint 97—2003 演示文稿（*.ppt）"选项，其余操作与第一次保存演示文稿的操作相同。

（5）自动保存演示文稿。在制作演示文稿的过程中，为了避免不必要的损失，可设置演示文稿定时保存，即到达指定时间后，无须用户执行保存操作，系统就会自动对其进行保存。选择【文件】/【选项】命令，打开"PowerPoint 选项"对话框，在左边单击"保存"选项卡，在右边的"保存演示文稿"栏中选中图 9-16 所示的两个复选框，然后在"保存自动恢复信息时间间隔"复选框后面的数值框中输入自动保存的时间间隔，在"自动恢复文件位置"文本框中输入文件未保存就关闭时的临时保存位置，单击 确定 按钮。

图 9-16　自动保存演示文稿设置

4．关闭演示文稿

完成演示文稿的编辑或结束放映操作后，若不再需要对演示文稿进行其他操作，可将其关闭。关闭演示文稿的常用方法有以下 3 种。

- 通过单击按钮关闭。单击 PowerPoint 2016 工作界面标题栏右上角的 ▉ 按钮关闭演示文稿并退出 PowerPoint 程序。
- 通过快捷菜单关闭。在 PowerPoint 2016 工作界面标题栏上单击鼠标右键，在弹出的快捷菜单中选择"关闭"命令。
- 通过命令关闭。选择【文件】/【关闭】命令，关闭当前演示文稿。

（五）幻灯片的基本操作

幻灯片是演示文稿的组成部分，一个演示文稿一般由多张幻灯片组成，所以操作幻灯片就成了在 PowerPoint 2016 中编辑演示文稿最主要的操作之一。

1．新建幻灯片

创建的空白演示文稿默认只有一张幻灯片，当一张幻灯片编辑完成后，就需要新建其他幻灯片。用户可以根据需要在演示文稿的任意位置新建幻灯片。常用的新建幻灯片的方法有以下 4 种。

- 通过快捷菜单新建。在常规视图工作界面左侧的"幻灯片"浏览窗格中选择需要新建幻灯片的位置，单击鼠标右键，在弹出的快捷菜单中选择"新建幻灯片"命令。
- 通过"开始"选项卡新建。选择【开始】/【幻灯片】组，单击"新建幻灯片"按钮 下方的下拉按钮 ，在打开的下拉列表中选择新建幻灯片的版式，将新建一张带有版式的幻灯片，如图 9-17 所示。版式用于定义幻灯片中内容的显示位置，用户可根据需要向里面放置文本、图片以及表格等内容。
- 通过"插入"选项卡新建。单击"插入"选项卡，然后单击"新建幻灯片"按钮。

• 在"幻灯片"浏览窗格中任意选择一张幻灯片的缩略图，按【Enter】键将在选择的幻灯片后新建一张与所选幻灯片版式相同的幻灯片。

图 9-17　选择幻灯片版式

2. 选择幻灯片

先选择后操作是计算机操作的默认规律，在 PowerPoint 2016 中也不例外，要操作幻灯片，必须先进行选择操作。需要选择的幻灯片的张数不同，其方法也有所区别，主要有以下 4 种。

• 选择单张幻灯片。在"幻灯片 / 大纲"浏览窗格或"幻灯片浏览"视图中单击某张幻灯片的缩略图，可选择该幻灯片。

• 选择多张相邻的幻灯片。在"幻灯片 / 大纲"浏览窗格或"幻灯片浏览"视图中，单击要连续选择的第 1 张幻灯片，按住【Shift】键不放，再单击需选择的最后一张幻灯片，释放【Shift】键后，两张幻灯片之间的所有幻灯片均被选择。

• 选择多张不相邻的幻灯片。在"幻灯片 / 大纲"浏览窗格或"幻灯片浏览"视图中，单击要选择的第 1 张幻灯片，按住【Ctrl】键不放，再依次单击需选择的幻灯片。

• 选择全部幻灯片。在"幻灯片 / 大纲"浏览窗格或"幻灯片浏览"视图中，按【Ctrl+A】组合键可选择当前演示文稿中所有的幻灯片。

3. 移动和复制幻灯片

在制作演示文稿的过程中，可能需要对各幻灯片的顺序进行调整，或者需要在某张已完成的幻灯片上修改信息，将其制作成新的幻灯片，此时就需要移动和复制幻灯片，操作方法分别如下。

• 通过拖曳鼠标移动或复制。在"幻灯片 / 大纲"浏览窗格或"幻灯片浏览"视图中单击幻灯片缩略图，选择需移动的幻灯片，按住鼠标左键不放，拖曳到目标位置后释放鼠标左键，完成移动操作；选择幻灯片后，按住【Ctrl】键的同时拖曳到目标位置可实现幻灯片的复制。

• 通过快捷菜单中的命令移动或复制。在"幻灯片 / 大纲"浏览窗格或"幻灯片浏览"视图中选择需移动或复制的幻灯片，在其上单击鼠标右键，在弹出的快捷菜单中选择"剪切"或"复制"命令。将鼠标指针定位到目标位置，单击鼠标右键，在弹出的快捷菜单中选择"粘贴"命令，完成幻灯片的移动或复制。

- 通过组合键移动或复制。在"幻灯片/大纲"浏览窗格或"幻灯片浏览"视图中选择需移动或复制的幻灯片，按【Ctrl+X】组合键（移动）或【Ctrl+C】组合键（复制），然后在目标位置按【Ctrl+V】组合键（粘贴），完成移动或复制操作。

4. 删除幻灯片

在"幻灯片/大纲"浏览窗格和"幻灯片浏览"视图中可删除演示文稿中多余的幻灯片，其方法是：选择需删除的一张或多张幻灯片后，按【Delete】键或单击鼠标右键，在弹出的快捷菜单中选择"删除幻灯片"命令。

 任务实现

（一）新建并保存演示文稿

下面将新建一个主题为"平面"的演示文稿，然后以"工作总结.pptx"为名保存在计算机桌面上，具体操作如下。

（1）启动 PowerPoint 2016，在打开的窗口右侧模版列表中选择"平面"选项，如图 9-18 所示。

（2）弹出"平面"模版的预览窗口，如图 9-19 所示。选择浏览窗口右边第 1 行第 2 列的主题，单击下侧的"创建"按钮，就可以打开以"平面"为主题的演示文稿。

图 9-18　选择"平面"选项

图 9-19　"平面"模版的预览窗口

（3）在快速访问工具栏中单击"保存"按钮，打开"另存为"窗口。单击"浏览"按钮，打开"另存为"对话框。在"另存为"对话框左侧的导航窗格中列出了几个可以折叠/展开的类别，选择"桌面"选项，在"文件名"文本框中输入"工作总结"，在"保存类型"下拉列表中选择"PowerPoint 演示文稿"选项，单击 保存(S) 按钮，如图 9-20 所示。

图 9-20　设置保存参数

（二）设置幻灯片母版

微课
设置幻灯片
母版

修改幻灯片母版时，这些修改会应用到与其关联的各个版式母版中。具体操作如下。

（1）单击"视图"选项卡，在"母版视图"组中选择"幻灯片母版"。此时将出现"幻灯片母版"选项卡。选择第 1 个版式母版，在右侧选择母版标题文本框，设置字体大小为 48；选择下面的母版文本文本框，设置字体大小为 28。

（2）选择"内容与标题"版式母版，将左侧的标题文字的字体大小设置为 48，下面的文本字体大小设置为 28。

（3）单击"幻灯片母版"选项卡，然后单击"关闭母版视图"按钮退出"幻灯片母版"视图。

（三）新建幻灯片并输入文本

微课
新建幻灯片并
输入文本

下面将制作前两张幻灯片，首先在标题幻灯片中输入主标题和副标题文本，然后新建第 2 张幻灯片，其版式为"内容与标题"，再在各占位符中输入演示文稿的目录内容，具体操作如下。

（1）新建的演示文稿有一张标题幻灯片，在"单击此处添加标题"占位符中单击，其中的文字将自动消失，切换到中文输入法输入"工作总结"。

（2）在副标题占位符中单击，然后输入"2017 年度 技术部王林"，如图 9-21 所示。

（3）在"幻灯片"浏览窗格中将鼠标光标定位到标题幻灯片后，选择【开始】/【幻灯片】组，单击"新建幻灯片"按钮 下方的下拉按钮 ，在打开的下拉列表中选择"内容与标题"选项，如图 9-22 所示。

图 9-21　制作标题幻灯片　　　　　图 9-22　选择幻灯片版式

（4）此时在标题幻灯片后新建了一张"内容与标题"版式的幻灯片，如图 9-23 所示。然后在各占位符中输入图 9-24 所示的文本，在右边的内容占位符中输入文本时，系统默认在文本前添加项目符号，用户无须手动添加，按【Enter】键对文本进行分段，完成第 2 张幻灯片的制作。

图 9-23 新建的幻灯片版式

图 9-24 输入文本

（四）文本框的使用

计算机应用基础（Windows 7+Office 2016）（第2版）

下面将制作第 3 张幻灯片。首先新建一张版式为"标题和内容"的幻灯片，然后在占位符中输入内容，并删除文本占位符前的项目符号，再在幻灯片右上角插入一个横排文本框，在其中输入文本内容，具体操作如下。

（1）在"幻灯片"浏览窗格中将鼠标光标定位到第 2 张幻灯片后，选择【开始】/【幻灯片】组，单击"新建幻灯片"按钮 下方的下拉按钮 ，在打开的下拉列表中选择"标题和内容"选项，新建一张幻灯片。

（2）在标题占位符中输入文本"引言"，将鼠标光标定位到文本占位符中，按【Back Space】键删除文本插入点前的项目符号。

（3）输入引言下的所有文本。

（4）选择【插入】/【文本】组，单击"文本框"按钮 下方的下拉按钮 ，在打开的下拉列表中选择"横排文本框"选项。

（5）此时鼠标指针呈 形状，移动鼠标指针到幻灯片右上角单击，定位文本插入点，输入文本"帮助、感恩、成长"，并将字体大小设置为 24，效果如图 9-25 所示。

微课

文本框的使用

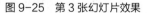

图 9-25 第 3 张幻灯片效果

（五）复制并移动幻灯片

微课

复制并移动
幻灯片

下面将制作第 4 张～第 12 张幻灯片。首先新建 8 张幻灯片，然后分别在其中输入需要的内容，再复制第 1 张幻灯片到最后，最后调整第 4 张幻灯片的位置到第 6 张幻灯片的后面，具体操作如下。

（1）在"幻灯片"浏览窗格中选择第 3 张幻灯片，按【Enter】键 8 次，新建 8 张幻灯片。

（2）分别在 8 张幻灯片的标题占位符和文本占位符中输入需要的内容。

（3）选择第 1 张幻灯片，按【Ctrl+C】组合键，将鼠标光标定位到第 11 张幻灯片后，按【Ctrl+V】组合键，在第 11 张幻灯片后新增加一张幻灯片，其内容与第 1 张幻灯片完全相同，如图 9-26 所示。

（4）选择第 4 张幻灯片，按住鼠标左键不放，拖曳到第 6 张幻灯片后释放鼠标左键，此时第 4 张幻灯片移动到了第 6 张幻灯片后，如图 9-27 所示。

图 9-26 复制幻灯片

图 9-27 移动幻灯片

（六）编辑文本

下面将编辑第 10 张幻灯片和第 12 张幻灯片。首先在第 10 张幻灯片中移动文本的位置，然后复制文本并对其内容进行修改；在第 12 张幻灯片中对标题文本进行修改，再删除副标题文本，具体操作如下。

微课

编辑文本

（1）选择第 10 张幻灯片，在右侧幻灯片窗格中拖曳鼠标选择第 1 段和第 2 段文本，按住鼠标左键不放，此时鼠标指针变为形状，拖曳鼠标到第 4 段文本前，如图 9-28 所示。将选择的第 1 段和第 2 段文本移动到原来的第 4 段文本前。

（2）选择第 4 段文本，按【Ctrl+C】组合键或在选择的文本上单击鼠标右键，在弹出的快捷菜单中选择"复制"命令进行复制。

（3）在第 5 段文本前单击，按【Ctrl+V】组合键，或在插入点处单击鼠标右键，在弹出的快捷菜单中选择"粘贴"命令，将选择的第 4 段文本复制到第 5 段，如图 9-29 所示。

（4）将鼠标光标定位到复制后的第 5 段文本的"中"字后，输入"找到工作的乐趣"，然后按【Delete】键多次，删除多余的文字，最终效果如图 9-30 所示。

（5）选择第 12 张幻灯片，在幻灯片窗格中选择原来的标题"工作总结"，然后输入正确的文本"谢谢"，将在删除原有文本的基础上修改成新文本。

将选择的文本移动到这行之前

图 9-28 移动文本

复制的文本完全相同

图 9-29 复制文本

（6）选择副标题中的文本，如图 9-31 所示，按【Delete】键或【Back Space】键删除，完成演示文稿的制作。

图 9-30 增加和删除文本

删除文本
修改文本

图 9-31 修改和删除文本

提示

在副标题占位符中删除文本后，将显示"单击此处添加副标题"文本，此时可不理会，因为在放映时不会显示其中的内容。用户也可选择该占位符，按【Delete】键将其删除。

任务二 编辑产品上市策划演示文稿

任务要求

　　王林所在的公司最近开发了一个新的果汁饮品，产品不管是从原材料、加工工艺还是从产品包装，都无可挑剔，现在产品已准备上市。整个公司的目光都集中到了企划部，企划部为这次的产品上市进行立体包装，希望产品"一炮走红"。现在方案已基本"出炉"，需要在公司内部审查通过。王林作为企划部的一员，担任了将方案制作为演示文稿的任务，他前两天在公司已完成了演示文稿的部分内容，回到家中，王林决定加班将这个演示文稿编辑完成。图 9-32 所示为编辑完成后的"产品上市策划"演示文稿效果。

具体要求如下。

- 在第4张幻灯片中将2、3、4、6、7、8段正文文本降级，然后设置降级文本的字体格式为"楷体、22号"，设置未降级文本的颜色为红色。

- 在第2张幻灯片中插入一个第4行第3列样式的艺术字"目录"。移动艺术字到幻灯片顶部，再设置其字体为"华文琥珀"，使用图片"橙汁"填充艺术字，设置其映像效果为第3行第1列的效果。

- 在第4张幻灯片中插入"饮料瓶"图片，缩小后放在幻灯片右边，图片向左旋转一点角度，再删除其白色背景，并设置阴影效果为"左上对角透视"；在第11张幻灯片中插入联机图片"🥟"。

- 在第6、第7张幻灯片中新建一个SmartArt图形，分别为"分段循环""棱锥型列表"，输入文字，在第7张幻灯片的SmartArt图形中添加一个形状，并输入文字。接着将第8张幻灯片中的SmartArt图形布局改为"圆箭头流程"，SmartArt样式设为"金属场景"，并设置其艺术字样式为第1排的最后1个选项。

- 在第9张幻灯片中绘制"房子"，在矩形中输入"学校"，设置格式为"黑体、20号、深蓝"；绘制五边形，输入"分杯赠饮"，设置格式为"楷体、加粗、28号、白色、段落居中"；设置房子的快速样式为第3排的第3个选项；组合绘制的图形，向下垂直复制两个，再分别修改其中的文字。

- 在第10张幻灯片中制作5行4列的表格，输入内容后增加表格的行距，在最后一列和最后一行后各增加一列和一行，并输入文本，合并最后一行中除最后一个单元格外的所有单元格，设置该行底纹颜色为"浅蓝"；为第1个单元格绘制一条白色的斜线，设置表格的"单元格凹凸效果"为"圆"。

- 在第1张幻灯片中插入一个跨幻灯片循环播放的音乐文件，并设置声音图标在播放时不显示。

图9-32 "产品上市策划"演示文稿

（一）幻灯片文本设计原则

文本是制作演示文稿最重要的元素之一。文本不仅要求设计美观，还要符合演示文稿的需求，如根据演示文稿的类型设置文本的字体；为了方便观众查看，设置相对较大的字号等。

1. 字体设计原则

字体搭配效果的好坏与否，与演示文稿的阅读性和感染力息息相关，实际上，字体设计也有一定的原则可循。下面介绍 5 种常见的字体设计原则。

- 幻灯片标题字体最好选用更容易阅读的较粗的字体。正文使用比标题更细的字体，以区分主次。
- 在搭配字体时，标题和正文尽量选用常用字体，而且还要考虑标题字体和正文字体的搭配效果。
- 在演示文稿中如果要使用英文字体，可选择 Arial 与 Times New Roman 两种英文字体。
- PowerPoint 不同于 Word，其正文内容不宜过多，正文中只列出较重要的标题即可，其余扩展内容可留给演示者临场发挥。
- 在商业、培训等较正式的场合，可使用较正规的字体，如标题使用方正粗宋简体、黑体和方正综艺简体等，正文使用微软雅黑、方正细黑简体和宋体等；在一些相对较轻松的场合，其字体可随意一些，如方正粗倩简体、楷体（加粗）和方正卡通简体等。

2. 字号设计原则

在演示文稿中，字体的大小不仅会影响观众接受信息的多少，还会影响演示文稿的专业度，因此，字体大小的设计也非常重要。

字体大小还需根据演示文稿演示的场合和环境来决定，因此，在选用字体大小时要注意以下两点。

- 如果进行演示的场合较大，观众较多，那么幻灯片中的字体就应该较大，要保证位置最远的观众都能看清幻灯片中的文字。此时，标题建议使用 36 号以上的字号，正文建议使用 28 号以上的字号。为了让观众更易查看，一般情况下，演示文稿中的字号不应小于 20 号。
- 同类型和同级别的标题和文本内容要设置同样大小的字号，这样可以保证内容的连贯性，让观众更容易地把信息归类，也更容易理解和接受信息。

注意　除了字体、字号之外，对文本显示影响较大的元素还有颜色，文本的颜色一般使用与背景颜色反差较大的颜色，从而方便查看。另外，一个演示文稿中最好用统一的文本颜色，只有需重点突出的文本才使用其他的颜色。

（二）幻灯片对象布局原则

幻灯片中除了文本之外，还包含图片、形状和表格等对象，在幻灯片中合理使用这些元素，将这些元素有效地布局在各张幻灯片中，不仅可以使演示文稿更加美观，更重要的是能提高演示文稿的说服力，达到其应有的效果。幻灯片中的各个对象在分布排列时，可考虑如下5个原则。

- 画面平衡。布局幻灯片时应尽量保持幻灯片页面的平衡，以避免左重右轻、右重左轻或头重脚轻的现象，使整个幻灯片画面更加协调。
- 布局简单。虽然说一张幻灯片是由多种对象组合在一起的，但在一张幻灯片中对象的数量不宜过多，否则幻灯片就会显得很复杂，不利于信息的传递。
- 统一和谐。同一演示文稿中各张幻灯片的标题文本的位置，文字采用的字体、字号、颜色和页边距等应尽量统一，不能随意设置，以避免破坏幻灯片的整体效果。
- 强调主题。要想使观众快速、深刻地对幻灯片中表达的内容产生共鸣，可通过设置颜色、字体以及样式等手段对幻灯片中要表达的核心部分和内容进行强调，以引起观众的注意。
- 内容简练。幻灯片只是辅助演讲者传递信息的工具，而且人在短时间内可接收并记忆的信息量并不多，因此，在一张幻灯片中只需列出要点或核心内容。

✖ 任务实现

（一）设置幻灯片中的文本格式

下面将打开"产品上市策划.pptx"演示文稿，在第4张幻灯片中将2、3、4、6、7、8段正文文本降级，然后设置降级文本的字体格式为"楷体、22号"；设置未降级文本的颜色为"红色"，具体操作如下。

（1）单击"文件"选项卡，然后选择"打开"命令。此时将显示"打开"窗口。单击"浏览"按钮，打开"打开"对话框，选择"产品上市策划.pptx"演示文稿，单击 打开(O) 按钮将其打开。

（2）在"幻灯片"浏览窗格中选择第4张幻灯片，再在右侧窗格中选择第2、3、4段正文文本，按【Tab】键，将选择的文本降低一个等级。

（3）保持文本的选择状态，选择【开始】/【字体】组，在"字体"下拉列表中选择"楷体"选项，在"字号"下拉列表框中输入"22"，如图9-33所示。

（4）保持文本的选择状态，选择【开始】/【剪贴板】组，单击"格式刷"按钮 ，此时鼠标指针变为 形状。

（5）使用鼠标拖曳选择第6、7、8段正文文本，为其应用2、3、4段正文文本的格式，如图9-34所示。

（6）选中未降级的两段文本，选择【开始】/【字体】组，单击"字体颜色"按钮 后的下拉按钮 ，在打开的下拉列表中选择"红色"选项，效果如图9-35所示。

图 9-33　设置文本级别、字体、字号

图 9-34　使用格式刷

图 9-35　设置文本后的效果

微课

设置幻灯片中
的文本格式

 提示　　要想更详细地设置字体格式,可以通过"字体"对话框来完成。其方法是:选择【开始】/【字体】组,单击右下角的 按钮,打开"字体"对话框,在"字体"选项卡中可设置字体格式,在"字符间距"选项卡中可设置字与字之间的距离。

（二）插入艺术字

微课

插入艺术字

　　艺术字比普通文本拥有更多的美化和设置功能,如渐变的颜色、不同的形状效果和立体效果等。艺术字在演示文稿中使用十分频繁。下面将在第 2 张幻灯片中输入艺术字"目录"。要求样式为第 3 列的最后一排的效果,移动艺术字到幻灯片顶部,再设置其字体为"华文琥珀",然后设置艺术字的填充为图片"橙汁",设置艺术字映像效果为第 1 列最后一项的效果,具体操作如下。

　　（1）选定第 2 张幻灯片,选择【插入】/【文本】组,单击"艺术字"按钮下方的下拉按钮,在打开的下拉列表中选择最后一排的第 3 个艺术字效果。

　　（2）将出现一个艺术字占位符, 在"请在此放置您的文字"占位符中单击,输入"目录"。

　　（3）将鼠标光标移动到"目录"文本框四周的非控制点上,鼠标光标变为 形状,按住鼠标左键不放拖曳鼠标至幻灯片顶部,将艺术字"目录"移动到适当的位置。

　　（4）保持"目录"艺术字处于选中状态,然后选择【开始】/【字体】组,在"字体"下拉列表中选择"华文琥珀"选项,修改艺术字的字体,并将字体设置为斜体,如图 9-36 所示。

（5）保持文本的选择状态，此时将自动激活"绘图工具"的"格式"选项卡，选择【绘图工具 - 格式】/【艺术字样式】组，单击"文本填充"按钮 A 右侧的下拉按钮 ，在打开的下拉列表中选择"图片"选项，打开"插入图片"对话框，单击"从文件"后面的"浏览"按钮选择需要填充到艺术字的图片"橙汁"，单击 插入(S) 按钮。

图 9-36　移动艺术字并修改字体

（6）选择【绘图工具 - 格式】/【艺术字样式】组，单击"文本效果"按钮 A 右侧的下拉按钮 ，在打开的下拉列表中选择【映像】/【紧密映像，8 pt 偏移量】（"映像变体"栏的第 3 行第 1 列）选项，如图 9-37 所示。最终效果如图 9-38 所示。

图 9-37　选择文本映像

图 9-38　查看艺术字效果

> **提示**　选择输入的艺术字，在激活的"格式"选项卡中还可设置艺术字的多种效果，其设置方法基本类似，如选择【绘图工具 - 格式】/【艺术字样式】组，单击"文本效果"按钮 A，在打开的下拉列表中选择"转换"选项，在打开的子列表中将列出所有变形的艺术字效果，任意选择一个，即可为艺术字设置该变形效果。

（三）插入图片

图片是演示文稿中非常重要的一部分，在幻灯片中可以插入计算机中保存的图片，也可以插入联机图片。下面将在第 4 张幻灯片中插入"饮料瓶"图片，只需选择图片，将其缩小后放在幻灯片右边，图片向左旋转一点角度，再删除其白色背景，并设置阴影效果为"左上对角透视"；在第 11 张幻灯片中插入联机图片""。具体操作如下。

（1）在"幻灯片"浏览窗格中选择第 4 张幻灯片，选择【插入】/【图像】组，单击"图片"按钮 。

（2）打开"插入图片"对话框，选择需插入的图片的保存位置，在工作区中选择图片"饮料

瓶 .jpg",单击 插入(S) ▼ 按钮,如图 9-39 所示。

微课
插入图片

图 9-39　插入图片

 页码 210

计算机应用基础(Windows 7+Office 2016)(第2版)

（3）返回 PowerPoint 工作界面即可看到插入图片后的效果。将鼠标指针移动到图片四角的圆形控制点上,拖曳鼠标调整图片大小。

（4）选择图片,当鼠标指针变为 ✛ 形状时,拖曳鼠标到幻灯片右侧的空白位置,释放鼠标左键将图片移动到该位置,如图 9-40 所示。

（5）将鼠标指针移动到图片上方的控制点上,当鼠标指针变为 ↺ 形状时,向左拖曳鼠标使图片向左旋转一定角度。

> 💬 提示
> ⚙ 除了图片之外,前面讲解的占位符和艺术字以及后面即将讲到的形状等被选择后,在对象的四周、中间以及上面都会出现控制点,拖曳对象四角的控制点可同时放大、缩小对象;拖曳四边中间的控制点可向一个方向缩放对象;拖曳上方的旋转控制点可旋转对象。

（6）继续保持图片的选择状态,选择【图片工具-格式】/【调整】组,单击"删除背景"按钮 ▦ ,在幻灯片中使用鼠标拖曳图片每一边中间的控制点,使饮料瓶的所有内容均显示出来,如图 9-41 所示。

图 9-40　缩放并移动图片

图 9-41　显示饮料瓶所有内容

（7）再次单击"背景消除"选项卡,单击"关闭"功能区的"保留更改"按钮 ✓ ,饮料瓶的白色背景将消失。

（8）单击【图片工具-格式】/【图片样式】组中的"图片效果"按钮 ◨ 右边的下拉按钮 ▼ ,在打开的下拉列表中选择【阴影】下的透视栏中的【左上对角透视】选项,为图片设置阴影后的效果如图 9-42 所示。

（9）选择第 11 张幻灯片，单击占位符中的"联机图片"按钮 ![icon]，打开"插入图片"对话框，在"搜索必应"文本框中输入"橙子"关键字，单击 按钮搜索，将显示搜索结果，选中要插入的图片，单击 插入 按钮，该图片将插入幻灯片的占位符中。选中插入的图片，选择【图片工具 - 格式】/【调整】组，单击"删除背景"按钮 ![icon]，最终效果如图 9-43 所示。（说明：也可以插入与主题相符的其他在线图片。）

图 9-42　设置阴影

图 9-43　插入联机图片的效果

注意　图片、联机图片、SmartArt 图片、表格等都可以通过选项卡或占位符插入，即这两种方法是插入幻灯片中各对象的通用方式。

（四）插入 SmartArt 图形

SmartArt 图形用于表明各种事物之间的关系，它在演示文稿中使用非常广泛，SmartArt 图形是从 PowerPoint 2007 开始新增的功能。下面将在第 6、第 7 张幻灯片中新建一个 SmartArt 图形，分别为"分段循环""棱锥型列表"，然后输入文字。其中，第 7 张幻灯片中的 SmartArt 图形需要添加一个形状，并输入文字"神秘、饥饿促销"。接着编辑第 8 张幻灯片已有的 SmartArt 图形，包括更改布局为"圆箭头流程"，设置 SmartArt 样式为"金属场景"，设置艺术字样式为第 1 排的最后 1 个选项。具体操作如下。

微课

插入 SmartArt 图形

（1）在"幻灯片"浏览窗格中选择第 6 张幻灯片，在右侧单击占位符中的"插入 SmartArt 图形"按钮 ![icon]。

（2）打开"选择 SmartArt 图形"对话框，在左侧单击"循环"选项卡，在中间选择第 2 行第 3 列的"分段循环"选项，单击 确定 按钮，如图 9-44 所示。

（3）此时在占位符处插入一个"分段循环"样式的 SmartArt 图形，该图形主要由 3 部分组成，分别在每一部分的"文本"提示框中输入"产品＋礼品""夺标行动""刮卡中奖"，如图 9-45 所示。

图 9-44　选择 SmartArt 图形
图 9-45　输入文本内容

（4）选择第 7 张幻灯片，选中内容文本框，按【Delete】键将其删除，选择【插入】/【插图】组，单击"SmartArt"按钮 。

（5）打开"选择 SmartArt 图形"对话框，在左侧单击"棱锥图"选项卡，在中间选择"棱锥型列表"选项 ，单击 确定 按钮。

（6）将在幻灯片中插入一个带有 3 项文本的棱锥型图形，分别在各个"文本"提示框中输入对应文字，然后在最后一项文本上单击鼠标右键，在弹出的快捷菜单中选择【添加形状】/【在后面添加形状】命令，如图 9-46 所示。

图 9-46　在后面添加形状

（7）在最后一项文本后添加形状，在该形状上单击鼠标右键，在弹出的快捷菜单中选择"编辑文字"命令。

（8）文本插入点自动定位到新添加的形状中，输入新的文本"神秘、饥饿促销"。

（9）选择第 8 张幻灯片，选中其中的内容文本框，调出"SmartArt 工具"选项卡，选择【SmartArt 工具 - 设计】/【版式】组，在中间的列表框中选择最后一个选项，即"圆箭头流程"。

（10）选择【SmartArt 工具 - 设计】/【SmartArt 样式】组，在中间的列表框中选择"金属场景"选项，如图 9-47 所示。

（11）选择【SmartArt 工具 - 格式】/【艺术字样式】组，在中间的列表框中选择第 1 排的最后 1 个选项，最终效果如图 9-48 所示。

图 9-47 选择"金属场景"选项　　　　　　图 9-48 设置艺术字样式后的效果图

（五）插入形状

微课

插入形状

形状是 PowerPoint 提供的基础图形，通过基础图形的绘制、组合，有时可达到比图片和系统预设的 SmartArt 图形更好的效果。下面将通过绘制梯形和矩形，组合成房子的形状，在矩形中输入文字"学校"，设置文字的"字体"为"黑体"，"字号"为"20号"，"颜色"为"深蓝"，取消"倾斜"；绘制一个五边形，输入文字"分杯赠饮"，设置"字体"为"楷体"，"字形"为"加粗"，"字号"为"28号"，颜色为"白色"，段落居中，使文字距离文本框上方 0.5 厘米；设置房子的快速样式为第 3 排的第 3 个选项；组合绘制的几个图形，向下垂直复制两个，再分别修改其中的文字。具体操作如下。

（1）选择第 9 张幻灯片，选中内容文本框，按【Delete】键将其删除。在【插入】/【插图】组中单击"形状"按钮，在打开的下拉列表中选择"基本形状"栏中的"梯形"选项，此时鼠标指针变为＋形状，在幻灯片右上方拖曳鼠标绘制一个梯形，作为房顶的示意图，如图 9-49 所示。

（2）选择【插入】/【插图】组，单击"形状"按钮，在打开的下拉列表中选择【矩形】/【矩形】选项，然后在绘制的梯形下方绘制一个矩形，作为房子的主体。

（3）在绘制的矩形上单击鼠标右键，在弹出的快捷菜单中选择"编辑文字"命令，文本插入点将自动定位到矩形中，此时输入文本"学校"。

（4）使用与前面相同的方法，在已绘制好的图形右侧绘制一个五边形（箭头总汇栏），并在五边形中输入文字"分杯赠饮"，如图 9-50 所示。

图 9-49 绘制屋顶　　　　　　　　　图 9-50 绘制图形并输入文字

（5）选择"学校"文本，选择【开始】/【字体】组，在"字体"下拉列表中选择"黑体"选项，在"字号"下拉列表中选择"20"选项，在"颜色" △ 下拉列表中选择"深蓝"选项，单击"倾斜"按钮 _I_ ，取消文本的倾斜状态。

（6）使用相同的方法，设置五边形中的文字"字体"为"楷体"，"字形"为"加粗"，"字号"为"28"，"颜色"为"白色"，取消"倾斜"。选择【开始】/【段落】组，单击"居中"按钮 ☰ ，将文字在五边形中水平居中对齐。

（7）保持五边形中文字的选择状态，单击鼠标右键，在弹出的快捷菜单中选择"设置形状格式"命令，窗口右侧会打开"设置形状格式"窗格，单击"文本选项"选项卡，单击"文本框"按钮 🖾 ，在显示的"文本框"选项中设置"上边距"为"0.5厘米"，即可使文字在五边形中垂直居中，如图9-51所示。

图9-51　设置形状格式

（8）按住【Ctrl】键选中左侧绘制的房子图形，在【绘图工具-格式】/【形状样式】组中单击中间的列表框中第3排的第3个选项，快速更改房子的填充颜色和边框颜色。

（9）按住【Ctrl】键选中左侧的房子图形和右侧的五边形图形，单击鼠标右键，在弹出的快捷菜单中选择【组合】/【组合】命令，将绘制的3个形状组合为一个图形，如图9-52所示。

（10）选择组合的图形，按住【Ctrl】键和【Shift】键不放，向下拖曳鼠标，将组合的图形再复制两个。

（11）对所复制图形中的文本进行修改，修改后的文本如图9-53所示。

图9-52　组合图形

图9-53　修改后的文本效果

选择图形后，在拖曳鼠标的同时按住【Ctrl】键是为了复制图形，按住【Shift】键则是为了让复制的图形与原始选择的图形能够在一个方向平行或垂直，从而使最终制作的图形更加美观。在绘制形状的过程中，【Shift】键也是经常使用的一个键，在绘制线和矩形等形状时，按住【Shift】键可绘制水平线、垂直线、正方形、圆。

在 PowerPoint 2016 的插入形状中添加了"合并形状"功能模块◎。

（六）插入表格

表格可直观形象地表达数据情况，在 PowerPoint 中既可在幻灯片中插入表格，又能对插入的表格进行编辑和美化。下面将在第 10 张幻灯片中制作一个表格，首先插入一个 5 行 4 列的表格，输入表格内容后向下移动鼠标，并增加表格的行距，然后在最后一列和最后一行后各增加一列和一行，并在其中输入文本，合并新增加的一行中除最后一个单元格外的所有单元格，设置该行的底纹颜色为"浅蓝"；为第一个单元格绘制一条白色的斜线，最后设置表格的"单元格凹凸效果"为"圆"。具体操作如下。

（1）选择第 10 张幻灯片，单击占位符中的"插入表格"按钮，打开"插入表格"对话框，在"列数"数值框中输入"4"，在"行数"数值框中输入"5"，单击 ▢确定▢ 按钮。

微课

插入表格

（2）分别在表格各单元格中输入内容，如图 9-54 所示。

（3）将鼠标指针移动到表格中的任意位置处单击，此时表格四周将出现一个操作框，将鼠标指针移动到操作框上，当鼠标指针变为形状时，按住【Shift】键不放的同时向下拖曳鼠标，使表格向下移动到适当的位置。

（4）将鼠标指针移动到表格操作框下方中间的控制点处，当鼠标指针变为形状时，向下拖曳鼠标，增加表格各行的行距，如图 9-55 所示。

（5）将鼠标指针移动到"第三个月"所在列上方，当鼠标指针变为形状时单击，选择该列，在选择的区域中单击鼠标右键，在弹出的快捷菜单上面单击"插入"按钮，在打开的下拉列表中选择"在右侧插入列"选项。

（6）在新插入的列中输入"季度总计"的内容。

图 9-54 插入表格并输入文本

图 9-55 调整表格位置和大小

（7）使用相同的方法在"红橘果汁"一行下方插入新行，并在第一个单元格中输入"合计"，在最后一个单元格中输入所有饮料的销量合计"559"，如图 9-56 所示。

（8）选择"合计"文本所在的单元格及其后面的空白单元格，选择【表格工具 - 布局】/【合并】组，单击"合并单元格"按钮，如图 9-57 所示。

图 9-56　插入列和行

图 9-57　合并单元格

（9）选择"合计"所在的行，选择【表格工具 - 设计】/【表格样式】组，单击"底纹"按钮右侧的下拉按钮 ，在打开的下拉列表中选择"浅蓝"选项。

（10）选择【表格工具 - 设计】/【绘制边框】组，单击"笔颜色"按钮 ，在打开的下拉列表中选择"白色，背景 1"选项，自动激活该组的"绘制表格"按钮 。

（11）此时鼠标指针变为 形状，移动鼠标指针到第一个单元格，按住鼠标左键不放从左上角到右下角绘制斜线表头，如图 9-58 所示。

（12）选择整个表格，选择【表格工具 - 设计】/【表格样式】组，单击"效果"按钮 ，在打开的下拉列表中选择【单元格凹凸效果】/【圆】选项，为表格中的所有单元格都应用该样式，最终效果如图 9-59 所示。

> **提示**
>
> 以上内容将表格的常用操作串在一起进行了简单讲解，在实际操作过程中，制作表格的方法相对简单，只是其编辑的内容较多，此时可选择需要操作的单元格或表格，然后自动激活"设计"选项卡和"布局"选项卡。其中，"设计"选项卡与美化表格相关，"布局"选项卡与表格的内容相关，在这两个选项卡中通过其中的选项、按钮即可设置不同的表格效果。

图 9-58　绘制斜线表头

图 9-59　设置单元格凹凸效果的效果图

计算机应用基础（Windows 7+Office 2016）（第2版）

（七）插入媒体文件

媒体文件即指音频和视频文件，PowerPoint 支持插入媒体文件，和图片一样，用户可根据需要插入联机贴画中的媒体文件，也可以插入计算机中保存的媒体文件。下面将在演示文稿中插入一个音乐文件，并设置该音乐跨幻灯片循环播放，在放映幻灯片时不显示声音图标，具体操作如下。

微课

插入媒体文件

（1）选择第 1 张幻灯片，选择【插入】/【媒体】组，单击"音频"按钮 ，在打开的下拉列表中选择"PC 上的音频"选项。

（2）打开"插入音频"对话框，在左边选择背景音乐的保存位置，在中间的列表框中选择背景音乐，单击 插入(S) 按钮，如图 9-60 所示。

（3）自动在幻灯片中插入一个声音图标 ，单击该声音图标，将激活音频工具，选择【音频工具 - 播放】/【预览】组，单击"播放"按钮 ，将在 PowerPoint 中播放插入的音乐。

（4）选择【音频工具 - 播放】/【音频选项】组，选中"放映时隐藏""循环播放，直到停止""跨幻灯片播放"复选框，如图 9-61 所示。

图 9-60　插入声音

图 9-61　设置声音选项

提示　选择【插入】/【媒体】组，单击"音频"按钮 或"视频"按钮 ，在打开的下拉列表中选择相应选项，即可插入相应类型的声音和视频文件。插入音频文件后，单击声音图标 ，将在图标下方自动显示声音工具栏 ，单击对应的按钮，可对声音执行播放、前进、后退和调整音量大小等操作。

课后练习

查看

具体操作

（1）按照下列要求制作一个"yswg.pptx"演示文稿，并保存在桌面上。

① 使用主题"平面"新建演示文稿。

② 在标题幻灯片中的主标题中输入"交通安全知识讲座"，设置字体格式为"楷体、加粗"，在副标题中输入"安全驾驶常识"。

③ 新建一张版式为"两栏内容"的幻灯片，删除标题占位符，插入一个样式为第一种样式的艺术字，输入"第一要求"，并移动到幻灯片的标题位置。

④ 在左侧文本占位符中输入两段文字，分别是"喝酒不开车""开车不喝酒"。

⑤ 在右侧插入位于素材文件夹中的图片"酒后驾驶"。

（2）打开"yswg-1.pptx"演示文稿，按照下列要求对演示文稿进行编辑并保存。

① 在标题幻灯片左上方插入一个横排文本框，输入"领导力培训"，设置"字体"为"黑体"，"字号"为"40号"。

② 在标题幻灯片右上方插入一个向上的箭头，设置形状样式为"强烈效果 - 蓝色,强调颜色1"。

③ 调整第7张幻灯片和第8张幻灯片的位置。

④ 在调整后的第8张幻灯片中插入一张在素材文件中的"剪贴画.bmp"图片。

项目十

设置并放映演示文稿

10

PowerPoint作为主流的多媒体演示软件，在易学、易用性方面得到广大用户的肯定，其中的母版、主题和背景都是用户常用的功能，可以快速美化演示文稿，简化操作。演示文稿的最终目的是放映，PowerPoint的"动画与放映"功能是其有别于其他办公软件的重要功能，它可以让呆板的对象变得灵活起来，从某种意义上说，正因为"动画与放映"功能才成就了PowerPoint"多媒体"软件的地位。本项目将通过两个典型任务，介绍PowerPoint母版的使用方法，幻灯片切换动画、幻灯片对象动画的设置方法，以及放映、输出幻灯片的方法等。

课堂学习目标

◎ 设置市场分析演示文稿
◎ 放映并输出课件演示文稿

微课

设置并放映演示文稿

任务一　设置市场分析演示文稿

▶ **任务要求**

聂铭在一家商贸城工作，主要从事市场推广方面的工作。随着公司的壮大以及响应批发市场搬离中心主城区的号召，公司准备在政府新规划的地块上新建一座商贸城。任务来了，新建的商贸城应该如何定位？是高端、中端还是低端？如何与周围的商家互动？是否可以形成产业链？新建商贸城是公司近10年来最重要的变化，公司上上下下都非常重视，在实体经济不大景气的情况下，商贸城的定位以及后期的运营对公司的发展至关重要。聂铭作为一个在公司工作了多年的"老人"，接手了该事。他决定好好调查周边的商家和人员情况，为商贸城的正确定位出力。通过一段时间的努力，聂铭完成了这个任务，设置、调整后完成的演示文稿效果如图10-1所示，具体要求如下。

- 打开演示文稿，应用"木材纹理"主题，设置"效果"为"玻璃磨砂"，"颜色"为"蓝色"。
- 为演示文稿的标题页设置背景图片"首页背景"。
- 在幻灯片母版视图中设置正文占位符的"字号"为"26号"，调整正文占位符的高度。插入名为"标志"的图片并去除标志图片的白色背景；插入艺术字，设置"字体"为"隶书"，"字号"为"28号"；设置幻灯片的页眉页脚效果；退出幻灯片母版视图。
- 对幻灯片中各个对象进行适当的位置调整，使其符合应用主题和设置幻灯片母版后的效果。
- 为所有幻灯片设置"旋转"切换效果，设置切换声音为"照相机"。
- 为第1张幻灯片中的标题设置"浮入"动画，为副标题设置"基本缩放"动画。
- 为第1张幻灯片中的副标题添加一个名为"对象颜色"的强调动画，修改效果为红色，动画开始方式为"上一动画之后"，"持续时间"为"01.00"，"延迟"为"00.50"。最后将标题动画的顺序调整到最后，并设置播放该动画时的声音为"电压"。

图 10-1 "市场分析"演示文稿

相关知识

（一）认识母版

母版是演示文稿中特有的概念，通过设计、制作母版，可以快速地使设置内容在多张幻灯片、讲义或备注中生效。PowerPoint 中存在 3 种母版，一是幻灯片母版，二是讲义母版，三是备注母版，其作用分别如下。

- 幻灯片母版。幻灯片母版用于存储关于模板信息的设计模板，这些模板信息包括字形、占位符大小和位置、背景设计和配色方案等，只要在母版中更改了样式，对应的幻灯片中相应的样式就会随之改变。
- 讲义母版。讲义母版是为了方便演讲者在演示文稿时打印使用的纸稿的母版，纸稿中显示了每张幻灯片的大致内容、要点等。讲义母版就是设置该内容在纸稿中的显示方式，制作讲义母版主要包括设置每页纸张上显示的幻灯片数量、排列方式以及页面和页脚的信息等。

- 备注母版。备注母版指演讲者在幻灯片下方输入的内容，根据需要可将这些内容打印出来。要想使这些备注信息显示在打印的纸张上，就需要对备注母版进行设置。

（二）认识幻灯片动画

演示文稿之所以在演示、演讲领域成为主流软件，是因为动画在其中起了非常重要的作用。在 PowerPoint 中，幻灯片动画有两种类型，一种是幻灯片切换动画，另一种是幻灯片对象动画。这两种动画都是在幻灯片放映时才能看到并生效的。

幻灯片切换动画是指放映幻灯片时幻灯片进入及离开屏幕时的动画效果；幻灯片对象动画是指为幻灯片中添加的各对象设置的动画效果，多种不同的对象动画组合在一起可形成复杂而自然的动画效果。在 PowerPoint 中，幻灯片切换动画的种类较简单，而幻灯片对象动画相对较复杂，其类别主要有 4 种。

- 进入动画。进入动画指对象从幻灯片显示范围之外，进入幻灯片内部的动画效果，例如对象从左上角飞入幻灯片中指定的位置，对象在指定位置以翻转效果由远及近地显示出来等。
- 强调动画。强调动画指对象本身已显示在幻灯片之中，然后对其进行突出显示，从而起到强调作用，例如将已存的图片放大显示或旋转等。
- 退出动画。退出动画指对象本身已显示在幻灯片之中，然后以指定的动画效果离开幻灯片，例如对象从显示位置左侧飞出幻灯片，对象从显示位置以弹跳方式离开幻灯片等。
- 路径动画。路径动画指对象按用户自己绘制的或系统预设的路径进行移动的动画，例如对象按圆形路径进行移动等。

 任务实现

（一）应用幻灯片主题

主题是一组预设的背景、字体格式的组合，在新建演示文稿时可以使用主题新建，对于已经创建好的演示文稿，也可对其应用主题。应用主题后还可以修改搭配好的颜色、效果及字体等。因为微软公司考虑现在的计算机基本上都可以连接到互联网上，所以 PowerPoint 2016 自带的主题相对以前的版本少得多。但是在每一个主题中都提供了几种变体。

微课

应用幻灯片
主题

下面将打开"市场分析 .pptx"演示文稿，应用 Office"木材纹理"主题，设置效果为"磨砂玻璃"，颜色为"蓝色"，具体操作如下。

（1）打开"市场分析 .pptx"演示文稿，选择【设计】/【主题】组，在中间的列表框中选择第 4 行第 2 列的"木材纹理"选项，为该演示文稿应用"木材纹理"主题，在后面的变体列表框选择第二个选项。

（2）单击【设计】/【变体】组的"其他"按钮，选择 效果选项，在打开的下拉列表中选择"磨砂玻璃"选项，如图 10-2 所示。

（3）单击【设计】/【变体】组的"其他"按钮，选择 颜色(C) 选项，在打开的下拉列表中选择"蓝色"选项，如图10-3所示。

图10-2　选择主题效果　　　　　　　　图10-3　选择主题颜色

（二）设置幻灯片背景

幻灯片的背景可以是一种颜色，也可以是多种颜色，还可以是图片。设置幻灯片背景是快速改变幻灯片效果的方法之一。下面将"首页背景"图片设置成幻灯片背景，具体操作如下。

（1）选择标题幻灯片，在幻灯片的空白处单击鼠标右键，在弹出的快捷菜单中选择"设置背景格式"命令。

（2）在右边单击"设置背景格式"窗格的"填充"选项卡，选中"图片或纹理填充"单选项，在"插入图片来自"栏中单击 文件(F)... 按钮，如图10-4所示。

（3）打开"插入图片"对话框，选择图片的保存位置后，选择"首页背景.png"文件，单击 插入(S) 按钮，如图10-5所示。

微课

设置幻灯片背景

图10-4　选择填充方式　　　　　　　　图10-5　选择背景图片

（4）在"设置背景格式"窗格的"填充"选项卡中选中"隐藏背景图形"复选框，即可看到标题幻灯片已应用图片背景，如图10-6所示。

図 10-6 設置标题幻灯片背景后的效果图

提示

设置幻灯片背景后,在"设置背景格式"窗格中单击 全部应用(L) 按钮,可将该背景应用到演示文稿的所有幻灯片中,否则将只应用到选择的幻灯片中。

(三)制作并使用幻灯片母版

母版在幻灯片编辑过程中的使用频率非常高,在母版中编辑的每一项内容都可能影响使用该版式的所有幻灯片。下面将进入幻灯片母版视图,设置正文占位符的"字号"为"26 号",调整正文占位符的高度;插入"标志"图片和艺术字,并编辑"标志"图片,删除白色背景,设置艺术字的"字体"为"隶书","字号"为"28 号";然后设置幻灯片的页眉页脚效果。最后退出幻灯片母版视图,查看应用母版后的效果,并调整幻灯片中各对象的位置,使其符合应用主题、幻灯片母版后的效果,具体操作如下。

(1)选择【视图】/【母版视图】组,单击"幻灯片母版"按钮 ⬜,进入幻灯片母版编辑状态。

(2)选择第 1 张幻灯片母版,表示在该幻灯片下的编辑将应用于整个演示文稿,如果标题文本内容没有显示完整,将鼠标指针移动到标题占位符左侧中间的控制点处,按住鼠标左键再向左拖曳,使占位符中所有的文本内容都显示出来。

(3)选择正文占位符的第 1 项文本,选择【开始】/【字体】组,在"字号"下拉列表框中输入"26",将正文文本的字号放大,如图 10-7 所示。

微课

制作并使用幻灯片母版

图 10-7 设置正文占位符字号

（4）选择【插入】/【图像】组，单击"图片"按钮 ，打开"插入图片"对话框，在地址栏中选择图片位置，在中间选择"标志"图片，单击 插入(S) 按钮，如图10-8所示。

（5）选中"标志"图片，适当缩小后移动到幻灯片右上角。

（6）保持图片处于选中状态，选择【图片工具-格式】/【调整】组，单击"删除背景"按钮 ，在幻灯片中使用鼠标拖曳图片每一边中间的控制点，使"标志"图片的所有内容均显示出来。

（7）激活"背景消除"选项卡，单击"关闭"功能区的"保留更改"按钮，"标志"图片的白色背景将消失，如图10-9所示。

图 10-8　插入图片

图 10-9　调整"标志"图片

（8）选择【插入】/【文本】组，单击"艺术字"按钮 下方的下拉按钮 ，在打开的下拉列表中选择第1行第2个艺术字效果。

（9）在艺术字占位符中输入"金荷花"，选中艺术字，选择【开始】/【字体】组，在"字体"下拉列表中选择"隶书"选项，在"字号"下拉列表中选择"28"选项，移动艺术字到"标志"图片下方。

（10）选择【插入】/【文本】组，单击"页眉和页脚"按钮 ，打开"页眉和页脚"对话框。

（11）单击"幻灯片"选项卡，选中"日期和时间"复选框，其中的单选项将自动激活，再选中"自动更新"单选项，即可在每张幻灯片下方显示日期和时间，并且每次根据打开的日期不同而自动更新日期。

（12）选中"幻灯片编号"复选框，将根据演示文稿幻灯片的顺序显示编号。

（13）选中"页脚"复选框，下方的文本框将自动激活，在其中输入文本"市场定位分析"。

（14）选中"标题幻灯片中不显示"复选框，使所有的设置都不在标题幻灯片中生效，单击"全部应用"按钮，如图10-10所示。

（15）在【幻灯片母版】/【关闭】组中单击"关闭母版视图"按钮 ，退出该视图，此时可发现设置已应用于各张幻灯片，图10-11所示为前两页修改后的效果。

图 10-10　"页眉和页脚"对话框

（16）依次查看每一张幻灯片，适当调整标题、正文和图片等对象之间的位置，使幻灯片中各对象的显示效果更和谐。

提示选择【视图】/【母版视图】组，单击"讲义母版"按钮或"备注母版"按钮，将进入讲义母版视图或备注母版视图，然后在其中设置讲义页面和备注页面的版式。

图 10-11　设置母版后的效果

（四）设置幻灯片切换动画

PowerPoint 2016 中提供了多种预设的幻灯片切换动画效果，在默认情况下，上一张幻灯片和下一张幻灯片之间没有设置切换动画效果，但在制作演示文稿的过程中，用户可根据需要为幻灯片添加切换动画。下面将为所有幻灯片设置"旋转"切换效果，然后设置其切换声音为"照相机"，具体操作如下。

（1）在"幻灯片"浏览窗格中按【Ctrl+A】组合键，选中演示文稿中的所有幻灯片，选择【切换】/【切换到此张幻灯片】组，在中间列表框的"动态内容"栏中选择"旋转"选项，如图 10-12 所示。

（2）选择【切换】/【计时】组，在"声音"下拉列表中选择"照相机"选项。

微课

设置幻灯片切换动画

图 10-12　选择切换动画

（3）选择【切换】/【计时】组，在"换片方式"栏下选中"单击鼠标时"复选框，表示在放映幻灯片时，单击鼠标左键将进行切换操作，单击"全部应用"按钮，将设置应用到所有幻灯片中。

 提示 选择【切换】/【计时】组，单击"全部应用"按钮，可将设置的切换效果应用到当前演示文稿的所有幻灯片中，其效果与选择所有幻灯片再设置切换效果的效果相同。设置幻灯片切换动画后，选择【切换】/【预览】组，单击"预览"按钮 🔲，可查看设置的切换动画。

（五）设置幻灯片动画效果

设置幻灯片动画效果即为幻灯片中的各对象设置动画效果，为幻灯片中的各对象设置动画能够最大程度地提升演示文稿的效果。下面将为第 1 张幻灯片中的各对象设置动画，首先为标题设置"浮入"动画，为副标题设置"基本缩放"动画，然后为副标题再次添加"对象颜色"强调动画，修改效果选项为"红色"，接着修改新增加的动画的开始方式、持续时间和延迟时间，最后将标题动画的顺序调整到最后，并设置播放该动画时有"电压"声音，具体操作如下。

微课
设置幻灯片动画效果

（1）选择第 1 张标题幻灯片的主标题，单击【动画】/【动画】组的"其他"按钮 ，在其列表框的"进入"栏中选择"浮入"动画效果。

（2）选择副标题，选择【动画】/【高级动画】组，单击"添加动画"按钮 ，在打开的下拉列表中选择"更多进入效果"选项，如图 10-13 所示。

（3）打开"添加进入效果"对话框，选择"温和"栏中的"基本缩放"选项，单击 确定 按钮，如图 10-14 所示。

图 10-13　添加动画 　　　　　　　　　图 10-14　选择"基本缩放"选项

（4）选择副标题，单击【动画】选项卡，在【高级动画】组中单击"添加动画"按钮 ，在打开的下拉列表中选择"强调"栏中的"对象颜色"选项。

（5）在【动画】/【动画】组中单击"效果选项"按钮，在打开的下拉列表中选择"红色"选项。

 提示 通过第（4）步和第（5）步的操作，即为副标题再增加一个"对象颜色"动画，用户可根据需要为一个对象设置多个动画。设置动画后，在对象前方将显示一个数字，它表示动画的播放顺序。

（6）单击【动画】选项卡，在【高级动画】组中单击"动画窗格"按钮，在工作界面右侧增加一个窗格，其中显示了当前幻灯片中所有对象已设置的动画。

（7）选择第2个选项，选择【动画】/【计时】组，在"开始"下拉列表中选择"上一动画之后"选项，在"持续时间"数值框中输入"01.00"，在"延迟"数值框中输入"00.50"，如图10-15所示。

> **提示**　选择【动画】/【计时】组，在"开始"下拉列表中各选项的含义如下："单击时"表示单击鼠标时开始播放动画；"与上一动画同时"表示播放前一动画的同时播放该动画；"上一动画之后"表示前一动画播放完之后，在约定的时间自动播放该动画。

（8）选择动画窗格中的第1个选项，按住鼠标左键不放，将其拖曳到最后，调整动画的播放顺序。

（9）在调整后的最后1个动画选项上单击鼠标右键，在弹出的快捷菜单中选择"效果选项"命令。

（10）打开"上浮"对话框，在"声音"下拉列表中选择"电压"选项，单击其后的按钮，在打开的列表中拖曳滑块，调整音量大小，单击 确定 按钮，如图10-16所示。

图10-15　设置动画计时

图10-16　设置动画效果选项

任务二　放映并输出课件演示文稿

任务要求

　　刘一是一名刚到学校参加工作的语文老师，作为新时代的老师，她深知课堂学习不能生搬硬套，填鸭式的教学起不到应有的作用。在学校学习和实习的过程中，刘一喜欢在课堂上借助PowerPoint制作课件，将需要讲解的内容以多媒体文件的形式演示出来，这样不仅使学生感到新鲜，也让学生更容易接受。这次刘一准备对李清照的重点诗词进行赏析，课件内容已经制作完毕，她准备在计算机上放映预演一下，以免在课堂上出现意外，图10-17所示为创建好超链接，并准备放映的演示文稿效果，具体要求如下。

- 根据第 4 张幻灯片的各项文本的内容创建超链接，并链接到对应的幻灯片中。
- 在第 4 张幻灯片右下角插入 1 个动作按钮，并链接到第 2 张幻灯片；在动作按钮下方插入艺术字"作者简介"。
- 放映制作好的演示文稿，并使用超链接快速定位到"一剪梅"所在的幻灯片，然后返回上次查看的幻灯片，依次查看各幻灯片和对象。
- 在最后 1 页使用红色的"荧光笔"标记"要求"下的文本，最后退出幻灯片放映视图。
- 隐藏最后 1 张幻灯片，然后再次进入幻灯片放映视图，查看隐藏幻灯片后的效果。
- 对演示文稿中的各个动画进行排练。
- 将课件打印出来，要求一页纸上显示两张幻灯片，两张幻灯片四周加框，并且幻灯片的大小需根据纸张的大小进行调整。
- 将设置好的课件打包到文件夹中，并命名为"课件"。

图 10-17　"课件"演示文稿

 相关知识

（一）幻灯片放映类型

演示文稿的最终目的是放映，用户可以根据实际的演示场合选择不同的幻灯片放映类型，PowerPoint 2016 提供了 3 种放映类型。其设置方法是：选择【幻灯片放映】/【设置】组，单击"设置幻灯片放映"按钮 🖳 ，打开"设置放映方式"对话框，在"放映类型"栏中选中不同的单选项即可选择相应的放映类型，设置完成后单击 确定 按钮，如图 10-18 所示。

计算机应用基础（Windows 7+Office 2016）（第2版）

选择放映类型

图 10-18　"设置放映方式"对话框

各种放映类型的作用和特点如下。

● 演讲者放映（全屏幕）。演讲者放映（全屏幕）是默认的放映类型，此类型将以全屏幕的状态放映演示文稿，在演示文稿放映过程中，演讲者具有完全的控制权，演讲者可手动切换幻灯片和动画效果，也可以将演示文稿暂停，添加会议细节等，还可以在放映过程中录下旁白。

● 观众自行浏览（窗口）。此类型将以窗口形式放映演示文稿，在放映过程中可利用滚动条、【Page Down】键、【Page Up】键对放映的幻灯片进行切换，但不能通过单击鼠标放映。

● 在展台浏览（全屏幕）。此类型是放映类型中最简单的一种，不需要人为控制，系统将自动全屏循环放映演示文稿。使用这种类型时，不能通过单击鼠标切换幻灯片，但可以通过单击幻灯片中的超链接和动作按钮来进行切换，按【Esc】键可结束放映。

（二）幻灯片输出格式

在 PowerPoint 2016 中，除了可以将制作的文件保存为演示文稿，还可以将其输出成其他多种格式。操作方法较简单，选择【文件】/【另存为】命令，单击"浏览"按钮，打开"另存为"对话框，选择文件的保存位置，在"保存类型"下拉列表中选择需要输出的格式选项，单击 保存(S) 按钮即可。下面讲解 4 种常见的输出格式。

● 图片。选择"GIF 可交换的图形格式（*.gif）""JPEG 文件交换格式（*.jpg）""PNG 可移植网络图形格式（*.png）""TIFF Tag 图像文件格式（*.tif）"选项，单击 保存(S) 按钮，根据提示进行相应操作，可将当前演示文稿中的幻灯片保存为一张对应格式的图片。如果要在其他软件中使用，还可以将这些图片插入对应的软件中。

● 视频。选择"Windows Media 视频（*.wmv）"选项，可将演示文稿保存为视频，如果在演示文稿中排练了所有幻灯片，则保存的视频将自动播放这些动画。保存为视频文件后，文件播放的随意性更强，不受字体、PowerPoint 版本的限制，只要计算机中安装了视频播放软件，就可以播放，这对于一些需要自动展示演示文稿的场合非常实用。

● PowerPoint 放映的演示文稿。选择"PowerPoint 放映（*.ppsx）"选项，可将演示文稿保存为自动放映的演示文稿，以后双击该演示文稿将不再打开 PowerPoint 2016 的工作界面，而是直接启动放映模式，开始放映幻灯片。

● 大纲文件。选择"大纲/RTF 文件（*.rtf）"选项，可将演示文稿中的幻灯片保存为大纲文件，生成的大纲 RTF 文件中将不再包含幻灯片中的图形、图片以及插入幻灯片的文本框中的内容。

任务实现

（一）创建超链接与动作按钮

在浏览网页的过程中，单击某段文本或某张图片时，会自动弹出另一个相关的网页，通常这些被单击的对象称为超链接，在 PowerPoint 2016 中也可为幻灯片中的图片和文本创建超链接。下面将为第 4 张幻灯片的各项文本创建超链接，然后插入 1 个动作按钮，并链接到第 2 张幻灯片；最后在动作按钮下方插入艺术字"作者简介"。具体操作如下。

（1）打开"课件 .pptx"演示文稿，选择第 4 张幻灯片，选择第 1 段正文文本，选择【插入】/【链接】组，单击"超链接"按钮🔗。

（2）打开"插入超链接"对话框，单击"链接到"列表框中的"本文档中的位置"按钮🖳，在"请选择文档中的位置"列表框中选择要链接到的第 5 张幻灯片，单击 确定 按钮，如图 10-19 所示。

微课

创建超链接与
动作按钮

图 10-19　选择链接的目标位置

（3）返回幻灯片编辑区即可看到设置超链接的文本颜色已发生变化，并且文本下方有一条蓝色的线，使用相同的方法，依次为各项文本设置超链接。

（4）选择【插入】/【插图】组，单击"形状"按钮▱，在打开的下拉列表中选择"动作按钮"栏的第 5 个选项，如图 10-20 所示。

（5）此时鼠标指针变为 + 形状，在幻灯片右下角空白位置按住鼠标左键不放拖曳鼠标，绘制一个动作按钮，如图 10-21 所示。

图 10-20　选择动作按钮类型

图 10-21　绘制动作按钮

（6）绘制动作按钮后会自动打开"操作设置"对话框，选中"超链接到"单选项，在下方的下拉列表中选择"幻灯片…"选项，如图 10-22 所示。

（7）打开"超链接到幻灯片"对话框，选择第 2 张幻灯片，依次单击 确定 按钮，使超链接生效，如图 10-23 所示。

（8）返回 PowerPoint 编辑界面，选择绘制的动作按钮，选择【绘图工具 - 格式】/【形状样式】组，在中间的列表框中选择第 4 排的第 2 个样式，如图 10-24 所示。

（9）选择【插入】/【文本】组，单击"艺术字"按钮，在打开的下拉列表中选择第 3 行的第 1 个样式。

（10）在艺术字占位符中输入文字"作者简介"，设置其"字号"为"24 号"，颜色为红色，然后将设置好的艺术字移动到动作按钮下方，如图 10-25 所示。

图 10-22 "操作设置"对话框   图 10-23 选择超链接到的目标

图 10-24 选择形状样式

图 10-25 插入及设置艺术字

提示　如果进入幻灯片母版，在其中绘制动作按钮，并创建好超链接，该动作按钮将应用到该幻灯片版式对应的所有幻灯片中。

（二）放映幻灯片

制作演示文稿的最终目的就是将制作的演示文稿展示给观众欣赏，即放映演示文稿。下面将放映前面制作好的演示文稿，并使用超链接快速定位到"一剪梅"所在的幻灯片，然后返回上次查看的幻灯片，依次查看各幻灯片和对象，在最后一页标记重要内容，最后退出幻灯片放映视图，具体操作如下。

微课

放映幻灯片

（1）选择【幻灯片放映】/【开始放映幻灯片】组，单击"从头开始"按钮，进入幻灯片放映视图。

（2）从演示文稿的第 1 张幻灯片开始放映，如图 10-26 所示；单击鼠标左键依次放映下一个动画或下一张幻灯片，如图 10-27 所示。

（3）当播放到第 4 张幻灯片时，将鼠标指针移动到"一剪梅"文本上，此时鼠标指针变为形状，单击鼠标左键，如图 10-28 所示。

图 10-26　进入幻灯片放映视图

图 10-27　放映动画

（4）切换到超链接的目标幻灯片，此时可使用前面的方法单击鼠标左键进行幻灯片的放映。在幻灯片上单击鼠标右键，在弹出的快捷菜单中选择"上次查看过的"命令，如图 10-29 所示。

图 10-28　单击超链接

图 10-29　定位幻灯片

（5）返回上一次查看的幻灯片，然后依次播放幻灯片中的各个对象，当播放到某张幻灯片的内容时，单击鼠标右键，在弹出的快捷菜单中选择【指针选项】/【荧光笔】命令，然后再次单击鼠标右键，在弹出的快捷菜单中选择【指针选项】/【墨迹颜色】/【红色】命令，如图 10-30 所示。

（6）此时鼠标指针变为红色色块，按住鼠标左键不放并拖曳鼠标，标记重要的内容，播完最后一张幻灯片后，单击鼠标左键，打开一个黑色页面，提示"放映结束，单击鼠标退出"，单击鼠标左键退出。

（7）由于前面标记了内容，将打开"是否保留墨迹注释"的提示对话框，单击 放弃(D) 按钮，删除绘制的标注，如图 10-31 所示。

图 10-30 选择标记使用的笔

图 10-31 选择是否保留墨迹注释

提示 选择【幻灯片放映】/【开始放映幻灯片】组，单击"从当前幻灯片开始"按钮 或在状态栏中单击"幻灯片放映"按钮 ，可从选择的幻灯片开始播放幻灯片。在播放幻灯片的过程中，通过单击鼠标右键弹出的快捷菜单，可快速定位到上一张幻灯片、下一张幻灯片或具体的某张幻灯片。

（三）隐藏幻灯片

放映幻灯片时，系统将自动按设置的放映方式依次放映每张幻灯片，但在实际放映过程中，可以将暂时不需要的幻灯片隐藏起来，等到需要时再将其显示出来。下面将隐藏最后一张幻灯片，然后放映查看隐藏幻灯片后的效果，具体操作如下。

（1）在"幻灯片"浏览窗格中选择第 9 张幻灯片，选择【幻灯片放映】/【设置】组，单击"隐藏幻灯片"按钮 ，隐藏幻灯片，如图 10-32 所示。

（2）在"幻灯片"浏览窗格中选择的幻灯片上将出现 标志，选择【幻灯片放映】/【开始放映幻灯片】组，单击"从头开始"按钮 ，开始放映幻灯片，此时隐藏的幻灯片将不再放映出来。

微课

隐藏幻灯片

图 10-32 隐藏幻灯片

提示 若要显示隐藏的幻灯片，在放映幻灯片时，单击鼠标右键，在弹出的快捷菜单中选择"定位至幻灯片"命令，再在弹出的子菜单中选择隐藏的幻灯片名称。如果要取消隐藏幻灯片，可再次执行隐藏操作，即选择【幻灯片放映】/【设置】组，单击"隐藏幻灯片"按钮 。

（四）排练计时

对于某些需要自动放映的演示文稿，设置动画效果后，可以设置排练计时，从而在放映时可根据排练的时间和顺序进行放映。下面将在演示文稿中对各动画进行排练计时，具体操作如下。

（1）选择【幻灯片放映】/【设置】组，单击"排练计时"按钮 ，进入放映排练状态，同时打开"录制"工具栏自动为该幻灯片计时，如图 10-33 所示。

（2）通过单击鼠标左键或按【Enter】键控制幻灯片中下一个动画出现的时间，如果用户确认该幻灯片的播放时间，可直接在"录制"工具栏的时间文本框中输入时间值。

图 10-33 "录制"工具栏

微课

排练计时

（3）一张幻灯片播放完成后，单击鼠标左键切换到下一张幻灯片，"录制"工具栏中的时间将从头开始为该张幻灯片的放映进行计时。

（4）放映结束后，打开提示对话框，提示排练计时时间，并询问是否保留幻灯片的排练时间，单击 是(Y) 按钮进行保存，如图 10-34 所示。

（5）打开"幻灯片浏览"视图，在每张幻灯片的右下角将显示幻灯片的播放时间，图 10-35所示为前两张幻灯片在"幻灯片浏览"视图中显示的播放时间。

图 10-34 是否保留排练时间

图 10-35 显示播放时间

如果不想使用排练好的时间自动放映该幻灯片，可选择【幻灯片放映】/【设置】组，取消选中"使用计时"复选框，这样在放映幻灯片时就能手动进行切换。

提示

（五）打印演示文稿

演示文稿不仅可以进行现场演示，还可以将其打印在纸张上，用于演讲时手持或分发给观众作为演讲提示等。下面将前面制作并设置好的课件打印出来，要求一页纸上显示两张幻灯片，具体操作如下。

（1）选择【文件】/【打印】命令，在窗口右侧的"份数"数值框中输入"2"，即打印两份，如图 10-36 所示。

（2）在"打印机"下拉列表中选择与计算机相连的打印机。

（3）在"设置"里选择"整页幻灯片"，在下拉列表中选择"2 张幻灯片"选项，选中"幻灯片加框""根据纸张调整大小"复选框，如图 10-37 所示。

微课

打印演示文稿

图 10-36　设置打印份数　　　　　图 10-37　设置幻灯片布局

（4）单击"打印"按钮 ⊟，开始打印幻灯片。

（六）打包演示文稿

演示文稿制作好后，有时需要在其他计算机上进行放映，要想在其他没有安装 PowerPoint 2016 的计算机上也能正常播放其中的声音和视频等对象，除了将演示文稿保存为视频之外，还可将制作的演示文稿打包。下面将前面设置好的课件打包到文件夹中，并命名为"课件"，具体操作如下。

（1）选择【文件】/【导出】命令，选择"将演示文稿打包成 CD"选项，在工作界面右侧双击"打包成 CD"按钮 ◎。

（2）打开"打包成 CD"对话框，单击 复制到文件夹(F)... 按钮，打开"复制到文件夹"对话框，在"文件夹名称"文本框中输入"课件"，在"位置"文本框中输入打包

微课

打包演示文稿

后的文件夹的保存位置，单击 确定 按钮，如图 10-38 所示。

（3）打开提示对话框，提示是否保存链接文件，单击 是(Y) 按钮，如图 10-39 所示。等待一会儿后即可将演示文稿打包成文件夹。

图 10-38 "复制到文件夹"对话框

图 10-39 保存链接文件

 课后练习

（1）打开"yswg.pptx"演示文稿，按照下列要求对演示文稿进行操作。

① 为所有幻灯片应用"回顾"主题，变体选择第 2 个选项。

② 在第 1 张幻灯片前添加一张版式为"标题幻灯片"的幻灯片，主标题内容为"销售计划"，副标题内容为"百佳电器产品有限公司"。

③ 进入幻灯片母版，在第 1 张幻灯片的左下角插入 1 个链接到第 1 张幻灯片的动作按钮。

④ 设置所有幻灯片的切换方式为"揭开"，换片方式为"单击鼠标时"。

⑤ 设置标题幻灯片的主标题的进入动画为"飞入"，副标题的进入动画为"缩放"。

⑥ 从第 1 张幻灯片开始放映幻灯片。

查看

具体操作

（2）打开"yswg-1.pptx"演示文稿，按照下列要求对演示文稿进行编辑并保存。

① 在标题幻灯片中设置标题的"字体"为"黑体"，"字号"为"40 号"；为下方的文本设置超链接，链接到第 4 张幻灯片。

② 在第 5 张幻灯片中插入图片"别墅"，并将其移动到幻灯片右侧。

③ 调整第 5 张和第 6 张幻灯片的位置。

④ 设置所有幻灯片的切换动画为"旋转"，声音为"照相机"。

⑤ 设置标题幻灯片的标题"动画"为"出现"，"开始"为"单击时"，"声音"为"爆炸"；再设置标题"动画"为"画笔颜色"，"开始"为"上一动画之后"，"持续时间"为"01.50"，"延迟"为"00.50"。

项目十一
使用计算机网络

随着信息化技术的不断深入，计算机网络应用成为计算机应用的常用领域。计算机网络即将计算机连入网络，然后共享网络中的资源并进行信息传输。要连入网络必须具备相应的条件。现在最常用的网络是因特网（Internet），它是一个全球性的网络，将全世界的计算机联系在一起，通过这个网络，用户可以实现多种功能。本项目将通过3个典型任务，介绍计算机网络的基础知识、Internet的基础知识，以及在Internet中进行信息浏览、文件下载、邮件收发、即时通信以及流媒体文件的使用等。

**课堂
学习
目标**

◎ 计算机网络基础知识

◎ Internet基础知识

◎ 应用Internet

微课

使用计算机
网络

任务一　计算机网络基础知识

▷ **任务要求**

小刘大学毕业后到一家网络公司上班，做行政工作。行政工作的内容本身不太复杂，用大学学习的内容加上自己肯学肯干，小刘相信自己一定可以做得很好。在日常的工作中，小刘经常需要与网络接触，为了让自己知其然更知其所以然，小刘决定先了解计算机网络的基础知识。

本任务要求认识计算机网络、计算机网络的发展、数据通信的概念、网络的类别、网络拓扑结构，以及网络中的硬件设备、软件设备。

（一）认识计算机网络

在计算机网络发展的不同阶段，由于对计算机网络的理解和侧重点不同，因此人们提出了不同的定义。就目前计算机网络现状来看，从资源共享的观点出发，通常将计算机网络定义为"以能够相互共享资源的方式连接起来的独立计算机系统的集合"。也就是说，将相互独立的计算机系统以通信线路相连接，按照全网统一的网络协议进行数据通信，从而实现网络资源共享。

从对计算机网络的定义可以看出，构成计算机网络有以下 4 点要求。

- 计算机相互独立。从分布的地理位置来看，它们是独立的，既可以相距很近，也可以相隔千里；从数据处理功能上来看，它们也是独立的，既可以联网工作，也可以脱离网络独立工作，而且联网工作时，也没有明确的主从关系，即网内的一台计算机不能强制性地控制另一台计算机。
- 以通信线路相连接。各计算机系统必须用传输介质和互联设备实现互联，传输介质可以使用双绞线、同轴电缆、光纤、微波和无线电等。
- 采用统一的网络协议。全网中各计算机在通信过程中必须共同遵守"全网统一"的通信规则，即网络协议。
- 资源共享。计算机网络中一台计算机的资源（包括硬件、软件和信息）可以提供给全网其他计算机系统共享。

（二）计算机网络的发展

计算机网络出现的历史不长，但发展迅速，经历了从简单到复杂，从地方到全球的发展过程，从形成初期到现在大致经历了 4 个阶段。

1. 第一代计算机网络

第一代计算机网络可以追溯到 20 世纪 50 年代。人们将多台终端通过通信线路连接到一台中央计算机上构成"主机—终端"系统。第一代计算机网络又称为面向终端的计算机网络。这里的终端不具备自主处理数据的能力，仅仅能完成简单的输入 / 输出功能，所有数据处理和通信处理任务均由主机完成。用今天对计算机网络的定义来看，"主机—终端"系统只能称得上是计算机网络的雏形，还算不上是真正的计算机网络，但这一阶段进行的计算机技术与通信技术相结合的研究，成为计算机网络发展的基础。

2. 第二代计算机网络

20 世纪 60 年代，计算机的应用日趋普及，许多部门（如工业、商业机构）都开始配置大中型计算机系统。这些地理位置上分散的计算机之间自然需要进行信息交换。这种信息交换的结果是多个计算机系统连接，形成一个计算机通信网络，被称之为第二代计算机网络。其重要特征是：通信在"计算机—计算机"之间进行，计算机各自具有独立处理数据的能力，并且不存在主从关系。计算机通信网络主要用于传输和交换信息，但资源共享程度不高。美国的高级研究计划局网络（Advanced Research Projects Agency Network，ARPANET）就是第二代计算机网络的典型代表。ARPANET 为 Internet 的产生和发展奠定了基础。

3. 第三代计算机网络

从 20 世纪 70 年代中期开始，许多计算机生产商纷纷开发出自己的计算机网络系统并形成各自不同的网络体系结构，如 IBM 公司的系统网络体系结构（System Network Architecture，SNA）、DEC 公司的数字网络体系结构（Digital Network Architecture，DNA）。这些网络体系结构有很大的差异，无法实现不同网络之间的互联，因此，网络体系结构与网络协议的国际标准化成了迫切需要解决的问题。1977 年国际标准化组织（International Standards Organization，ISO）提出了著名的开放系统互联参考模型 OSI/RM，形成了一个计算机网络体系结构的国际标准。尽管 Internet 上使用的协议是 TCP/IP，但 OSI/RM 对网络技术的发展产生了极其重要的影响。第三代计算机网络的特征是：全网中所有的计算机遵守同一种协议，强调以实现资源共享（硬件、软件和数据）为目的。

4. 第四代计算机网络

从 20 世纪 90 年代开始，Internet 实现了全球范围的电子邮件、WWW、文件传输和图像通信等数据服务的普及，但电话和电视仍各自使用独立的网络系统进行信息传输。人们希望利用同一网络来传输语音、数据和视频图像，因此提出了宽带综合业务数字网（Broadband Integrated Services Digital Network，B-ISDN）的概念。"宽带"是指网络具有极高的数据传输速率，可以承载大数据量的传输；"综合"是指信息媒体（包括语音、数据和图像）可以在网络中综合采集、存储、处理和传输。由此可见，第四代计算机网络的特点是综合化和高速化。支持第四代计算机网络的技术有异步传输模式（Asynchronous Transfer Mode，ATM）、光纤传输介质、分布式网络、智能网络、高速网络和互联网技术等。人们对这些新的技术予以极大的热情和关注，正在不断深入地研究和应用。

Internet 技术的飞速发展以及在企业、学校、政府、科研部门和千家万户的广泛应用，使人们对计算机网络提出了越来越高的要求。未来的计算机网络应能提供目前电话网、电视网和计算机网络的综合服务；能支持多媒体信息通信，以提供多种形式的视频服务；具有高度安全的管理机制，以保证信息安全传输；具有开放统一的应用环境、智能的系统自适应性和高可靠性，网络的使用、管理和维护将更加方便。总之，计算机网络将进一步朝着"开放、综合、智能"方向发展，必将对未来世界的经济、军事、科技、教育与文化的发展产生重大的影响。

（三）数据通信的概念

计算机技术和通信技术相结合，从而形成了一门新的技术——"数据通信"技术。数据通信指在两台计算机之间或一台计算机与终端之间进行信息交换和数据传输。在讲解数据通信的过程中将经常使用一些专业术语，下面分别进行解释。

1. 信道

信道是指信号传输的通道，即媒介。信道的种类较多，通常分为有线信道和无线信道。有线信道以导线为传输媒介，如双绞线、电话线、电缆或光缆等，信号沿导线进行传输。无线信道看不见摸不着，它是以辐射无线电波为传输方式的无线电信道，如短波、超短波、人造卫星中继或地波等。

2. 模拟信号和数字信号

信号分为模拟信号和数字信号。

- 模拟信号。模拟信号是连续变化的信号，如通过电话线传输的声音信号是连续的电波。
- 数字信号。它是一种离散的脉冲信号。在计算机中，数字信号的大小常用有限位的二进制数表示，即 0 和 1。由于数字信号是用固定状态的 0 和 1 表示的，故其抵抗材料本身干扰和环境干扰的能力都比模拟信号强。

3. 调制与解调

在现实生活中，计算机网络有时是通过电话线来连接的。电话线是典型的模拟信号传输媒介，而计算机产生的信号是数字信号，那么如何实现电话线连接计算机网络呢？这时就需要进行调制和解调，其作用分别如下。

- 调制。将各种数字信号转换成适合于在电话线等信道传输的模拟信号的过程，称为调制。根据所控制的信号参量的不同，调制可分为调幅、调频和调相 3 种形式。其中，调幅是使载波的幅度随着调制信号的大小变化而变化的调制方式；调频是使载波的瞬时频率随着调制信号的大小变化而幅度保持不变的调制方式；调相是利用原始信号控制载波信号相位的调制方式。
- 解调。解调的作用与调制相反，是将模拟信号还原为计算机可以识别的数字信号的过程。

提示 将调制和解调两个功能合为一体，则产生了一种设备，名叫"调制解调器（Modem）"。该设备是模拟信号通过电话线等连接网络的必备设施。

4. 带宽与传输速率

带宽与传输速率是模拟信号和数字信号用于表示数据传输能力的参数，其概念及作用分别如下。

- 带宽。带宽是指模拟信号中用于表示信道传输信号能力的指标，也指能够有效通过该信道的信号的最大频带宽度。它是以信号的最高频率和最低频率之差表示的，频率是模拟信号每秒的周期数，单位为 Hz（赫兹）、kHz、MHz、GHz。可以说带宽越大，单位时间内可传输的频率范围就越广，传输的数据量也越大。
- 传输速率。传输速率是指数字信号中用于表示信道传输信号能力的指标，它表示每秒传输的二进制（0 和 1）的位数，单位为 bit/s（比特/秒）、kbit/s、Mbit/s、Gbit/s 和 Tbit/s 等。

在实际生活和工作中，人们通常直接用"带宽"来表示信道的传输能力，即带宽越大，数据传输能力越强。

5. 丢包

数据在通信网络上是以数据包为单位传输的，每个数据包中有表示数据信息和提供数据路由的帧。如果由于信道较差而使数据的传输出现空洞，就会形成"丢包"。

不管网络情况有多好，数据都不是以线性连续传输的，所以数据包的传输不可能绝对完成，可能会造成一定的损失，这时网络会自动根据通信的两端协议来补包。如果线路情况好，速度快，包的损失会非常小，补包的工作也相对容易完成，此时可以将数据看作无损传输。

6. 误码率

在信号传输过程中受到外界的干扰，或在通信系统内部由于各个组成部分的质量不够理想，数字信号不可避免地产生差错，如发送的信号是"1"，而接收到的信号却是"0"，这就是"误码"。

在一定时间内收到的数字信号中发生差错的比特数与同一时间所收到的数字信号的总比特数之比，就叫作"误码率"。传输错误是不可避免的，但应控制在一定范围内，在计算机网络系统中，一般误码率要求低于 10^{-6}。

（四）网络的类别

计算机网络根据覆盖的地域范围与规模可以分为 3 类：局域网（Local Area Network，LAN）、城域网（Metropolitan Area Network，MAN）与广域网（Wide Area Network，WAN）。

1. 局域网

局域网是目前网络技术发展最快的领域之一。局域网是指在较小的地理范围内（一般不超过 10 千米），由有限的通信设备互联起来的计算机网络。局域网的规模相对于城域网和广域网而言较小，常在公司、机关、学校和工厂等有限范围内，将本单位的计算机、终端以及其他的信息处理设备连接起来，以实现办公自动化、信息汇集与发布等功能。

从功能的角度来看，局域网的服务用户个数有限，但是网络中传输速率高（10Mbit/s ～ 10Gbit/s），误码率低，使用费用也低。局域网一般采用广播式或交换式通信。

2. 城域网

城域网所覆盖的地域范围介于局域网和广域网之间，城域网是随着各单位大量局域网的建立而出现的。同一个城市内各个局域网之间需要交换的信息量越来越大，为了解决它们之间信息高速传输的问题，提出了城域网的概念，并为此制定了城域网的标准。一般在一个城市中（几十千米范围内），将企业、机关、公司和学校等单位的局域网互联，以满足大量用户之间数据和多媒体信息的传输需要。

3. 广域网

广域网在地域上可以覆盖一个地区、国家，甚至横跨几大洲，因此也称为远程网。目前大家熟知的 Internet 就是一个横跨全球，可供公共商用的广域网络。除此之外，许多大型企业以及跨国公司和组织也建立了内部使用的广域网络。广域网可以适应大容量、突发性的通信需求，提供综合业务服务，具备开放的设备接口与规范的协议以及完善的通信服务与网络管理。但其传输速率较低，一般为 96kbit/s ～ 45Mbit/s。

广域网的通信子网可以利用公用分组交换网、卫星通信网和无线分组交换网，将分布在不同地区的局域网或计算机系统互联起来，达到资源共享的目的。

（五）网络的拓扑结构

拓扑结构是决定通信网络性质的关键要素之一。计算机网络拓扑结构是组建各种网络的基础。不同的网络拓扑结构涉及不同的网络技术，对网络性能、系统可靠性与通信费用都有重要的影响。网络拓扑结构分为星形拓扑结构、树状拓扑结构、网状拓扑结构、总线拓扑结构和环形拓扑结构，其结构示意图如图 11-1 所示。

图 11-1　拓扑结构

下面对 5 种形状的网络拓扑结构进行详细介绍。

- 星形拓扑结构。星形拓扑结构中的各节点通过点对点通信线路与中心节点连接。任何两结点之间的数据传输都要经过中心节点的控制和转发。中心节点控制全网的通信。星形拓扑结构简单，易于组建和管理。但中心节点的可靠性是至关重要的，它出故障可能造成整个网络瘫痪。以集线器为中心的局域网是一种最常见的星形网络拓扑结构。

- 树状拓扑结构。树状拓扑结构可以看作星形拓扑结构的扩展。树状拓扑结构中，节点具有层次。全网中有一个顶层的结点，其余节点按上、下层次进行连接，数据传输主要在上、下层节点之间进行，同层节点之间的数据在传输时要经上层转发。这种结构的优点是灵活性好，可以逐层扩展网络，但缺点是管理复杂。

- 网状拓扑结构。网状拓扑结构中两节点之间的连接是任意的，特别是任意两节点之间都连接专用链路则可构成全互联型。网状拓扑结构中两结点之间存在多条路径，因此这种结构的主要优点是系统可靠性高，数据传输快，但是网状拓扑结构的建网费用高昂，控制复杂，目前常用于广域网中，在主要节点之间实现高速通信。

- 总线拓扑结构。网络中所有结点连接到一条共享的传输介质上，所有结点都通过这条公用链路来发送和接收数据，因此，必须有一种控制方法（介质访问控制方法）使得任一时刻只允许一个结点使用链路发送数据，而其余的结点只能"收听"到该数据。

- 环形拓扑结构。环形拓扑结构中的节点通过点对点通信线路首尾连接构成闭合环路。数据将沿环中的一个方向逐个节点传送，当一个节点使用链路发送数据时，其余的节点也能先后"收听"到该数据。这里也需要一种介质访问控制方法，使得任一时刻只允许一个节点发送。环形拓扑结构简单，传输时延确定，但环路的维护复杂。

（六）网络中的硬件

要形成一个能进行信号传输的网络，必须有硬件设备的支持。由于网络的类型不一样，使用的硬件设备可能有所差别，总体说来，网络中的硬件设备大概有传输介质、网卡、路由器和交换机等。

1. 传输介质

传输介质是连接网络中各结点的物理通路。目前，常用的网络传输介质有双绞线、同轴电缆、光纤电缆与无线传输介质，分别介绍如下。

* 双绞线。双绞线由 2、4 或 8 根绝缘导线组成，两根为一线来作为一条通信链路。为了减少各线对之间的电磁干扰，各线对以均匀对称的方式螺旋扭绞在一起。线对的绞合程度越高，抗干扰能力越强。

* 同轴电缆。同轴电缆由内导体、外屏蔽层、绝缘层及外部保护层组成。同轴电缆可连接的地理范围较双绞线更宽，抗干扰能力较强，使用与维护也方便，但价格较双绞线高。

* 光缆。一条光缆中包含多条光纤。每条光纤是由玻璃或塑料拉成极细的能传导光波的细丝，外面再包裹多层保护材料构成的。光纤通过内部的全反射来传输一束经过编码的光信号。光缆因其数据传输速率高、抗干扰性强、误码率低及安全保密性好的特点，而被认为是一种最有前途的传输介质。光缆价格高于同轴电缆与双绞线。

* 无线传输介质。使用特定频率的电磁波作为传输介质，可以摆脱有线介质（双绞线、同轴电缆、光缆）的束缚，组成无线局域网。目前，计算机网络中常用的无线传输介质有无线电（信号频率在 30 MHz ~ 1 GHz）、微波（信号频率在 2 ~ 40 GHz）、红外线（信号频率在 3×10^{11} ~ 2×10^{14} Hz）。

2. 网卡

网卡的全称是网络接口卡（Network Interface Card，NIC），用于计算机和传输介质的连接，从而实现信号传输，包括帧的发送与接收、帧的封装与拆封、介质访问控制、数据的编码与解码以及数据缓存等功能。网卡是计算机连接到局域网的必备设备，一般分为有线网卡和无线网卡两种。

3. 路由器

路由器（Router，意为"转发者"）是连接 Internet 中各局域网、广域网的设备，它会根据信道的情况自动选择和设定路由，以最佳路径按前后顺序发送信号。由此可见，选择最佳路径的策略是路由器的关键所在，在路由器中保存着各种传输路径的相关数据——路径表，供选择时使用。路径表可以是由系统管理员固定设置好的，也可以由系统动态修改；可以由路由器自动调整，也可以由主机控制。

4. 交换机

交换机（Switch，意为"开关"）是一种用于电信号转发的网络设备。它可以为接入交换机的任意两个网络结点提供独享的电信号通路，支持端口连接结点之间的多个并发连接（类似于电路中的"并联"效应），从而增加网络带宽，改善局域网的性能。交换机的主要功能包括物理编址、网络拓扑结构、错误校验、帧序列以及流控等。交换机分为以太网交换机、电话语音交换机和光纤交换机等。

提示　路由器和交换机之间的主要区别就是交换机发生在 OSI 参考模型第 2 层（数据链路层）；而路由器发生在第 3 层，即网络层。这一区别决定了路由器和交换机在移动信息的过程中需使用不同的控制信息，所以两者实现各自功能的方式是不同的。

（七）网络中的软件

与硬件相对的是软件，要在网络中实现资源共享以及一些需要的功能就必须得到软件的支持。网络软件一般是指网络操作系统、网络通信协议和提供网络服务功能的专用软件，下面分别进行讲解。

- 网络操作系统。网络操作系统用于管理网络软件和硬件资源，常见的网络操作系统有UNIX、NetWare、Windows NT 和 Linux 等。
- 网络通信协议。网络通信协议是网络中计算机交换信息时的约定，它规定了计算机在网络中互通信息的规则。互联网采用的协议是 TCP/IP。
- 提供网络服务功能的专用软件。该类软件用于提供一些特定的网络服务功能，如文件的上传与下载服务、信息传输服务等。

（八）无线局域网

随着技术的发展，无线局域网已逐渐代替有线局域网，成为现在家庭、小型公司主流的局域网组建方式。无线局域网（Wireless Local Area Networks，WLAN）利用射频技术，使用电磁波取代双绞线所构成的局域网络。

WLAN 的实现协议有很多，其中应用最为广泛的是无线保真技术（Wi-Fi），它提供了一种能够将各种终端都使用无线进行互联的技术，为用户屏蔽了各种终端之间的差异性。要实现无线局域网功能，目前一般需要一台无线路由器、多台有无线网卡的计算机和手机等可以上网的智能移动设备。

无线路由器可以看作一个转发器，它将宽带网络信号通过天线转发给附近的无线网络设备，同时它还具有其他的网络管理功能，如 DHCP 服务、NAT 防火墙、MAC 地址过滤和动态域名等。

任务二　Internet 基础知识

任务要求

小刘学习了一些基本的计算机网络知识，但是同事告诉他，计算机网络和 Internet 并不能打等号，Internet 是使用最为广泛的一种网络，也是现在世界上最大的一种网络，在该网络上可以实现很多特有的功能。小刘决定再好好补补 Internet 的基础知识。

本任务要求认识 Internet 与万维网，了解 TCP/IP，认识 IP 地址和域名系统，掌握连入 Internet 的各种方法。

（一）认识 Internet 与万维网

Internet 和万维网是两种不同类型的网络，其功能各不相同。

1. Internet

Internet 又称互联网，也称国际互联网，它是全球最大、连接能力最强、开放的，由遍布全世界的众多大大小小的网络相互连接而成的计算机网络，是由美国军方的高级研究计划局的阿帕网（ARPAnet）发展起来的。Internet 主要采用 TCP/IP。它使网络上的各个计算机可以相互交换各种信息。目前，Internet 通过全球的信息资源和覆盖五大洲的 160 多个国家的数百万个网点，在网上提供数据、电话、广播、出版、软件分发、商业交易、视频会议以及视频节目点播等服务。Internet 在全球范围内提供了极为丰富的信息资源。一旦连接到 Web 节点，就意味着计算机已经进入 Internet。

Internet 将全球范围内的网站连接在一起，形成一个资源十分丰富的信息库。Internet 在人们的工作、生活和社会活动中起着越来越重要的作用。

2. 万维网

万维网（World Wide Web，WWW）又称环球信息网、环球网和全球浏览系统等。WWW 起源于位于瑞士日内瓦的欧洲粒子物理实验室。WWW 是一种基于超文本的、方便用户在 Internet 上搜索和浏览信息的信息服务系统，它通过超链接把世界各地不同 Internet 节点上的相关信息有机地组织在一起，用户只需发出检索要求，它就能自动地进行定位并找到相应的检索信息。用户可用 WWW 在 Internet 上浏览、传递和编辑超文本格式的文件。WWW 是 Internet 上最受欢迎、最为流行的信息检索工具，它能把各种类型的信息（文本、图像、声音和影像等）集成起来供用户查询。WWW 为全世界的人们提供了查找和共享知识的手段。

WWW 还具有连接 FTP 和 BBS 等服务的能力。总之，WWW 的应用和发展已经远远超出网络技术的范畴，影响着新闻、广告、娱乐、电子商务和信息服务等诸多领域。可以说，WWW 的出现是 Internet 应用的一个革命性的里程碑。

（二）了解 TCP/IP

每个计算机网络都制定一套全网共同遵守的网络协议，并要求网中每个主机系统配置相应的协议软件，以确保网中不同系统之间能够可靠、有效地相互通信和合作。"TCP/IP"是 Internet 最基本的协议，它译为传输控制协议 / 因特网互联协议，又名网络通信协议，也是 Internet 国际互联网络的基础。

TCP/IP 由网络层的 IP 和传输层的 TCP 组成。它定义了电子设备连入 Internet，以及数据在它们之间传输的标准。

TCP 即传输控制协议，位于传输层，负责向应用层提供面向连接的服务，确保网上发送的数据包可以完整接收。如果发现传输有问题，则要求重新传输，直到所有数据安全正确地传输到目的地。IP 即网络协议，负责给 Internet 的每一台联网设备规定一个地址，即常说的 IP 地址。同时，IP 还有另一个重要的功能，即路由选择功能，用于选择从网上一个节点到另一个节点的传输路径。

TCP/IP 共分为应用层、传输层、互联网层和主机至网络层 4 层，分别介绍如下。

- 应用层（Application Layer）。应用层包含所有的高层协议，用于处理特定的应用程序数据，为应用软件提供网络接口，包括文件传输协议（FTP）、电子邮件传输协议（SMTP）、域名服务（DNS）、网上新闻传输协议（NNTP）等。

- 传输层（Transport Layer）。传输层用于为两台联网设备之间提供端到端的通信，在这一层有传输控制协议（TCP）和用户数据报协议（UDP）。其中，TCP 是面向连接的协议，它提供可靠的报文传输和对上层应用的连接服务；UDP 是面向无连接的不可靠传输协议，主要用于不需要 TCP 的排序和流量控制等功能的应用程序。

- 互联网层（Internet Layer）。互联网层是整个体系结构的关键部分，用于确定数据包从端到端的路径选择方式。互联网层使用因特网协议（Internet Protocol，IP）、网际网控制报文协议（ICMP）。

- 主机至网络层（Host-to-Network Layer）。主机至网络层用于规定数据包从一个设备的网络层传输到另一个设备的网络层的方法。

（三）认识 IP 地址和域名系统

Internet 上的计算机众多，如果想有效地分辨这些计算机，就需要通过 IP 地址和域名来实现。

1. IP 地址

IP 地址即网络协议地址。连接在 Internet 上的每台主机都有一个在全世界范围内唯一的 IP 地址。一个 IP 地址由 4 字节（32 bit）组成，通常用小圆点分隔，其中每个字节可用一个十进制数来表示。例如 192.168.1.51 就是一个 IP 地址。

IP 地址通常可分成两部分。第一部分是网络号，第二部分是主机号。

Internet 的 IP 地址可以分为 A、B、C、D 和 E 5 类。其中，0 ~ 127 为 A 类地址，128 ~ 191 为 B 类地址，192 ~ 223 为 C 类地址，D 类地址留给 Internet 体系结构委员会使用，E 类地址保留在今后使用。也就是说，每个字节的数字由 0 ~ 255 的数字组成，大于或小于该数字的 IP 地址都不正确，通过数字所在的区域可判断该 IP 地址的类别。

由于网络的迅速发展，已有协议 IPv4 规定的 IP 地址已不能满足用户的需要，IPv6 采用 128 位地址长度，几乎可以不受限制地提供地址。在 IPv6 中除解决了地址短缺问题以外，还解决了在 IPv4 中存在的其他问题，如端到端 IP 连接、服务质量（QoS）、安全性、多播、移动性和即插即用等。IPv6 成为新一代的网络协议标准。

2. 域名系统

数字形式的 IP 地址难以记忆，故在实际使用时常采用字符形式来表示 IP 地址，即域名系统（Domain Name System，DNS）。域名系统由若干子域名构成，子域名之间用小圆点来分隔。

域名的层次结构如下：

……. 三级子域名 . 二级子域名 . 顶级子域名

每一级的子域名都由英文字母和数字组成（不超过 63 个字符，并且不区分大小写字母），级别最低的子域名写在最左边，而级别最高的顶级域名则写在最右边。一个完整的域名不超过 255 个字符，其子域级数一般不予限制。

例如，人民邮电出版社的 WWW 服务器的域名是：www.ptpress.com.cn。在这个域名中，顶级域名是 cn（中国），第二级子域名是 com（商业机构），第三级子域名是 ptpress（人民邮电出版社），最左边的 www 则表示某台主机名称。

在顶级域名之下，二级域名又分为类别域名和行政区域名两类。类别域名共 6 个，包括用于科研机构的 ac，用于工商金融企业的 com，用于教育机构的 edu，用于政府部门的 gov，用于互联网络信息中心和运行中心的 net，用于非营利组织的 org。而行政区域名有 34 个。

（四）连入 Internet

用户的计算机连入 Internet 的方法有多种，一般都是通过联系 Internet 服务提供商（ISP），对方派专人根据当前的情况实际查看、连接后，进行 IP 地址分配、网关及 DNS 设置等，从而实现联网。

目前，总体说来，连入 Internet 的方法主要有 ADSL 拨号上网和光纤宽带上网两种，下面分别介绍。

- ADSL。非对称数字用户线路（Asymmetric Digital Subscriber Line，ADSL）可直接利用现有的电话线路，通过 ADSL Modem 进行数字信息传输，ADSL 连接理论速率可达到 1 ~ 8Mbit/s。它具有速率稳定、带宽独享、语音数据不干扰等优点，适用于家庭、个人等用户的大多数网络应用需求。它可以与普通电话线共享一条通信链路，接听、拨打电话的同时能进行 ADSL 传输，而又互不影响。

- 光纤。光纤是目前宽带网络中多种传输媒介中最理想的一种，具有传输容量大、传输质量好、损耗小及中继距离长等优点。现在光纤连入 Internet 的方法一般有两种，一种是通过光纤接入小区节点或楼道，再由网线连接到各个共享点上；另一种是光纤到户将光缆一直扩展到每一台计算机终端上。

任务三　应用 Internet

通过一段时间的基础知识学习，小刘迫不及待地想进入 Internet 的神奇世界。同事告诉他，Internet 中可以实现的功能很多，不仅可以进行信息的查看和搜索，还能进行资料的上传与下载、电子邮件的发送等。在信息化技术如此深入的今天，不管是工作还是日常生活，都离不开 Internet。小刘决定系统地学习 Internet 的使用方法。

本任务要求掌握常见的 Internet 操作，包括使用 IE 浏览器、搜索信息、上传与下载资源、发送电子邮件、使用即时通信软件和使用网上流媒体等。

相关知识

（一）Internet 应用的相关概念

Internet 中可以实现的功能很多，在使用 Internet 之前，先了解 Internet 应用相关的概念，以帮助后期的学习。

1. 浏览器

浏览器是用于浏览 Internet 中的信息的工具，Internet 中的信息内容繁多，有文字、图像、多媒体，还有连接到其他网址的超链接。通过浏览器，用户可迅速浏览各种信息，并可将用户反馈的信息转换为计算机能够识别的命令。在 Internet 中，这些信息一般都集中在 HTML 格式的网页上显示。

浏览器的种类众多，一般常用的有 Internet Explorer（简称"IE 浏览器"）、QQ 浏览器、Firefox、Safari、Opera、百度浏览器、搜狗浏览器、360 浏览器、UC 浏览器、傲游浏览器和世界之窗浏览器等。

2. URL

URL 即网页地址，简称"网址"，是 Internet 上标准的资源的地址。一个完整的 URL 地址由"协议名称""服务器名称或 IP 地址""路径和文件名"组成，下面分别进行介绍。

* 协议名称。协议名称用于命令浏览器如何处理将要打开的文件。最常用的模式是超文本传输协议（即 HTTP），除此之外还有 HTTPS、FTP 等。

* 服务器名称或 IP 地址。服务器名称或 IP 地址用于指定指向的位置，后面有时还跟一个冒号和一个端口号。

* 路径和文件名。路径和文件名用于指定到达目标地址后打开的文件或文件夹，各具体路径之间用斜线（/）分隔。

3. 超链接

"超链接"是超级链接的简称，网页中包含的信息众多，这些信息不可能在一个页面中全部显示出来，此时就出现了超链接。超链接是指从一个网页指向一个目标的连接关系，这个目标可以是另一个网页，也可以是相同网页上的不同位置，还可以是一张图片、一个电子邮件地址、一个文件，甚至是一个应用程序。而在一个网页中用来超链接的对象，可以是一段文本或者是一张图片。

在一些较大型的综合网站中，首页一般都是超链接的集合，单击这些超链接，才能一步步指定具体可以阅读的网页内容。

4. FTP

文件传输协议（File Transfer Protocol，FTP）可将一个文件从一台计算机传送到另一台计算机中，而不管这两台计算机使用的操作系统是否相同，相隔的距离有多远。

在使用 FTP 的过程中，经常会遇到两个概念，即"下载"（Download）和"上传"（Upload）。"下载"就是将文件从远程计算机复制到本地计算机上，"上传"就是将文件从本地计算机复制到远程主机上。用 Internet 语言来说，用户可通过客户机程序向（从）远程主机上传（下载）文件。

>
>
> **提示** 使用 FTP 时必须先登录，在远程主机上获得相应的权限以后，才能下载或上传文件，这就要求用户必须有对应的账号和密码，这样操作虽然安全，但是不太方便使用。通常使用账号"anonymous"，密码为空的字符串，也可以实现上传和下载功能，这个账号即为匿名 FTP。

（二）认识 IE 浏览器窗口

IE 浏览器是目前主流的浏览器之一。在 Windows 7 操作系统中双击桌面上的 Internet Explorer 图标 ⏚ 或单击"开始"按钮 ⏚，在打开的菜单中选择【所有程序】/【Internet Explorer】命令即可启动该程序，打开图 11-2 所示的窗口。

图 11-2　IE 浏览器窗口

IE 浏览器界面中的标题栏、前进/后退按钮和状态栏的作用与前面章节中介绍的应用程序的窗口类似。下面对 IE 浏览器窗口中的特有部分分别进行介绍。

- 地址栏。地址栏用来显示用户当前所打开网页的地址，也就是常说的网址，单击地址栏右边的 ▾ 按钮，在打开的下拉列表中可以快速打开曾经访问过的网址。单击地址栏右侧的"刷新"按钮 ↻，浏览器将重新从网上下载当前网页的内容；单击"停止"按钮 ✕ 可以停止对当前网页的下载。
- 搜索列表框。搜索列表框用于在默认搜索网站查找相关内容，在该列表框中输入要搜索的内容后，按【Enter】键或单击"搜索"按钮 ⌕ 即可。单击其后的下拉按钮 ▾，可在打开的下拉列表中对搜索选项进行详细设置。
- 网页选项卡。网页选项卡可以使用户在单个浏览器窗口中查看多个网页，即当打开多个网页时，单击不同的选项卡可以快速在打开的网页间进行切换。
- 工具栏。工具栏用来显示浏览网页时所需的常用工具按钮，单击相应的按钮可以快速对浏览的网页进行相应的设置或操作。
- 网页浏览窗口。所有的网页文字、图片、声音和视频等信息都显示在网页浏览窗口中。

（三）电子邮箱和电子邮件

电子邮件是日常生活和工作中频繁使用的工具，电子邮件也称 E-mail，是一种通过网络在相互独立的地址之间实现传送和接收消息与文件的现代化通信手段。相对于传统的通信方式来说，电子邮件不仅可以传送文本，还可以传送声音、视频和图像等多种类型的文件。

1. 认识电子邮箱地址

电子邮箱是存放和管理电子邮件的场所，每个电子邮箱都具有一个唯一的地址，从而保证了每封电子邮件都可以准确到达。电子邮箱的格式是 user@mail.server.name，其中，user 是用户账号，mail.server.name 是电子邮件服务器名，@ 符号用于连接前后两部分。如果一个邮箱地址为 hello@163.com，则其中 hello 是用户的账号，163.com 是电子邮件服务器，它表示在电子邮件服务器 163.com 上的账号为 hello 的电子邮箱。

2. 电子邮件的专用名词

在撰写电子邮件的过程中，经常会使用一些专用名词，如收件人、主题、抄送、密件抄送、附件和正文等，其含义如下。

- 收件人。收件人指邮件的接收者，用于输入收信人的邮箱地址。
- 主题。主题指信件的主题，即这封信的名称。
- 抄送。抄送用于输入同时接收该邮件的其他人的地址。在抄送方式下，收件人知道发件人还将该邮件发送给了其他人。
- 密件抄送。密件抄送指用户给收件人发出邮件的同时，又将该邮件暗中发送给其他人，与抄送不同的是收件人并不知道发件人还将该邮件发送给了其他人。
- 附件。附件指随同邮件一起发送的附加文件，附件可以是各种形式的单个文件。
- 正文。正文指电子邮件的主体部分，即邮件的详细内容。

（四）流媒体

　　流媒体是一种以"流"的方式在网络中传输音频、视频和多媒体文件的形式，它将视频和音频等多媒体文件经过特殊的压缩方式分成一个个压缩包，由服务器向用户计算机连续、实时传送。在流媒体传输方式的系统中，不像非流式传输必须整个文件全部下载完毕后才能看到当中的内容，而只需要经过很短的时间即可在计算机上对视频或音频等流式媒体文件进行边播放边下载。

1. 实现流媒体的条件

　　实现流媒体需要两个条件，一是传输协议，二是缓存，其作用分别如下。

　　● 传输协议。实现流式传输的方法有实时流式传输和顺序流式传输两种。实时流式传输适合于现场直播，需要另外使用 RTSP 或 MMS 传输协议；顺序流式传输适合于已有媒体文件，这时用户可观看已下载的那部分，但不能跳到还未下载的部分，由于标准的 HTTP 服务器可以直接发送这种形式的文件，因此无须使用其他特殊协议即可实现。

　　● 缓存。流媒体技术之所以可以实现，是因为它首先在使用者的计算机上创建一个缓冲区，在播放前预先下载一段数据作为缓冲，在网络实际连线速度小于播放所耗用数据的速度时，播放程序就会取用缓冲区内的数据，从而避免播放中断，实现了流媒体连续播放的目的。

2. 流媒体传输过程

　　流媒体在服务器和客户端之间进行传输的过程如下。

　　（1）客户端 Web 浏览器与媒体服务器之间交换控制信息，检索出需要传输的实时数据。

　　（2）Web 浏览器启动客户端的音频 / 视频程序，并对该程序进行初始化，包括目录信息、音频 / 视频数据的编码类型和相关的服务地址等信息。

　　（3）客户端的音频 / 视频程序和媒体服务器之间运行流媒体传输协议，交换音频 / 视频传输所需的控制信息，实时流协议提供播放、快进、快退和暂停等功能。

　　（4）媒体服务器通过传输协议将音频 / 视频数据传输给客户端，当数据到达客户端时，客户端程序即可播放流媒体。

✕ 任务实现

（一）使用 IE 浏览器网上冲浪

　　IE 浏览器的最终目的是浏览 Internet 的信息，并实现信息交换的功能。IE 浏览器作为 Windows 操作系统集成的浏览器，拥有浏览网页、保存信息和收藏网页等多种功能。

1. 浏览网页

　　使用 IE 浏览器对个人用户而言实际上就是打开一个个网页，并对网页中的内容进行查看。

　　【例 11-1】使用 IE 浏览器打开网易网页，然后进入"旅游"专题，查看其中

微课

浏览网页

感兴趣的网页内容。

具体操作如下。

（1）双击桌面上的 Internet Explorer 图标启动 IE 浏览器，在上方的地址栏中输入需打开网页网址的关键部分，按【Enter】键，IE 系统自动补充剩余部分，并打开该网页。

（2）网页中列出了很多信息的目录索引，将鼠标指针移动到"旅游"超链接上时，鼠标指针变为 🖑 形状，单击鼠标左键，如图 11-3 所示。

> **提示** 启动 IE 浏览器后自动打开的网页称为主页，用户可对其进行修改，方法是：在工具栏中单击 工具(O) ▾ 按钮，在打开的下拉列表中选择"Internet 选项"选项，在打开的"Internet 选项"对话框的"主页"文本框中输入需要设置的网址，或者打开一个网页后，单击该对话框中的 使用当前页(C) 按钮，将打开的网页设置为主页。

图 11-3　打开网页

> **提示** 在浏览网页的过程中，可以通过 IE 浏览器中的前进和后退按钮进行网页前后内容的浏览。当在同一个窗口中打开两个以上的网页时，单击 ⬅ 按钮，可以快速返回到上一个网页。单击 ⬅ 按钮后，再单击 ➡ 按钮，可返回到单击 ⬅ 按钮之前的网页中。

（3）打开"旅游"专题，在其中滚动鼠标滚轮实现网页的上下移动，在该网页中浏览到自己感兴趣的内容超链接后，再次单击鼠标左键，如图 11-4 所示，将在打开的网页中显示其具体内容，如图 11-5 所示。

图 11-4　单击超链接

图 11-5　浏览具体内容

2. 保存网页中的资料

IE 浏览器提供了信息保存功能，当用户浏览到的网页有自己需要的内容时，可将其长期保存在计算机中，以备随时调用。

【例 11-2】保存打开的网页中的文字信息和图片信息，最后保存整个网页内容。

具体操作如下。

（1）打开一个包含所需资料的网页，使用鼠标选择需要保存的文字，在选择的文字区域中单击鼠标右键，在弹出的快捷菜单中选择"复制"命令或按【Ctrl+C】组合键。

（2）启动记事本程序或 Word 软件，选择【编辑】/【粘贴】命令或按【Ctrl+V】组合键，将复制的文字粘贴到该软件中。

（3）选择【文件】/【保存】命令，单击"浏览"按钮在打开的对话框中进行设置后，将文档保存在计算机中。

（4）在需要保存的图片上单击鼠标右键，在弹出的快捷菜单中选择"图片另存为"命令，打开"保存图片"对话框。

（5）选择图片的保存位置，在"文件名"文本框中输入要保存图片的名称，这里输入"马尔代夫"，单击 保存(S) 按钮，将图片保存在计算机中，如图 11-6 所示。

微课

保存网页中的
资料

图 11-6　保存图片

（6）在当前打开的网页的工具栏中单击 页面(P)▼ 按钮，在打开的下拉列表中选择"另存为"选项，打开"保存网页"对话框，选择保存网页的地址，设置名称，在"保存类型"下拉列表中选择"网页，全部"选项，单击 保存(S) 按钮，系统将显示保存进度，保存完后即可在所保存的文件夹内找到该网页文件。

提示　保存网页后，在网页的保存位置将有一个网页文件和一个与网页文件同名的文件夹，双击网页文件，可快速打开该网页进行浏览；文件夹中保存了该网页中的所有图片和视频等信息。

3. 使用历史记录

用户使用 IE 浏览器查看的网页，将被记录在 IE 浏览器中，当某日需要再次打开该网页时，可通过历史记录进入。

【例 11-3】使用历史记录查看星期四曾经使用过的一个网页。

具体操作如下。

（1）在收藏夹栏中单击 ☆收藏夹 按钮，在网页左侧打开"收藏夹"窗格，单击上方的"历史记录"选项卡。

微课
使用历史记录

（2）在下方以星期形式列出日期列表，选择"星期四"选项，在展开的子列表中列出星期四查看的所有网页文件夹。

（3）单击一个网页文件夹，在下方显示出在该网站查看的所有网页列表，选择一个网页选项，即可在网页浏览窗口中显示该网页内容，如图11-7所示。

图 11-7　使用历史记录

💬
提示
在工具栏中单击工具(O) ▼ 按钮，在打开的下拉列表中选择"Internet 选项"选项，在打开的对话框中单击"常规"选项卡，在"浏览历史记录"栏中单击 删除(D)... 按钮，将删除现存的所有历史记录；单击 设置(S) 按钮，可在打开的对话框中设置历史记录的保存时间。

4. 使用收藏夹

对于需要经常浏览的网页，可以添加到收藏夹中，以便快速打开。

微课
使用收藏夹

【例 11-4】将"京东"网页添加到收藏夹的"购物"文件夹中。

具体操作如下。

（1）在地址栏中输入京东的网址，按【Enter】键打开该网页，单击收藏夹栏中的 ☆收藏夹 按钮。

（2）在网页左侧打开"收藏夹"窗格，单击上方的 ☆添加到收藏夹... ▼ 按钮，打开"添加收藏"对话框，在"名称"文本框中输入"京东"，单击 新建文件夹(E) 按钮，如图11-8所示。

（3）打开"创建文件夹"对话框，在"文件夹名"文本框中输入"购物"，依次单击 创建(A) 按钮和 添加(A) 按钮，完成设置，如图11-9所示。

（4）再次打开收藏夹，可发现其中多了一个"购物"文件夹，单击该文件夹，下面将显示保存的"京东"网页选项，单击即可将其打开，如图11-10所示。

图 11-8　添加到收藏夹　　　　图 11-9　新建文件夹　　　图 11-10　收藏后的网页

（二）使用搜索引擎

搜索引擎是专门用来查询信息的网站，这些网站可以提供全面的信息查询。目前，常用的搜索引擎有百度、搜狗、必应、360搜索以及搜搜等。

微课

使用搜索引擎

【例11-5】在百度搜索引擎中搜索有关计算机等级考试的相关信息。

具体操作如下。

（1）在地址栏输入百度的网址，按【Enter】键打开"百度"网站首页。

（2）在文本框中输入搜索的关键字"计算机等级考试"，单击 按钮，如图11-11所示。

（3）在打开的网页中列出搜索结果，单击任意一个超链接即可在打开的网页中查看具体内容，如图11-12所示。

图11-11 输入关键字

图11-12 搜索结果

提示

在搜索引擎网页的上方单击不同的超链接可在对应的内容下搜索信息，如搜索视频信息和搜索地图信息等，从而可帮助用户更加精确地搜索到需要的信息。

（三）使用 FTP

FTP是文件传输协议，在实际使用中，可以通过IE浏览器访问FTP站点，然后浏览其中的内容，根据需要用户可对FTP站点中的内容进行上传与下载。

【例11-6】浏览FTP站点，然后下载需要的内容。

具体操作如下。

（1）启动IE浏览器，在地址栏输入FTP站点地址，按【Enter】键，IE系统自动补全FTP站点地址，并打开对应的页面，如图11-13所示。

（2）依次单击需要查看内容的各项超链接，可在打开的页面中详细查看，在需要下载的超链接上单击鼠标右键，在弹出的快捷菜单中选择"目标另存为"命令。

微课

使用FTP

（3）打开"另存为"对话框，当设置保存的位置和名称后，单击 保存(S) 按钮，如图11-14所示。

图 11-13 打开 FTP 站点　　　　　　　　图 11-14 下载站点内容

提示

一般使用 FTP 上传和下载资源都会通过专门的软件来完成，从而提高上传与下载速度。常用的软件有 FlashFXP、8UFTP、CuteFTP 和 SmartFTP 等。

（四）下载资源

Internet 的网站中有很多资源，除了在 FTP 站点中可以下载之外，在日常的生活和工作中，人们更多的是在普通的网站中进行下载。

微课

下载资源

【例 11-7】在 ZOL 软件下载网中下载"搜狗五笔"软件。

具体操作如下。

（1）在 IE 浏览器的地址栏中输入 ZOL 软件下载的网址，按【Enter】键打开 ZOL 主页，在"搜索"文本框中输入下载的软件名称"搜狗五笔"，单击 搜索 按钮，如图 11-15 所示。

图 11-15 搜索下载资源

（2）打开搜狗五笔搜索网页，找到下载地址后，单击 按钮，打开"文件下载 - 安全警告"对话框，单击 保存(S) 按钮，如图 11-16 所示。

图 11-16 下载文件

（3）打开"另存为"对话框，设置文件的保存位置和文件名后，单击 保存(S) 按钮。打开下载进度对话框，完成下载后，下载进度对话框自动关闭。在保存位置可查看下载的资源。

（五）收发电子邮件

电子邮件的应用领域广泛，用户根据需要可以在网页上收发电子邮件，也可以使用专门的软件——Outlook 收发电子邮件。

1. 申请电子邮箱

要使用电子邮件进行信息交流，首先应申请一个电子邮箱。提供电子邮件服务的网站很多，在这些网站中都可以申请一个电子邮箱。

【例 11-8】在网易网页中申请一个免费的电子邮箱。

（1）在 IE 浏览器中输入网易邮箱的网址，按【Enter】键打开"网易邮箱"网站首页，单击其中的 去注册 按钮。

（2）打开注册网页，根据提示输入电子邮箱的地址、密码和验证码等信息，单击 立即注册 按钮，如图 11-17 所示，将在打开的网页中提示注册成功。

微课

申请电子邮箱

图 11-17　输入注册信息

2. 使用 Outlook 收发电子邮件

Outlook 是微软办公软件套装的组件之一，作为办公综合管理软件，它可以实现日程管理和收发电子邮件等功能。

【例 11-9】在 Outlook 中配置一个电子邮箱，然后使用该邮箱发送和接收电子邮件。

具体操作如下。

微课

使用 Outlook
收发电子邮件

（1）选择【开始】/【所有程序】/【Outlook 2016】命令，启动该软件，由于是第一次启动，将打开账户配置向导对话框，单击 下一步(N) > 按钮。

（2）在打开的对话框中会提示是否进行电子邮箱配置，选中"是"单选项，单击 下一步(N) > 按钮。

（3）打开"自动账户设置"对话框，选中"手动设置或其他服务器类型"单选项，单击 下一步(N) > 按钮。

（4）在打开的对话框中选中"Internet 电子邮件"单选项，单击 下一步(N) > 按钮。

（5）在打开的对话框中按要求输入用户姓名、电子邮箱地址、登录密码等信息，单击 下一步(N) > 按钮，如图 11-18 所示。

图 11-18　Internet 电子邮件设置

> 提示　如果按照该操作，电子邮箱仍然不能配置成功，则可能是电子邮箱没有开启 POP3 和 SMTP 服务，此时可选中"手动设置或其他服务器类型"单选项进行相应的设置。

（6）Outlook 自动连接用户的电子邮箱服务器进行账户的配置，稍候片刻将打开提示对话框提示配置成功，并打开 Outlook 窗口，如图 11-19 所示。

（7）选择【开始】/【新建】组，单击"新建电子邮件"按钮，打开新建邮件窗口。

（8）在"收件人"和"抄送"文本框中输入接收邮件的用户的电子邮箱地址，在"主题"文本框中输入邮件的标题，在下方的窗口中输入邮件的正文内容。

图 11-19 Outlook 窗口

（9）选择【邮件】/【添加】组，单击"附加文件"按钮，在打开的下拉列表中选择"浏览此电脑"命令，如图 11-20 所示。

（10）打开"插入文件"对话框，在其中选择文件，单击 插入(S) 按钮，如图 11-21 所示。

（11）单击"发送"按钮，将邮件内容和附件一起发送给收件人和抄送人。

图 11-20 输入邮件内容　　　　　　　　　　　图 11-21 插入附件

（12）选择【发送/接收】/【发送和接收】组，单击"发送/接收所有文件夹"按钮，Outlook 将开始接收配置邮箱中的所有邮件，并打开提示对话框提示接收进度。

（13）接收完成后自动关闭提示对话框，选择 Outlook 窗口左侧的"收件箱"选项，在中间的窗格中将显示所有已收到的电子邮件。单击一个需要阅读的电子邮件标题，将在右侧的窗格中显示该电子邮件的内容，如图 11-22 所示。

（14）双击电子邮件标题，将在打开的窗口中显示电子邮件的详细内容，如图 11-23 所示。阅读完之后，选择【邮件】/【响应】组，单击"答复"按钮。

图 11-22　预览电子邮件

图 11-23　详细阅读电子邮件

（15）在打开的窗口中将自动填写收件人的电子邮箱地址，输入回复邮件的内容后，单击"发送"按钮。

提示　阅读一封电子邮件后，若发现该电子邮件的内容应该让其他人知道，可选择【邮件】/【响应】组，单击"转发"按钮，在打开的窗口中将自动提取原电子邮件的所有内容，用户输入接收该电子邮件的电子邮箱地址，即可快速将其发送给对方。

（六）即时通信

顾名思义，即时通信即"信息的即时发送与接收"，要实现即时通信，应通过一些专用软件，QQ 就是其中之一。

【例 11-10】使用 QQ 进行消息的发送与接收。

具体操作如下。

（1）选择【开始】/【所有程序】/【腾讯软件】/【QQ】/【腾讯 QQ】命令，启动腾讯 QQ，打开登录窗口，输入 QQ 号码和密码后单击　　　按钮，如图 11-24 所示。

（2）打开 QQ 窗口，在窗口中双击某个需要即时通信的对象，如图 11-25 所示。

微课

即时通信

图 11-24　输入登录信息

图 11-25　选择通信对象

（3）打开即时通信窗口，在窗口下方输入通信内容，单击 发送(S) 按钮，如图 11-26 所示。

（4）此时对方将收到消息，对方回复信息后，状态栏的 QQ 图标将不停闪烁，单击该 QQ 图标，将打开聊天窗口，上方显示了对方回应的通信内容，如图 11-27 所示。

图 11-26 输入通信内容

通信内容显示在这里

图 11-27 查看回复信息

提示　如果没有 QQ 账号，需要先注册，在登录窗口中单击"注册账号"超链接，在打开的网页中根据提示即可进行注册。新注册的账号中没有任何其他用户，此时可在 QQ 窗口中单击下方的 查找 按钮，然后在打开的窗口中输入对方注册的 QQ 昵称或 QQ 号码进行添加。

（七）使用流媒体

微课

使用流媒体

现在很多网站都提供了音频 / 视频在线播放服务，如优酷、土豆和爱奇艺等。它们的使用方法基本相同，只是每个网站中保存的音频 / 视频文件各有不同。

【例 11-11】在爱奇艺网中欣赏一部动画片。

具体操作如下。

（1）在 IE 浏览器中打开爱奇艺网页，单击首页的"少儿"超链接，打开少儿频道。

（2）依次单击超链接，选择喜欢看的视频文件，视频文件将在网页的窗口中进行显示，如图 11-28 所示。

图 11-28 选择视频文件

（3）在窗口右侧还可以选择需要播放的视频文件，在视频播放窗口下方拖动进度条或单击进度条的某一个时间点，可从该时间点开始播放视频文件，如图 11-29 所示。进度条下方有一个时间表，表示当前视频的播放时长和总时长。

图 11-29　播放任意时间点的视频

（4）单击■按钮，暂停播放视频文件。

（5）单击右侧的"全屏"按钮，将以全屏模式播放视频文件，更方便用户观看。

 课后练习

查看

答案与解析

1. 选择题

（1）以下关于电子邮件的说法，不正确的是（　　　）。

　　A. 电子邮件的英文简称是 E-mail

　　B. 加入 Internet 的每个用户都可以通过申请得到一个"电子信箱"

　　C. 在一台计算机上申请的"电子邮箱"，只有通过这台计算机上网才能接收和发送邮件

　　D. 一个人可以申请多个电子邮箱

（2）以下 IP 地址正确的是（　　　）。

　　A. 323.112.0.1　　　B. 134.168.2.10.2　　　C. 202.202.1　　　D. 202.132.5.168

（3）以下选项中，不属于网络传输介质的是（　　　）。

　　A. 电话线　　　　　B. 光纤　　　　　C. 网桥　　　　　D. 双绞线

（4）以下网络中，属于广域网的是（　　　）。

　　A. ChinaDDN　　　B. Novell 网　　　C. Chinanet　　　D. Internet

（5）将各种数字信号转换成适合于在电话线等信道传输的模拟信号的过程，称为（　　　）。

　　A. 调制　　　　　B. 解调　　　　　C. 编码转换　　　　　D. 线路优化

（6）不属于 TCP/IP 层次的是（　　　）。

　　A. 网络访问层　　　B. 交换层　　　C. 传输层　　　D. 应用层

（7）未来的 IP 是（　　　）。

　　A. IPv4　　　　　B. IPv5　　　　　C. IPv6　　　　　D. IPv7

（8）下面关于流媒体的说法，错误的是（　　　）。

　　A. 流媒体将视频和音频等多媒体文件经过特殊的压缩方式分成一个个压缩包，由服务器向用户计算机连续、实时传送

B. 使用流媒体技术观看视频，用户需将文件全部下载完毕后才能看到其中的内容

C. 实现流媒体需要两个条件，一是传输协议，二是缓存

D. 使用流媒体技术观看视频，用户可以执行播放、快进、快退和暂停等功能

2. 操作题

（1）打开网易网站的主页，进入体育频道，浏览其中的任意一条新闻。

（2）在百度网站中搜索"流媒体"的相关信息，然后将流媒体的信息复制到记事本中，并保存到桌面。

（3）将百度网站添加到收藏夹中。

（4）在百度网站中搜索"FlashFXP"的相关信息，然后将该软件下载到计算机的桌面上。

（5）使用 Outlook 给 hello@163.com（主送）、welcome@sina.com（抄送）发送一封电子邮件，邮件内容为"计算机一级考试的时间为 5 月 12 日"，然后插入一个附件"计算机考试 .docx"。

项目十二
做好计算机维护

12

计算机的功能强大，因而其维护操作更不能缺少。在日常工作中，计算机的磁盘、系统都需要进行相应的维护和优化操作，在保证计算机正常运行的情况下还可适当提高效率。随着网络的深入发展，计算机安全也成为用户关注的重点之一，病毒和木马等都是计算机面临的各种不安全的因素。本项目将通过两个典型任务，介绍计算机磁盘和系统维护基础知识、计算机病毒基础知识、磁盘的常用维护操作以及设置虚拟内存、管理自启动程序、自动更新系统、启用Windows防火墙和使用第三方软件保护系统的方法等。

课堂 学习 目标

◎ 维护磁盘与计算机系统
◎ 防治计算机病毒

微课

做好计算机
维护

任务一 维护磁盘与计算机系统

任务要求

王画使用计算机进行办公也有一段时间了，可是她心里知道自己还是一个计算机"菜鸟"，自己做的也就是打打字，进行简单的文件处理而已，遇到涉及系统及相应设置的问题，就显得有些束手无策。王画决定好好研究磁盘与系统维护的知识，当遇到简单问题时也可以自己处理，不用再求教系统管理员。

本任务要求认识磁盘维护和系统维护的基础知识，如认识常见的系统维护工具。同时要求用户可以进行简单的磁盘与系统维护操作，包括创建硬盘分区、整理磁盘碎片、关闭未响应的程序、设置虚拟内存和关闭随系统自动启动的程序等。

相关知识

（一）磁盘维护基础知识

磁盘是计算机中使用频率非常高的硬件设备，在日常的使用中应注意对其进行维护。下面讲解磁盘维护过程中需要了解的一些基础知识。

1. 认识磁盘分区

一个磁盘由若干个磁盘分区组成，磁盘分区可分为主分区和扩展分区，其含义分别如下。

- 主分区。主分区通常位于硬盘的第一个分区中，即 C 磁盘。主分区主要用于存放当前计算机操作系统的内容，其中的主引导程序用于检测硬盘分区的正确性，并确定活动分区，负责把引导权移交给活动分区的 Windows 或其他操作系统。在一个硬盘中最多只能存在 4 个主分区。

- 扩展分区。除了主分区以外的分区都是扩展分区，它不是一个实际意义的分区，而是一个指向下一个分区的指针。扩展分区中可建立多个逻辑分区，逻辑分区是可以实际存储数据的磁盘，如 D 盘、E 盘等。

2. 认识磁盘碎片

计算机使用时间长了，磁盘上会保存大量的文件，这些文件并非保存在一个连续的磁盘空间中，而是分散在许多地方，这些零散的文件称作"磁盘碎片"。由于硬盘读取文件需要在多个碎片之间跳转，因此磁盘碎片过多会降低硬盘的运行速度，从而降低整个 Windows 操作系统的性能。

磁盘碎片产生的原因主要有以下两个。

- 下载。在下载电影之类的大文件时，用户可能也在使用计算机处理其他工作，下载文件被迫分割成若干个碎片存储于硬盘中。

- 文件的操作。在删除文件、添加文件和移动文件时，如果文件空间不够大，就会产生大量的磁盘碎片，随着文件的频繁操作，情况会日益严重。

（二）系统维护基础知识

在计算机中安装操作系统后，用户还需要时常对其进行维护，操作系统的维护一般有固定的设置场所。下面讲解 4 个常用的系统维护场所。

- "系统配置"窗口。系统配置可以帮助用户确定可能阻止 Windows 操作系统正确启动的问题，使用它可以在禁用服务和程序的情况下启动 Windows 操作系统，从而提高系统运行速度。选择【开始】/【运行】命令，打开"运行"对话框，在"打开"文本框中输入"msconfig"，单击 按钮或按【Enter】键，将打开"系统配置"窗口，如图 12-1 所示。

- "计算机管理"窗口。"计算机管理"窗口中集合了一组管理本地或远程计算机的 Windows 管理工具，如任务计划管理器、事件查看器、设备管理器和磁盘管理器等。在桌面的"计算机"图标 上单击鼠标右键，在弹出的快捷菜单中选择"管理"命令；或打开"运行"对话框，在其中输入"compmgmt.msc"，按【Enter】键，将打开"计算机管理"窗口，如图 12-2 所示。

图 12-1 "系统配置"窗口   图 12-2 "计算机管理"窗口

- "Windows 任务管理器"窗口。任务管理器提供了计算机性能的信息、在计算机上运行的程序和进程的详细信息，如果连接到网络，还可以查看网络状态。按【Ctrl+Shift+Esc】组合键或在任务栏的空白处单击鼠标右键，在弹出的快捷菜单中选择"启动任务管理器"命令，均可打开"Windows 任务管理器"窗口，如图 12-3 所示。

- "注册表编辑器"窗口。注册表是 Windows 操作系统中的一个重要数据库，用于存储系统和应用程序的设置信息，在整个系统中起着核心作用。选择【开始】/【运行】命令，打开"运行"对话框，在"打开"文本框中输入"regedit"，按【Enter】键，将打开"注册表编辑器"窗口，如图 12-4 所示。

图 12-3 "Windows 任务管理器"窗口   图 12-4 "注册表编辑器"窗口

任务实现

（一）硬盘分区与格式化

一个新硬盘默认只有一个分区，若要使硬盘能够存储数据，必须为硬盘分区并进行格式化。

【例 12-1】在"计算机管理"窗口中将 E 盘划分出一部分来新建一个 H 分区，然后对其进行格式化操作。

微课

硬盘分区与格式化

计算机应用基础（Windows 7+Office 2016）（第2版）

具体操作如下。

（1）在桌面的"计算机"图标上单击鼠标右键，在弹出的快捷菜单中选择"管理"命令，打开"计算机管理"窗口。

（2）展开左侧的"存储"目录，选择"磁盘管理"选项，打开"磁盘管理"设置窗口，在 E 盘上单击鼠标右键，在弹出的快捷菜单中选择"压缩卷"命令，如图 12-5 所示。

（3）打开"压缩 E:"对话框，在"输入压缩空间量"数值框中输入划分出的空间大小，单击 压缩(S) 按钮，如图 12-6 所示。

图 12-5 选择需划分空间的磁盘　　　　图 12-6 设置划分的空间大小

（4）返回"磁盘管理"设置窗口，此时将增加一个可用空间，在该空间上单击鼠标右键，在弹出的快捷菜单中选择"新建简单卷"命令，打开"新建简单卷向导"对话框，单击 下一步(N) > 按钮。

（5）打开"指定卷大小"对话框，采用新建分区的默认大小，单击 下一步(N) > 按钮，打开"分配驱动器号和路径"对话框，选中"分配以下驱动器号"单选项，在其后的下拉列表中选择新建分区的驱动器号，单击 下一步(N) > 按钮，如图 12-7 所示。

（6）打开"格式化分区"对话框，保持默认值，即使用 NTFS 文件格式化，单击 下一步(N) > 按钮，如图 12-8 所示。打开"完成向导"对话框，单击 完成 按钮。

图 12-7 分配驱动器号　　　　　　图 12-8 格式化分区

（二）清理磁盘

在使用计算机的过程中会产生一些无用的垃圾文件和临时文件，这些文件会占用磁盘空间，定期清理可提高系统运行速度。

【例 12-2】清理计算机中的 C 盘。

微课

清理磁盘

具体操作如下。

（1）选择【开始】/【控制面板】命令，打开"控制面板"窗口，单击"性能信息和工具"超链接。

（2）在打开的窗口左侧单击"打开磁盘清理"超链接，打开"磁盘清理：驱动器选择"对话框，在中间的下拉列表中选择 C 盘，单击 确定 按钮，如图 12-9 所示。

（3）在打开的对话框中提示正在计算磁盘可以释放的空间大小，并打开 C 盘对应的"磁盘清理"对话框，在"要删除的文件"列表框中选中需要删除的文件前面对应的复选框，单击 确定 按钮。

（4）此时打开"磁盘清理"提示对话框，询问是否永久删除这些文件，单击 删除文件 按钮，如图 12-10 所示。

图 12-9　选择需清理的磁盘

图 12-10　选择清理的文件

（5）系统执行删除命令，并且打开对话框提示文件的清理进度，完成后将自动关闭该对话框。

提示　打开"计算机"窗口，在需要清理的磁盘上单击鼠标右键，在弹出的快捷菜单中选择"属性"命令，在打开的对话框中单击 磁盘清理(D) 按钮，也可完成磁盘清理操作。

（三）整理磁盘碎片

磁盘碎片的存在将影响计算机的运行速度，定期清理磁盘碎片无疑会提高系统运行速度。

微课

整理磁盘碎片

【例 12-3】对 F 盘进行碎片整理。

具体操作如下。

（1）打开"计算机"窗口，在 F 盘上单击鼠标右键，在弹出的快捷菜单中选择"属性"命令。

（2）打开 F 盘对应的"属性"对话框，单击"工具"选项卡，单击 立即进行碎片整理(D)... 按钮，如图 12-11 所示。

（3）打开"磁盘碎片整理程序"对话框，在中间的列表框中选择 F，单击 磁盘碎片整理(D) 按钮，系统将先对磁盘进行分析，然后进行优化整理，如图 12-12 所示。

（4）整理完成后，在"磁盘碎片整理程序"对话框中单击 关闭(C) 按钮。

图 12-11　进入碎片整理程序　　　　图 12-12　"磁盘碎片整理程序"对话框

（四）检查磁盘

当计算机出现频繁死机、蓝屏或者系统运行速度变慢时，可能是因为磁盘上出现了逻辑错误。这时可以使用 Windows 7 操作系统自带的磁盘检查程序检查系统中是否存在逻辑错误，当磁盘检查程序检查到逻辑错误时，还可以使用该程序对逻辑错误进行修复。

【例 12-4】对 E 盘进行磁盘检查。

具体操作如下。

（1）打开"计算机"窗口，在需检查的磁盘 E 上单击鼠标右键，在弹出的快捷菜单中选择"属性"命令。

（2）打开"本地磁盘（E:）属性"对话框，单击"工具"选项卡，单击"查错"栏中的 开始检查(C)... 按钮，如图 12-13 所示。

（3）打开"检查磁盘 本地磁盘（E:）"对话框，选中"自动修复文件系统错误"和"扫描并尝试恢复坏扇区"复选框，单击 开始(S) 按钮，程序开始自动检查磁盘逻辑错误，如图 12-14 所示。

图 12-13　"本地磁盘（E:）属性"对话框　　　图 12-14　设置磁盘检查选项

（4）扫描结束后，系统将打开提示框提示扫描完毕，单击 关闭(C) 按钮完成磁盘检查操作。

（五）关闭无响应的程序

在使用计算机的过程中，可能会遇到某个应用程序无法操作的情况，即程序无响应，此时通过正常的方法已无法关闭程序，程序也无法继续使用，因此需要使用任务管理器关闭该程序。

【例 12-5】使用 Windows 任务管理器关闭无响应的程序。

具体操作如下。

（1）按【Ctrl+Shift+Esc】组合键打开"Windows 任务管理器"窗口。

（2）单击"应用程序"选项卡，选择应用程序列表中没有响应的选项，单击 结束任务(E) 按钮结束程序，如图 12-15 所示。

图 12-15　关闭无响应的程序

（六）设置虚拟内存

计算机中的程序均需由内存执行，若执行的程序占用内存过多，则会导致计算机运行缓慢甚至死机，通过设置 Windows 的虚拟内存，可将部分硬盘空间划分出来充当内存使用。

【例 12-6】为 C 盘设置虚拟内存。

具体操作如下。

（1）在"计算机"图标 上单击鼠标右键，在弹出的快捷菜单中选择"属性"命令，打开"系统"窗口，单击左侧导航窗格中的"高级系统设置"超链接。

（2）打开"系统属性"对话框，单击"高级"选项卡，单击"性能"栏中的 设置(S)... 按钮，如图 12-16 所示。

（3）打开"性能选项"对话框，单击"高级"选项卡，单击"虚拟内存"栏中的 更改(C)... 按钮，如图 12-17 所示。

（4）打开"虚拟内存"对话框，取消选中"自动管理所有驱动器的分页文件大小"复选框，在"每个驱动器的分页文件大小"栏中选择"C:"选项。选中"自定义大小"单选项，在"初始大小"文本框中输入"1000"，在"最大值"文本框中输入"5000"，如图 12-18 所示，依次单击 设置(S) 按钮和 确定 按钮完成设置。

微课

关闭无响应的程序

图 12-16 "系统属性"对话框

微课

设置虚拟内存

图 12-17 "性能选项"对话框   图 12-18 设置 C 盘虚拟内存

（七）管理自启动程序

在安装软件时，有些软件会自动设置随计算机一起启动，这种方式虽然方便了用户的操作，但是如果随计算机启动的软件过多，则会使开机速度变慢，而且即使开机成功，也会消耗过多的内存。

【例 12-7】设置部分软件在开机时不自动启动。

具体操作如下。

（1）选择【开始】/【运行】命令，打开"运行"对话框，在"打开"文本框中输入"msconfig"，单击 确定 按钮或按【Enter】键，如图 12-19 所示。

（2）打开"系统配置"窗口，单击"启动"选项卡，在中间的列表框中取消选中不随计算机启动而启动的程序前的复选框，依次单击 应用(A) 按钮和 确定 按钮，如图 12-20 所示。

微课

管理自启动程序

图 12-19　输入命令　　　　　　　图 12-20　设置开机时不自动启动的程序

（八）自动更新系统

系统的漏洞容易让计算机被病毒或木马程序入侵，使用 Windows 7 操作系统提供的 Windows 更新功能可以检索和发现漏洞并将其修复，达到保护系统安全的目的。

【例 12-8】使用 Windows 更新功能检查并安装更新。

（1）选择【开始】/【控制面板】命令，打开"控制面板"窗口，在小图标的查看方式下单击"Windows Update"超链接，打开"Windows Update"窗口，单击左侧的"更改设置"超链接，如图 12-21 所示。

微课

自动更新系统

（2）打开"更改设置"窗口，在"重要更新"下拉列表中选择"自动安装更新（推荐）"选项，其他保持默认设置不变，单击　确定　按钮，如图 12-22 所示。

图 12-21　单击"更改设置"超链接　　　　　图 12-22　设置更新选项

（3）返回"Windows Update"窗口，自动检查更新，检查更新完成后，将显示需要更新内容的数量，单击"34 个重要更新可用"超链接，如图 12-23 所示。

（4）打开"选择要安装的更新"窗口，在其列表框中显示了需要更新的内容，选中需要更新的内容前面的复选框，如图 12-24 所示，单击"确定"按钮，然后单击"安装更新"按钮。

（5）系统开始下载更新文件并显示进度，下载完成后，系统将开始自动安装更新，如图 12-25 所示。

（6）完成安装后，在"Windows Update"窗口中单击　立即重新启动(R)　按钮，如图 12-26 所示。立刻重启计算机，重启完成后在"Windows Update"窗口中将提示成功安装更新。

图 12-23　显示需要更新内容的数量　　　　图 12-24　选择需要更新的内容

图 12-25　安装更新

图 12-26　重新启动计算机

任务二　防治计算机病毒

任务要求

通过前面的学习，王画对磁盘和系统的维护有了一定的认识，简单的问题也可以自行解决了。在工作中，王画很多事情都需要在网上处理，Internet 给了她一个广阔的空间，有很多资源可以共享；可是另一方面，Internet 也让计算机面临被攻击和被病毒感染的风险。如何让计算机在享用 Internet 带来的便捷的同时又使其不受侵害？这是王画面临的新问题。

本任务要求认识计算机病毒的特征、分类和防治方法，然后通过实际操作，了解防治计算机病毒的各种途径。

相关知识

（一）计算机病毒的特点和分类

计算机病毒是一种会破坏计算机功能或数据，影响计算机使用并且能够自我复制传播的计算机程序，它常常寄生于系统启动区、设备驱动程序以及一些可执行文件内，并能利用系统资源进行自我复制传播。计算机中毒后会出现运行速度突然变慢、自动打开不知名的窗口或者对话框、突然死机、自动重启、无法启动应用程序和文件被损坏等情况。

1. 计算机病毒的特点

计算机病毒虽然是一种程序，但是和普通的计算机程序又有着很大的区别，计算机病毒通常具有以下 4 个特征。

- 破坏性。病毒的目的在于破坏系统，主要表现在占用系统资源、破坏数据以及干扰运行，有些病毒甚至会破坏硬件。

- 传染性。当对磁盘进行读写操作时，病毒程序将自动复制到被读写的磁盘或其他正在执行的程序中，以达到传染其他设备和程序的目的。

- 隐蔽性。病毒往往寄生在 U 盘、光盘或硬盘的程序文件中，等待外界条件触动其发作，有的病毒有固定的发作时间。

- 潜伏性。计算机被病毒感染后，一般不会立刻发作，病毒的潜伏时间有的是固定的，有的却是随机的，不同的病毒有不同的潜伏期。

2. 计算机病毒的分类

计算机病毒从产生之日起到现在发展了多年，也产生了很多不同的病毒种类，总体说来，病毒的分类可根据其病毒名称的前缀判断，主要有如下 9 种。

- 系统病毒。系统病毒可以感染 Windows 操作系统的后缀名为 *.exe 和 *.dll 的文件，并通过这些文件进行传播，如 CIH 病毒。系统病毒的前缀名为 Win32、PE、Win95、W32 和 W95 等。

- 蠕虫病毒。蠕虫病毒通过网络或者系统漏洞进行传播，很多蠕虫病毒都有向外发送带毒邮件、阻塞网络的特性，如冲击波病毒和小邮差病毒。蠕虫病毒的前缀名为 Worm。

- 木马病毒、黑客病毒。木马病毒是通过网络或者系统漏洞进入用户的系统的，然后向外界泄露用户的信息；黑客病毒则有一个可视的界面，能对用户的计算机进行远程控制。木马病毒和黑客病毒通常是一起出现的，即木马病毒负责入侵用户的计算机，而黑客病毒则会通过该木马病毒来控制计算机。木马病毒的前缀名为 Trojan，黑客病毒的前缀名一般为 Hack。

- 脚本病毒。脚本病毒是使用脚本语言编写，通过网页进行传播的病毒，如红色代码（Script.Redlof）。脚本病毒的前缀名一般为 Script，有时还会有表明以何种脚本编写的前缀名，如 VBS、JS 等。

- 宏病毒。宏病毒表现为感染 Office 系列文档，然后通过 Office 模板进行传播，如美丽莎（Macro.Melissa）。宏病毒也属于脚本病毒的一种，其前缀名为 Macro、Word、Word97、Excel 和 Excel97 等。

- 后门病毒。后门病毒通过网络传播，找到系统，给用户计算机带来安全隐患。后门病毒的前缀名为 Backdoor。

- 病毒种植程序病毒。该病毒的特征是运行时从病毒体内释放出一个或几个新的病毒到系统目录下，由释放出来的新病毒产生破坏。如冰河播种者（Dropper.BingHe2.2C）、MSN 射手（Dropper.Worm.Smibag）等。病毒种植程序病毒的前缀名为 Dropper。

- 破坏性程序病毒。该病毒通过好看的图标来诱导用户单击，从而对用户计算机产生破坏，如格式化 C 盘（Harm.formatC.f）、杀手命令（Harm.Command.Killer）等。破坏性程序病毒的前缀名为 Harm。

- 捆绑机病毒。该病毒使用特定的捆绑程序将病毒与应用程序捆绑起来，当用户运行这些程序时，表面上运行应用程序，实际上同时也在运行捆绑在一起的病毒，从而给用户造成危害，如捆绑 QQ（Binder.QQPass.QQBin）、系统杀手（Binder.killsys）等。捆绑机病毒的前缀名为 Binder。

提示 按其寄生场所不同，计算机病毒可分为引导型病毒和文件型病毒两大类；按对计算机的破坏程度不同，计算机病毒可分为良性病毒和恶性病毒两大类。

（二）计算机感染病毒的表现

计算机感染病毒后，根据感染病毒的不同，其症状差异也较大，当计算机出现如下情况时，可以考虑是否已感染病毒。

- 计算机系统引导速度或运行速度减慢，经常无故死机。
- Windows 操作系统无故频繁出现错误，计算机屏幕上出现异常显示。
- Windows 操作系统异常，无故重新启动。
- 计算机存储的容量异常减少，执行命令出现错误。
- 在一些非要求输入密码的时候，要求用户输入密码。
- 不应占用内存的程序一直占用内存。
- 磁盘卷标发生变化，或者不能识别硬盘。
- 文件丢失或文件损坏，文件的长度发生变化。
- 文件的日期、时间和属性等发生变化，文件无法正确读取、复制或打开。

（三）计算机病毒的防治方法

计算机病毒的危害性很大，用户可以采取一些方法来防范感染病毒。在使用计算机的过程中使用一些方法和技巧可减少计算机感染病毒的概率。

- 切断病毒的传播途径。最好不要使用和打开来历不明的光盘和可移动存储设备，使用前最好先进行查毒操作以确认这些介质中无病毒。
- 养成良好的使用习惯。网络是计算机病毒最主要的传播途径，因此，用户在上网时不要随意浏览不良网站，不要打开来历不明的电子邮件，不下载和安装未经过安全认证的软件。
- 提高安全意识。在使用计算机的过程中，应该有较强的安全防护意识，如及时更新操作系统、备份硬盘的主引导区和分区表、定时体检计算机、定时扫描计算机中的文件并清除威胁等。

（一）启用 Windows 防火墙

防火墙是协助确保信息安全的硬件或者软件，使用防火墙可以过滤掉不安全

微课

启用 Windows
防火墙

的网络访问服务，提高上网安全性。Windows 7操作系统提供了防火墙功能，用户应将其开启。

【例12-9】启用Windows 7操作系统的防火墙。

具体操作如下。

（1）选择【开始】/【控制面板】命令，打开"所有控制面板项"窗口，单击"Windows防火墙"超链接。

（2）打开"Windows防火墙"窗口，单击左侧的"打开或关闭Windows防火墙"超链接，如图12-27所示。

（3）打开"自定义设置"窗口，在"家庭或工作（专用）网络位置设置"和"公用网络位置设置"栏中选中"启用Windows防火墙"单选项，单击 确定 按钮，如图12-28所示。

图12-27　单击超链接　　　　图12-28　开启Windows防火墙

（二）使用第三方软件保护系统

对普通用户而言，通过防范计算机病毒来保护计算机最有效、最直接的措施是使用第三方软件。一般使用两类软件即可满足需求，一是安全管理软件，如QQ电脑管家、360安全卫士等；二是杀毒软件，如360杀毒、金山新毒霸、百度杀毒和卡巴斯基等。这些杀毒软件的使用方法都类似。

【例12-10】使用360杀毒软件快速扫描计算机中的文件，然后清理有威胁的文件；接着在360安全卫士软件中对计算机进行体检，修复后扫描计算机中是否存在木马病毒。

具体操作如下。

（1）安装360杀毒软件后，启动计算机的同时默认自动启动该软件，其图标在状态栏右侧的通知栏中显示，单击状态栏中的"360杀毒"图标 。

（2）打开360杀毒工作界面，选择扫描方式，这里单击"快速扫描"按钮，如图12-29所示。

（3）程序开始对指定位置的文件进行扫描，将疑似病毒文件或对系统有威胁的文件都扫描出来，并显示在打开的窗口中，如图12-30所示。

（4）扫描完成后，选中要清理的文件前的复选框，单击 立即处理 按钮，然后在打开的提示对话框中单击 确认 按钮确认清理文件，如图12-31所示。清理完成后，打开对话框提示本次扫描和清理文件的结果，并提示需要重新启动计算机，单击 立即重启 按钮。

微课

使用第三方软件保护系统

计算机应用基础（Windows 7+Office 2016）（第2版）

（5）单击状态栏中的"360 安全卫士"图标，启动 360 安全卫士并打开其工作界面，单击中间的按钮，软件自动运行并扫描计算机中的各个位置，如图 12-32 所示。

图 12-29　选择扫描位置

图 12-30　扫描文件

图 12-31　清理文件

图 12-32　360 安全卫士

（6）360 安全卫士将检测到的不安全的选项列在窗口中显示，单击按钮，对其进行修复，如图 12-33 所示。

（7）返回 360 安全卫士工作界面，单击左下角的"查杀修复"按钮，在打开的界面中单击按钮，将开始扫描计算机中的文件，查看其中是否存在木马文件，如存在木马文件，则单击"一键处理"按钮进行清除。

图 12-33　修复系统

提示　在使用杀毒软件进行杀毒时，用户若怀疑某个位置可能有病毒，可只针对该位置进行病毒查杀。其方法是：在软件工作界面中单击"自定义扫描"按钮，打开"选择扫描目录"对话框，选中需要扫描文件位置前的复选框，单击　扫描　按钮。

课后练习

查看

答案与解析

1. 选择题

（1）下列关于计算机病毒的说法中，正确的是（　　　）。

    A. 计算机病毒发作后，将造成计算机硬件损坏

    B. 计算机病毒可通过计算机传染给计算机操作人员

    C. 计算机病毒是一种有编写错误的程序

    D. 计算机病毒是一种影响计算机使用并且能够自我复制传播的计算机程序

（2）硬盘的（　　　）不是一个实际意义的分区，而是一个指向下一个分区的指针。

    A. 主分区　　　　　B. 扩展分区　　　　　C. 逻辑分区　　　　　D. 活动分区

（3）计算机执行的程序占用内存过多时，可将部分硬盘空间划分出来充当内存使用，划分出来的内存叫作（　　　）。

    A. 借用内存　　　　B. 假内存　　　　　C. 调用内存　　　　　D. 虚拟内存

（4）（　　　）是木马病毒名称的前缀。

    A. Worm　　　　　B. Script　　　　　C. Trojan　　　　　D. Dropper

2. 操作题

（1）清理 C 盘中的无用文件，然后整理 D 盘的磁盘碎片。

（2）设置虚拟内存的"初始大小"为"2000"，"最大值"为"7000"。

（3）开启计算机的自动更新功能。

（4）扫描 F 盘中的文件，如有病毒对其进行清理。

（5）使用 360 安全卫士对计算机进行体检，对体检有问题的部分进行修复。